高等职业院校教学改革创新示范教材·软件开发系列

MySQL数据库应用与设计任务驱动教程

陈承欢　池明文　颜谦和　编著

電子工業出版社
Publishing House of Electronics Industry
北京·BEIJING

内 容 简 介

全书分为8个教学单元：体验数据库应用和尝试MySQL的基本操作→创建与维护MySQL数据库→创建与维护MySQL数据表→以SQL语句方式检索与操作MySQL数据表的数据→以程序方式处理MySQL数据表的数据→维护MySQL数据库的安全性→连接与访问MySQL数据库→分析与设计MySQL数据库。

全书围绕“图书管理”数据库和92项操作任务展开，采用“任务驱动、案例教学、精讲多练、理论实践一体化”的教学方法，全方向促进数据库应用、管理与设计技能的提升。本书充分考虑了教学实施需求、面向教学全过程设置了3个必要的教学环节：前导知识→操作实战→单元习题。在数据库操作与管理过程中，Windows命令行界面和Navicat图形界面并用，充分发挥了各自的优势。

本书可以作为普通高等院校、高等或中等职业院校和高等专科院校各专业的MySQL数据库的教材，也可以作为MySQL的培训教材及自学参考书。

图书在版编目（CIP）数据

MySQL 数据库应用与设计任务驱动教程/陈承欢，池明文，颜谦和编著. —北京：电子工业出版社，2017.7
ISBN 978-7-121-29659-8

Ⅰ. ①M… Ⅱ. ①陈… ②池… ③颜… Ⅲ. ①关系数据库系统－高等学校－教材 Ⅳ. ①TP311.138

中国版本图书馆CIP数据核字（2016）第187469号

策划编辑：程超群
责任编辑：裴　杰
印　　刷：北京捷迅佳彩印刷有限公司
装　　订：北京捷迅佳彩印刷有限公司
出版发行：电子工业出版社
　　　　　北京市海淀区万寿路 173 信箱　邮编 100036
开　　本：787×1 092　1/16　印张：15.5　字数：396.8 千字
版　　次：2017 年 7 月第 1 版
印　　次：2021 年 3 月第 11 次印刷
定　　价：38.00 元

凡所购买电子工业出版社图书有缺损问题，请向购买书店调换。若书店售缺，请与本社发行部联系，联系及邮购电话：（010）88254888，88258888。

质量投诉请发邮件至 zlts@phei.com.cn，盗版侵权举报请发邮件至 dbqq@phei.com.cn。

本书咨询联系方式：（010）88254577，ccq@phei.com.cn。

数据库技术是信息处理的核心技术之一，广泛应用于各类信息系统，在社会的各个领域发挥着重要作用。数据库技术是目前计算机领域发展最快、应用最广泛的技术之一，数据库技术的应用已遍及各行各业，数据库的安全性、可靠性、使用效率和使用成本越来越受到重视。MySQL 经历多个公司的兼并，版本不断升级，功能越来越完善。MySQL 是目前最流行的开放源代码的小型数据库管理系统，被广泛地应用在各类中小型网站中，由于其体积小、运行速度快、总体成本低，许多中小型网站都选择 MySQL 作为网站数据库。

本书具有以下特色和创新。

（1）认真分析职业岗位需求和学生能力现状，全面规划和重构教材内容，科学设置教学单元的顺序。站在软件开发人员和数据库管理员的角度理解数据库的应用、管理和设计需求，而不是从数据库理论和 SQL 本身取舍教材内容。遵循学生的认知规律和技能的成长规律，按照“应用数据库→创建与管理数据库→分析与设计数据库”的顺序对教材内容进行重构和优化，全书分为 8 个教学单元：体验数据库应用和尝试 MySQL 的基本操作→创建与维护 MySQL 数据库→创建与维护 MySQL 数据表→以 SQL 语句方式检索与操作 MySQL 数据表的数据→以程序方式处理 MySQL 数据表的数据→维护 MySQL 数据库的安全性→连接与访问 MySQL 数据库→分析与设计 MySQL 数据库。

（2）以真实工作任务为载体组织教学内容，强化技能训练，提升动手能力。全书围绕“图书管理”数据库和 92 项操作任务展开，采用“任务驱动、案例教学、精讲多练、理论实践一体化”的教学方法，全方向促进数据库应用、管理与设计技能的提升，引导学生在上机操作过程认识数据库知识本身存在的规律，使感性认识升华为理性思维，达到举一反三之效果，满足就业岗位的需求。

（3）在数据库操作与管理过程中，Windows 命令行界面和 Navicat 图形界面并用，充分发挥了各自的优势。在命令行界面中输入命令、语句和程序，体验语法格式和语句规则，理解命令与语句的功能和要求，查看提示信息，观察运行结果；Navicat for MySQL 是一套专为 MySQL 设计的高性能数据库管理及开发工具，其直观化的图形用户界面，让用户可以安全且简单的方法创建、组织、访问和共享 MySQL 数据库中的数据，在图形界面中可以使用菜单命令、工具栏按钮、窗口、对话框等方式快捷创建、修改与管理数据库、数据表、查询、视图、存储过程、函数、触发器、用户、权限等对象，其操作过程直观、明确、简单。

（4）充分考虑教学实施需求、合理设置教学环节，以利于提高教学效率和教学效果。面向教学全过程设置了3个必要的教学环节：前导知识→操作实战→单元习题。“前导知识”环节主要归纳各单元必要的知识要点，使相关理论知识条理化、系统化，使读者较系统地掌握数据库的理论知识。“操作实战”环节主要围绕数据库应用与设计技能设置多项必要的操作任务，并且各项操作任务以节的方式组织，凸现各项操作任务之间的相关性，同时将各项操作任务密切相关的语法知识安排到各小节或任务中予以讲解，方便查找与参考。学习数据库知识的主要目的是应用所学知识解决实际问题，在完成各项操作任务的过程中，在实际需求的驱动下学习知识、领悟知识和构建知识结构，最终熟练掌握知识、固化为能力。

（5）引导学生主动学习、高效学习、快乐学习。课程教学的主要任务固然是训练技能、掌握知识，更重要的是教会学生怎样学习，掌握科学的学习方法有利于提高学习效率。本书合理取舍教学内容、精心设置教学环节、科学优化教学方法，让学生体会学习的乐趣和成功的喜悦，在完成各项操作任务过程中提升技能、增长知识、学以致用，同时也学会学习、养成良好的习惯，让每一位学生终生受益。

本书由湖南铁道职业技术学院陈承欢教授、包头轻工职业技术学院池明文老师、湖南铁道职业技术学院颜谦和老师编著（其中陈承欢教授编写了单元5～单元8，约169.6千字；池明文老师编写了单元3和单元4，约147.2千字；颜谦和老师编写了单元1和单元2，约52.8千字）。包头轻工职业技术学院的张尼奇、赵志茹，长沙职业技术学院的殷正坤、蓝敏、艾娟，湖南铁道职业技术学院的谢树新、肖素华、林保康、王欢燕、张丹、张丽芳，广东科学技术职业学院的陈华政，湖南工业职业技术学院的刘曼春，汕尾职业技术学院的谢志明等教师，分别参与了教学案例的设计和部分单元及任务的编写工作。

由于编者水平有限，加之时间仓促，书中难免存在疏漏之处，敬请各位专家和读者批评指正，编者的QQ为1574819688。

编　者

单元 1

体验数据库应用和尝试MySQL的基本操作

MySQL是一种小型关系数据库管理系统，开发者为瑞典MySQL AB公司，2008年1月MySQL AB公司被SUN公司收购，而仅一年后（2009年），SUN公司又被Oracle公司收购。就这样，MySQL成为了Oracle公司的另一个数据库管理系统。经历过多个公司的兼并，MySQL版本不断升级，功能越来越完善，本书使用的MySQL版本为MySQL 5.7.11。

1. MySQL概述

MySQL是目前最流行的开放源代码的小型数据库管理系统，被广泛地应用在各类中小型网站中，由于其体积小、运行速度快、总体成本低，许多中小型网站都选择MySQL作为网站数据库。与其他的大型数据库管理系统（DBMS）相比，MySQL有一些不足之处，但这丝毫没有减少它受欢迎的程度，对于一般的个人用户和中小企业来说，MySQL提供的功能已绰绰有余。

MySQL的主要特点如下。

（1）可移值性强：由于使用C和C++语言开发，并使用多种编辑器进行测试，保证了MySQL源代码的可移值性。

（2）运行速度快：在MySQL中，使用了极快的“B树”磁盘表（MyISAM）和索引压缩；通过使用优化的“单扫描多连接”，能够实现极快的连接；SQL函数使用高度优化的类库实现，运行速度快。一直以来，高速都是MySQL吸引众多用户的特性之一，这一点可能只有亲自使用才能体会。

（3）支持多平台：MySQL支持超过20种系统开发平台，包括Windows、Linux、UNIX、Mac OS、FreeBSD、IBM AIX、HP-UX、OpenBSD、Solaris等，这使得用户可以选择多种系统平台实现自己的应用，并且在不同平台上开发的应用系统可以很容易地在各种平台之间进行移植。

（4）支持各种开发语言：MySQL为各种流行的程序设计语言提供了支持，为它们提供了很多API函数，包括C、C++、Java、Perl、PHP、Python、Ruby等。

（5）提供多种存储器引擎：MySQL中提供了多种数据库存储引擎，各引擎各有所长，适用于不同的应用场合，用户可以选择最合适的引擎以得到最高性能。

（6）功能强大：强大的存储引擎使MySQL能够有效应用于任意数据库应用系统，高效完成各种任务，无论是大量数据的高速传输系统，还是每天访问量超过数亿的高强度的搜索Web站点。MySQL 5是MySQL发展历程中的一个里程碑，使MySQL具备了企业级数据库管理系统的特性，提供了强大的功能，如子查询、事务、外键、视图、存储过程、触发器、查询缓存等功能。

（7）安全度高：灵活和安全的权限和密码系统，允许基于主机的验证。连接到服务器时，所有的密码传输均采用加密形式，从而保证了密码安全。由于MySQL是网络化的，因此可以在Internet上的任何地方访问，提高数据共享的效率。

（8）价格低廉：MySQL采用GPL许可，很多情况下，用户可以免费使用MySQL；对于一些商业用途，需要购买MySQL商业许可，但价格相对低廉。

2．Navicat概述

Navicat是一套快速、可靠且价格便宜的数据库管理工具，专为简化数据库的管理及降低系统管理成本而开发。它的设计符合数据库管理员、开发人员及中小企业的需要。Navicat是拥有直观化的图形用户界面，它让用户可以安全并且简单的方式创建、组织、访问和共享MySQL数据库中的数据。Navicat可以用来对本机或远程的MySQL、SQL Server、SQLite、Oracle及PostgreSQL数据库进行管理及开发。Navicat的功能足以符合专业开发人员的所有需求，而且对数据库服务器的新手来说相当容易学习。

Navicat适用于Microsoft Windows、Mac OS及Linux三种平台，它可以让用户连接到任何本机或远程服务器，提供一些实用的数据库工具，如数据模型、数据传输、数据同步、结构同步、导入、导出、备份、还原、报表创建工具及计划以协助管理数据。

Navicat包括多个产品，产品之一Navicat for MySQL是一套专为MySQL设计的高性能数据库管理及开发工具。它可以用于版本3.21或以上的MySQL数据库服务器中，并支持大部分MySQL最新版本的功能，包括触发器、存储过程、函数、事件、视图、管理用户等。另一种产品Navicat Premium是一种可多重连接的数据库管理工具，它可让用户以单一程序同时连接到MySQL、Oracle、PostgreSQL、SQLite及SQL Server数据库中，让管理不同类型的数据库更加方便。Navicat Premium使用户能简单并快速地在各种数据库系统间传输数据，或传输一份指定SQL格式及编码的纯文本文件。这可以简化从一台服务器迁移数据到另一台服务器的进程，不同数据库的批处理作业也可以按计划并在指定的时间运行。

1.1 数据库应用体验

【任务1-1】体验数据库应用与初识数据库

【任务描述】

首先通过京东网上商城实例体验数据库的应用，对数据库应用系统、数据库管理系统、数据库和数据表有一个直观认识，这些数据库应用的相关内容如表1-1所示，这些数据库事先都已设计完成，然后通过应用程序对数据库中的数据进行存取操作。

表 1-1　体验京东网上商城数据库应用涉及的相关项

数据库应用系统	开发模式	数　据　库	主要数据表	典型用户	典　型　操　作
京东网上商城	B/S	购物数据库	商品类型、商品信息、供应商、客户、支付方式、提货方式、购物车、订单等	客户、职员	商品查询、商品选购、下订单、订单查询、用户注册、用户登录、密码修改等

【任务实施】

1．查询商品与浏览商品列表

启动浏览器，在地址栏中输入“京东网上商城”的网址 www.jd.com，按 Enter 键显示“京东网上商城”的首页，首页的左上角显示了京东网上商城的“全部商品分类”，这些商品分类数据源自后台数据库的“商品类型”数据表，其部分参考数据如表 1-2 所示。

表 1-2　商品分类数据

类型编号	类型名称	父类编号	显示名称	类型编号	类型名称	父类编号	显示名称
01	家电产品	0	家用电器	030302	硬盘	0303	硬盘
0101	电视机	01	电视机	030303	内存	0303	内存
0102	洗衣机	01	洗衣机	030304	主板	0303	主板
0103	空调	01	空调	030305	显示器	0303	显示器
0104	冰箱	01	冰箱	0304	外设产品	03	外设产品
02	数码产品	0	数码	030401	键盘	0304	键盘
0201	通信产品	02	通信	030402	鼠标	0304	鼠标
020101	手机	0201	手机	030403	移动硬盘	0304	移动硬盘
020102	对讲机	0201	对讲机	030404	音箱	0304	音箱
020103	固定电话	0201	固定电话	04	图书音像	0	图书音像
0202	摄影机	02	摄影机	0401	图书	04	图书
0203	摄像机	02	摄像机	0402	音像	04	音像
03	电脑产品	0	电脑	05	办公用品	0	办公用品
0301	笔记本式计算机	03	笔记本式计算机	06	服饰鞋帽	0	服饰鞋帽
0302	电脑整机	03	整机	07	食品饮料	0	食品饮料
0303	电脑配件	03	电脑配件	08	皮具箱包	0	皮具箱包
030301	CPU	0303	CPU	09	化妆洗护	0	化妆洗护

在京东网上商城的首页的“搜索”框中输入“手机”，按 Enter 键，显示的部分手机信息如图 1-1 所示，这些商品信息源自后台数据库的“商品信息”数据表，其部分参考数据如表 1-3 所示。

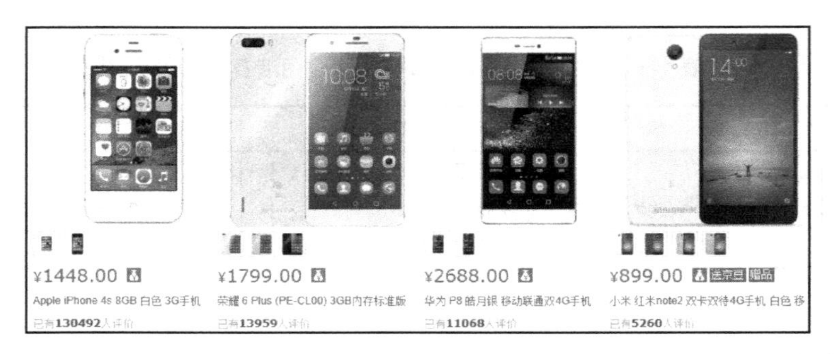

图 1-1　手机列表

表 1-3　部分查询商品的基本信息

序　号	商品编码	商品名称	商品类型	价　格	品　牌
1	1509659	华为 P8	数码产品	2 588.00	华为
2	1157957	三星 S5	数码产品	2 358.00	三星
3	1217499	Apple iPhone 6	数码产品	4 288.00	Apple
4	1822034	HTC M9w	数码产品	2 999.00	HTC
5	1256865	中兴 V5 Max	数码产品	688.00	中兴
6	1490773	佳能 IXUS 275	数码产品	11 920.00	佳能
7	1119116	尼康 COOLPIX S9600	数码产品	1 099.00	尼康
8	1777837	海信 LED55EC520UA	家电产品	4 599.00	海信
9	1588189	创维 50M5	家电产品	2 499.00	创维
10	1468155	长虹 50N1	家电产品	2 799.00	长虹
11	1309456	ThinkPad E450C	电脑产品	3 998.00	ThinkPad
12	1261903	惠普 g14-a003TX	电脑产品	2 999.00	惠普
13	1466274	华硕 FX50JX	电脑产品	4 799.00	华硕

在京东网上商城的首页的“全部商品分类”列表中单击【图书】超链接，打开“图书”页面，然后在“搜索”框中输入图书作者姓名“陈承欢”，按 Enter 键，显示的部分图片信息如图 1-2 所示，这些图书信息源自后台数据库的“图书信息”数据表，其部分参考数据如表 1-4 所示。

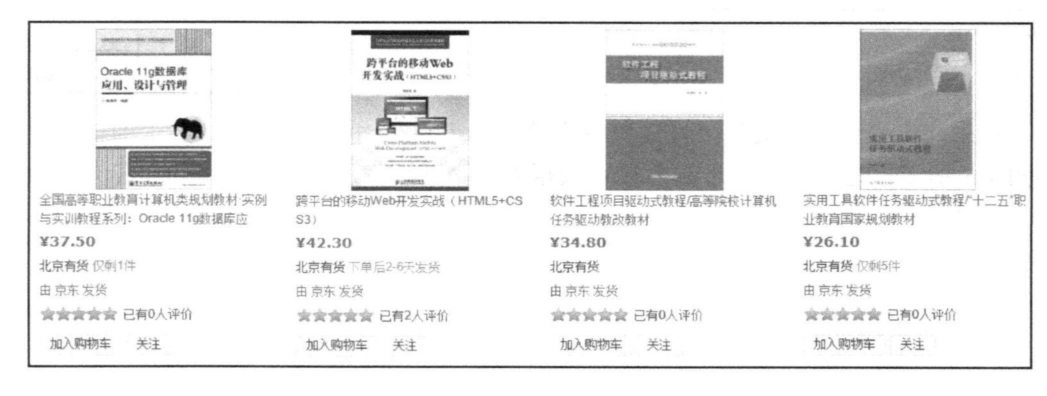

图 1-2　图书列表

表 1-4　部分查询图书的基本信息

序　　号	商 品 编 码	商 品 名 称	商 品 类 型	价　　格	作　　者
1	11253419	Oracle 11g 数据库应用、设计与管理	图书	37.50	陈承欢
2	10278824	数据库应用基础实例教程	图书	29.00	陈承欢
3	11721263	数据结构分析与应用实用教程	图书	36.20	陈承欢
4	11640811	软件工程项目驱动式教程	图书	34.20	陈承欢
5	11702941	跨平台的移动 Web 开发实战	图书	47.30	陈承欢
6	11537993	实用工具软件任务驱动式教程	图书	26.10	陈承欢
序号	出版社	ISBN	版次	页数	开本
1	电子工业出版社	9787121201478	1	348	16 开
2	电子工业出版社	9787121052347	1	321	16 开
3	清华大学出版社	9787302393221	1	350	16 开
4	清华大学出版社	9787302383178	1	316	16 开
5	人民邮电出版社	9787115374035	2	319	16 开
6	高等教育出版社	9787040393293	1	272	16 开

**【思考】**：这里查询的商品列表数据是如何从后台数据库中获取的？

2. 查看商品详情

京东网上商场查看商品详情有多种方式可供选择。

1）快速浏览商品信息

在图书浏览页面的“网格”浏览状态下，鼠标指针指向图书的图片，会自动显示该图片的相关信息，如图 1-3 所示。

图 1-3　快速查看图书信息

2）切换到列表显示方式查询商品信息

在图书信息显示区域的右上角单击【列表】按钮 列表 ，切换至“列表”显示方式，显示每一本图书更多的信息内容，《Oracle 11g 数据库应用、设计与管理》一书的详细信息如图 1-4 所示。

图 1-4　图书详细信息列表

3）切换到商品详情页面浏览商品信息

在图书浏览页面中单击图书图片或名称，切换到图书详情浏览页面，显示的图书的主要参数如图 1-5 所示。

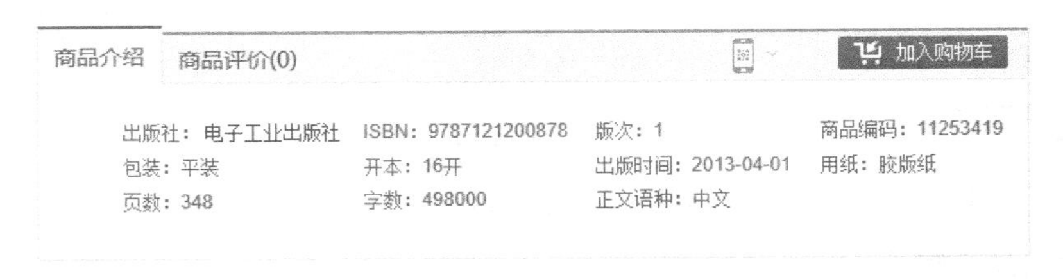

图 1-5　图书主要参数

这三种商品详情查看方式所显示的图书信息基本相同，源自于相同的数据源，即后台数据库的“图书信息”数据表。

【思考】：这里查询的商品详细数据是如何从后台数据库获取的？

3．通过“高级搜索”方式搜索所需商品

在京东网上商城首页的“全部商品分类”列表中单击【图书】超链接，打开“图书”页面，然后单击【高级搜索】超链接，打开“高级搜索”页面，在中部的“书名”文本框中输入“Oracle 11g 数据库应用、设计与管理”，在“作者”文本框中输入“陈承欢”，在“出版社”文本框中输入“电子工业出版社”，搜索条件设置的结果如图 1-6 所示。

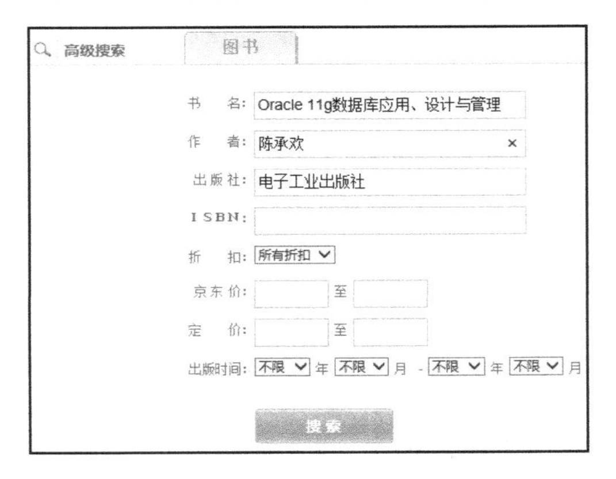

图 1-6　设置高级搜索的查询条件

单击【搜索】按钮，搜索的结果如图 1-7 所示。

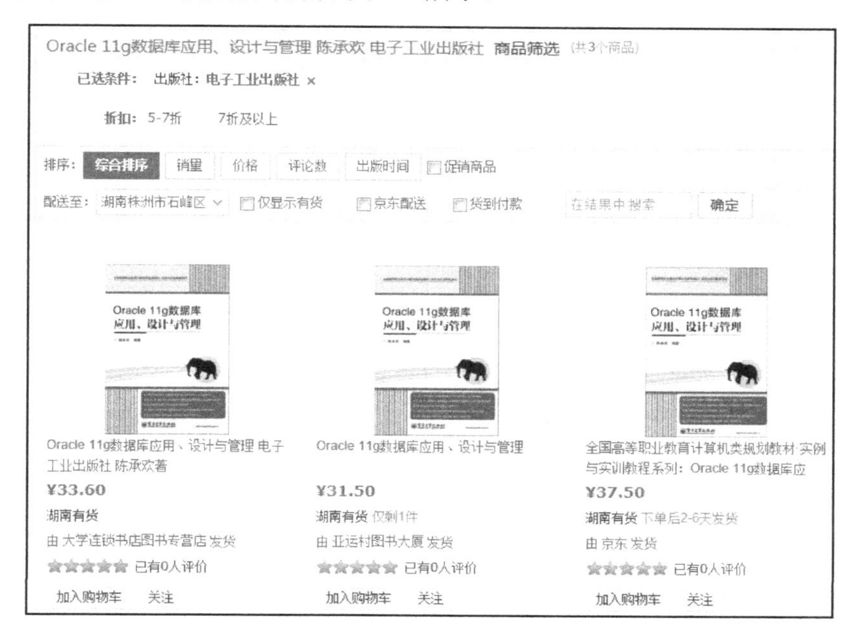

图 1-7　高级搜索的结果

这里所看到的查询条件输入页面（图 1-6）和查询结果页面（图 1-7）等都属于 B/S 模式的数据库应用程序的一部分。购物网站为用户提供了友好界面，为用户搜索所需图书提供了方便。从图 1-7 可知，查询结果中包含了书名、价格、经销商等信息，该网页显示出来的这些数据到底是来自哪里呢？又是如何得到的呢？应用程序实际上只是一个数据处理者，它所处理的数据必然是从某个数据源中取得的，这个数据源就是数据库（Database，DB）。数据库就像是一个数据仓库，保存着数据库应用程序需要获取的相关数据，如每本图书的 ISBN、书名、出版社、价格等，这些数据以数据表的形式存储。这里查询结果的数据源也源自于后台数据库的图书信息数据表。

【思考】：高级搜索的图书数据是如何从后台数据库获取的？

4．实现用户注册

在京东网上商城顶部单击【免费注册】超链接，打开“用户注册”页面，选择“个人用户”选项卡，分别在“用户名”、“请设置密码”、“请确认密码”、“验证手机”、“短信验证码”和“验证码”文本框中输入合适的内容，如图 1-8 所示。

单击【立即注册】按钮，打开注册成功页面，这样便在后台数据库的“用户”数据表中新增了一条用户记录。

【思考】：注册新用户在后台数据库是如何实现的？

5．实现用户登录

在京东网上商城顶部单击【请登录】超链接，打开“用户登录”页面，分别在“用户名”和“密码”文本框中输入已成功注册的用户名和密码，如图 1-9 所示。单击【登录】按钮，登录成功后，会在网页顶部显示用户名。

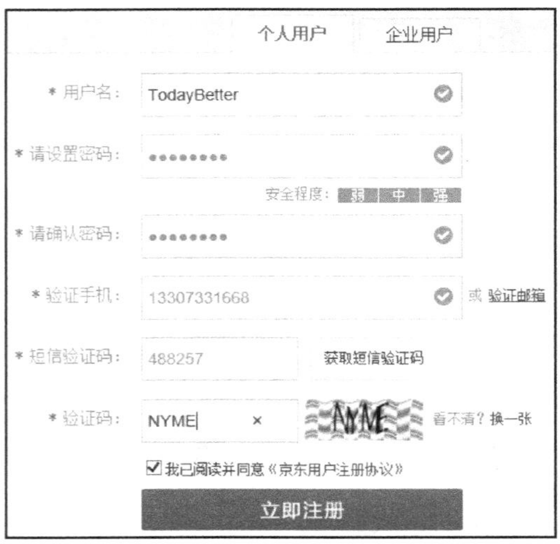

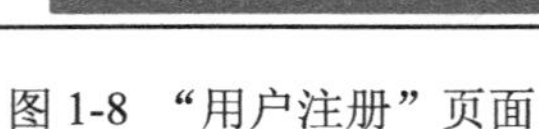
图 1-8 “用户注册”页面

图 1-9 用户登录

【思考】：这里的用户登录，对后台数据库中的“用户”数据表是如何操作的？

6．选购商品

在商品浏览页面中选中喜欢的商品后，单击【加入购物车】按钮，将所选商品添加到购物车中，已选购 5 本图书的购物车商品列表如图 1-10 所示。

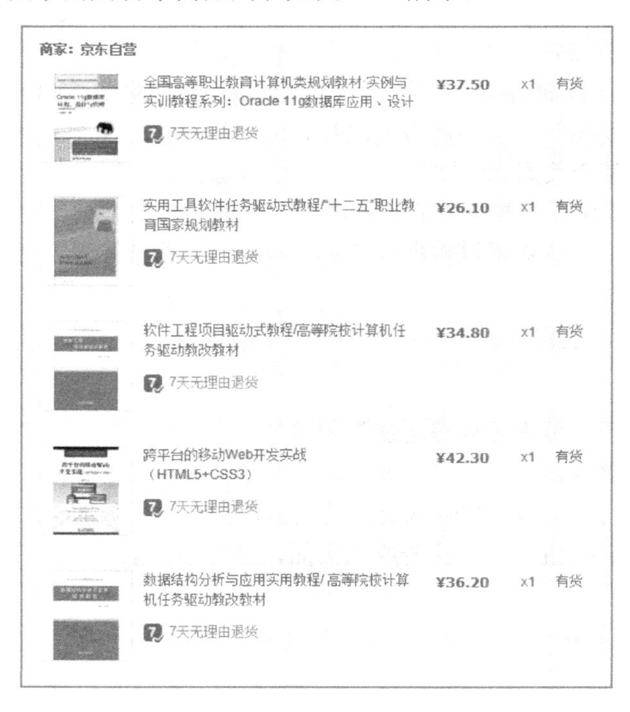

图 1-10 购物车中选用商品列表

【思考】：这些选购的图书信息如何从后台“图书信息”数据表中获取，又如何添加到“购物车”数据表中？

7. 查看订单中所订购的商品信息

打开京东网上商城的“订单”页面，可以查看订单中订购商品的全部相关信息，如图 1-11 所示，并且以规范的列表方式显示订购的商品信息。

商品清单

商品编号	商品图片	商品名称	京东价	京豆数量	商品数量	库存状态
11253419		全国高等职业教育计算机类规划教材·实例与实训教程系列：Oracle 11g数据库应用、设计与管理	¥37.50	0	1	有货
11537993		实用工具软件任务驱动式教程/"十二五"职业教育国家规划教材	¥26.10	0	1	有货
11640811		软件工程项目驱动式教程/高等院校计算机任务驱动教改教材	¥34.80	0	1	有货
11702941		跨平台的移动Web开发实战（HTML5+CSS3）	¥42.30	0	1	有货
11721263		数据结构分析与应用实用教程/高等院校计算机任务驱动教改教材	¥36.20	0	1	有货

图 1-11　订单中的商品清单

【思考】：订单中订购商品的相关信息源自哪里？

8. 查看订单信息

打开京东网上商城的“订单”页面，可以查看订单信息，如图 1-12 所示。

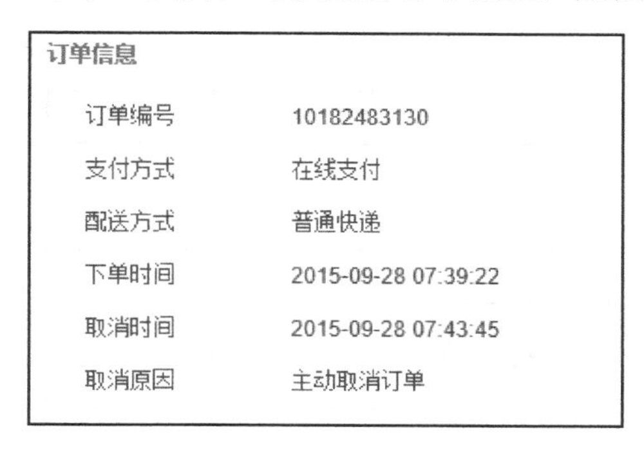
订单信息

订单编号	10182483130
支付方式	在线支付
配送方式	普通快递
下单时间	2015-09-28 07:39:22
取消时间	2015-09-28 07:43:45
取消原因	主动取消订单

图 1-12　订单信息

【思考】：这些订单信息源自哪里？

由此可见，数据库不仅存放单个实体的信息，如商品类型、商品信息、图书、用户等，还存放着它们之间的联系数据，如订单中的数据。我们可以先通俗地给出一个数据库的定义，即数据库由若干个相互有联系的数据表组成，如任务 1-1 的购物管理数据库。数据表可以从不同的角度进行观察，从横向来看，表由表头和若干行组成，表中的行也称为记录，表头确定表的结构。从纵向来看，表由若干列组成，每列有唯一的列名，如表 1-3 所示的商品信息数据表，包含多列，列名分别为序号、商品编码、商品名称、商品类型、价格和品牌，列也可以称为字段或属性。每 1 列有一定的取值范围，也称之为域，如商品类型 1 列，其取值只能是商品类型的名称，如数码产品、家电产品、电脑产品等，假设有 10 种商品类型，那么商品类型的每个取值只能是这 10 种商品类型名称之一。这里浅显地解释了与数据库有关的术

语，有了数据库，即有了相互关联的若干个数据表，就可以将数据存入这些数据表中，以后数据库应用程序就能找到所需的数据了。

数据库应用程序是如何从数据库中取出所需的数据的呢？数据库应用程序通过 1 个名为数据库管理系统（Database Management System，DBMS）的软件来取出数据。DBMS 是一个商品化的软件，它管理着数据库，使得数据以记录的形式存放在计算机中。例如，图书馆利用 DBMS 保存藏书信息，并提供按图书名称、出版社、作者、出版日期等多种查询方式。网上购物系统利用 DBMS 管理商品数据、订单数据等，这些数据组成了购物数据库。可见，DBMS 的主要任务是管理数据库，并负责处理用户的各种请求。例如，以我们熟悉的图书馆的图书借阅为例，在图书借阅过程中，图书管理员使用条形码读取器对所借阅的图书进行扫描时，图书管理系统将查询条件转换为 DBMS 能够接收的查询命令，将查询命令再传递给 DBMS，该命令传给 DBMS 后，DBMS 负责从“图书信息表”中找到对应的图书数据，并将数据返回给图书管理系统，并在屏幕上显示出来。当图书管理员找到需要借阅的所有图书数据后，输入相关的借阅信息，并单击借阅界面中的【保存】按钮后，图书管理系统将要保存的数据转换为插入命令，该命令传递给 DBMS 后，DBMS 负责执行命令，将借阅数据保存到“借阅数据表”中。

通过以上分析，我们对数据库应用系统和数据库管理系统的工作过程有了一个初始认识，其基本工作过程如下：用户通过数据库应用系统从数据库中取出数据时，首先输入所需的查询条件，应用程序将查询条件转换为查询命令，然后将该命令发给 DBMS，DBMS 根据收到的查询命令从数据库中取出数据返回给应用程序，再由应用程序以直观易懂的格式显示出查询结果。用户通过数据库应用系统向数据库存储数据时，首先在应用程序的数据输入界面输入相应的数据，所需数据输入完毕后，用户向应用程序发出存储数据的命令，应用程序将该命令发送给 DBMS，DBMS 执行存储数据命令且将数据存储到数据库中。该工作过程可用图 1-13 表示。

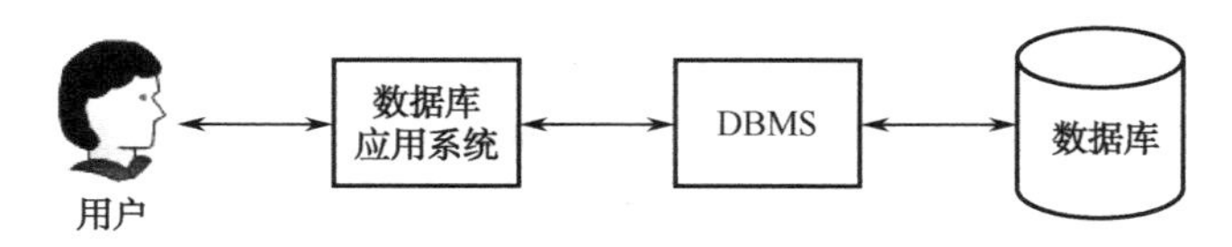

图 1-13　数据库应用系统工作过程示意图

通常，一个完整的数据库系统由数据库、数据库管理系统、数据库应用程序、用户和硬件组成。用户与数据库应用程序交互，数据库应用程序与 DBMS 交互，DBMS 访问数据库中的数据。一个完整的数据库系统还应包括硬件，数据库存放在计算机的外存中，DBMS、数据库应用程序等软件都需要在计算机上运行，因此，数据库系统中必然会包含硬件，但本书不涉及硬件方面的内容。

数据库系统中只有 DBMS 才能直接访问数据库，MySQL 是一种 DBMS，其最大优点是跨平台、开放源代码、速度快、成本低，是目前最流行的开放源代码的小型数据管理系统，本书将利用 MySQL 5.7.11 有效管理数据库。

1.2 MySQL 的启动与登录

【任务 1-2】启动 MySQL 服务

【任务描述】

MySQL 安装完成后，只有成功启动 MySQL 服务器端的服务，用户才可以通过 MySQL 客户端登录到 MySQL 服务器，试启动 MySQL 服务。

【任务实施】

1．查看 MySQL 服务进程的状态

如果在 MySQL 的安装配置过程中已经将 MySQL 安装为 Windows 服务，当 Windows 启动或停止时，MySQL 也会自动启动或停止。

按【Ctrl+Alt+Delete】组合键打开 Windows【任务管理器】窗口，可以看到 MySQL 服务进程“mysqld.exe”正在运行，如图 1-14 所示（这里为 Windows 8 操作系统的【任务管理器】窗口）。

任务管理器

文件(F)　选项(O)　查看(V)

进程　性能　应用历史记录　启动　用户　详细信息　服务

名称	PID	状态	用户名	CPU	内存(专用工作集)	描述
mysqld.exe	3524	正在运行	NETWORK SERVICE	00	33,180 K	mysqld.exe
MySQLNotifier.exe	132	正在运行	Administrator	00	10,576 K	MySQL Notifier

简略信息(D)　结束任务(E)

图 1-14 “任务管理器”窗口

在 Windows【任务管理器】窗口中选择“服务”选项卡，可以看到“MySQL57”服务器正在运行，如图 1-15 所示（这里为 Windows 8 操作系统的【任务管理器】窗口）。

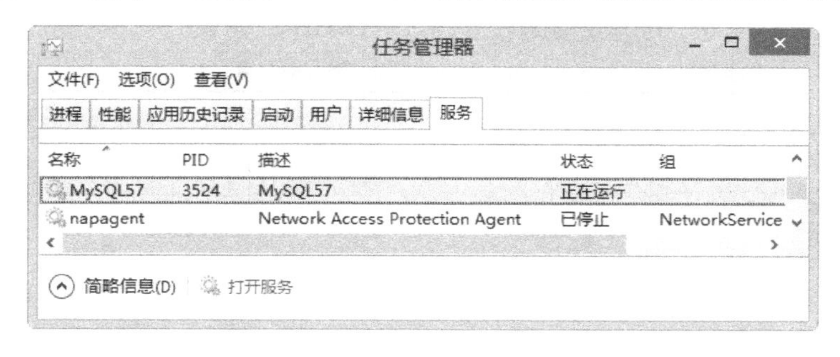

图 1-15 “MySQL57”服务器的运行状态

2．启动 MySQL 服务

进入 MySQL 安装文件夹，编者的计算机的安装文件夹为“C:\Program Files\MySQL\MySQL Server 5.7\bin”，双击执行文件“mysqld.exe”即可启动。

【任务 1-3】 登录 MySQL

【任务描述】

（1）配置 Path 系统变量。

（2）登录 MySQL 数据库。

（3）设置 MySQL 字符集。

【任务实施】

1．配置 Path 系统变量

如果 MySQL 应用程序的文件夹没有添加到 Windows 系统的 Path 变量中，则可以手工将 MySQL 的文件夹添加到 Path 变量中，添加完成后，可以使以后的操作更加方便。例如，可以直接从命令行窗口中输入 MySQL 的命令，以后编程时也会更加方便。

将 MySQL 应用程序的文件夹“C:\Program Files\MySQL\MySQL Server 5.7\bin”添加到系统的 Path 变量中的操作步骤如下。

（1）打开【环境变量】对话框。

（2）在“系统变量”区域选择“Path”选项，然后单击【编辑】按钮，打开【编辑系统变量】对话框，在该对话框的“变量值”文本框最前面输入 MySQL 应用程序的文件夹，这里输入的路径为“C:\Program Files\MySQL\MySQL Server 5.7\bin;”，如图 1-16 所示。单击【确定】按钮，关闭【编辑系统变量】对话框，返回【环境变量】对话框，如图 1-17 所示。

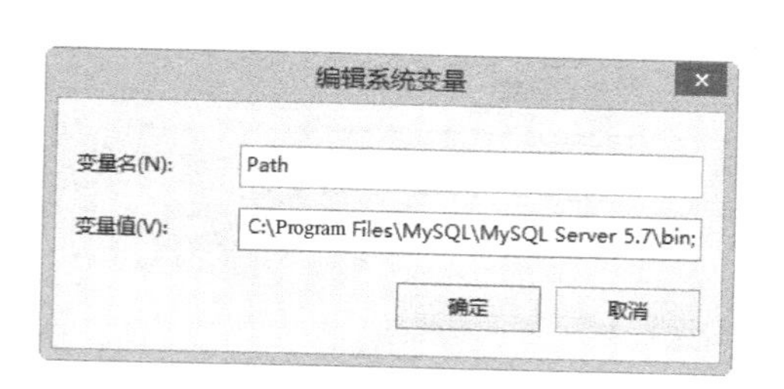

图 1-16 【编辑系统变量】对话框

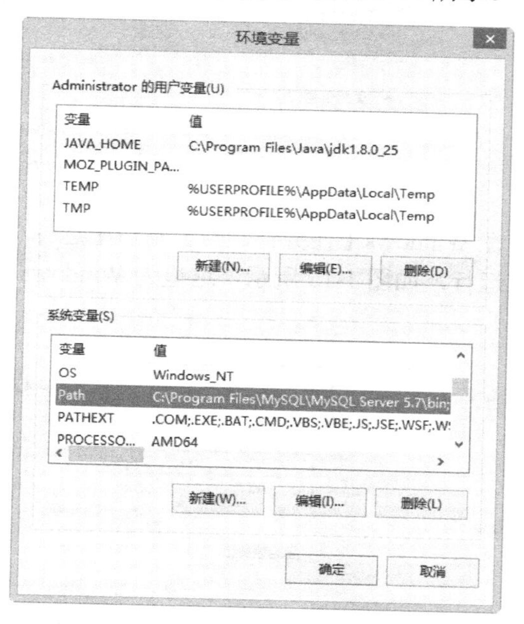

图 1-17 【环境变量】对话框

这样 MySQL 应用程序的文件夹便添加到 Path 变量中了，在 Windows 命令行窗口中就可以直接输入并执行 MySQL 的命令了。

2．使用 MySQL 客户端方式登录 MySQL 服务器

MySQL 成功安装和配置完成后，依次选择【开始】→【程序】→【MySQL】→【MySQL Server 5.7】→【MySQL 5.7 Command Line Client】选项，进入 MySQL 客户端，在客户端命令行窗口中输入密码，这里输入“123456”即可以“root”用户身份登录到 MySQL 服务器，在该窗口中出现如图 1-18 所示的相关信息。在命令行窗口中“mysql>”提示符后面输入 SQL 命令就可以操作 MySQL 数据库了。

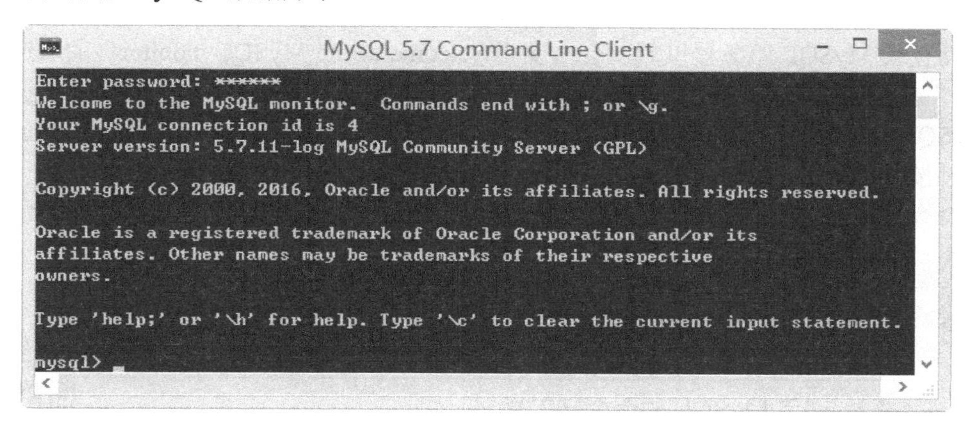

图 1-18　客户端命令行窗口

3．使用 DOS 命令方式登录 MySQL 服务器

打开 Windows 命令行窗口，在命令提示符后输入命令“mysql –u root -p”，按【Enter】键后，输入正确的密码，这里输入之前安装时设置的密码“123456”，即可显示如图 1-19 所示的相关信息。

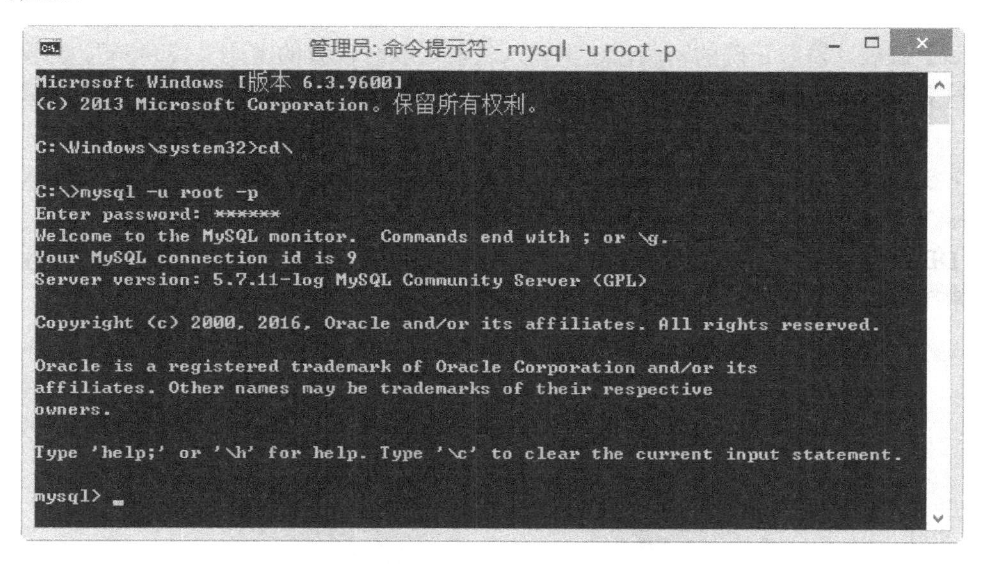

图 1-19　在命令行窗口中以命令方式登录 MySQL

命令中的“mysql”表示登录 MySQL 服务器的命令，“-u”表示用户名，其后面接数据库的用户名，本次使用“root”用户进行登录，也可以使用其他用户名登录；“-p”表示密码，

如果“-p”后面没有密码，则在命令行窗口中运行该命令后，系统会提示输入密码，输入正确密码后，即可登录到 MySQL 服务器。

登录 MySQL 服务器的命令还可以写成以下形式：

```
mysql –h localhost –u root –p
mysql –h 127.0.0.1 –u root –p
```

其中，“-h”表示服务器，其后面接 MySQL 服务器名称或 IP 地址，因为 MySQL 服务器在本地计算机上，因此主机名可以写成“localhost”，也可以写 IP 地址“127.0.0.1”。

成功登录 MySQL 服务器以后，会出现“Welcome to the MySQL monitor”的欢迎语，在“mysql>”提示符后面可以输入 SQL 语句操作 MySQL 数据库。

MySQL 中每条 SQL 语句以半角分号“;”或“\g”或“\G”结束，3 种结束符的作用相同，通过按【Enter】键来执行 MySQL 的命令或 SQL 语句。

在命令行提示符“mysql>”后输入“quit”或“exit”命令即可退出 MySQL 的登录状态，显示“Bye”的提示信息，且出现“C:\>”命令提示符。

1.3 试用 MySQL 的管理工具

【任务 1-4】 试用 MySQL 的命令行工具

【任务描述】

（1）使用 DOS 命令方式登录 MySQL 服务器。

（2）查看 MySQL 安装时系统自动创建的数据库。

【任务实施】

（1）打开 Windows 命令行窗口，在命令提示符后输入命令“mysql –h 127.0.0.1 –u root -p”，按【Enter】键后，输入正确的密码，这里输入之前安装时设置的密码“123456”。当窗口中命令提示符变为“mysql>”时，表示已经成功登录 MySQL 服务器，可以开始对数据库进行操作了。

（2）查看 MySQL 安装时系统自动创建的数据库。在“mysql>”提示符后输入“show databases;”命令，会显示 MySQL 安装时系统自动创建的 6 个数据库，如图 1-20 所示。MySQL 将有关 DBMS 自身的管理信息都保存在这几个数据库中，如果删除这些数据库，MySQL 将不能正常工作，所以不能误删除这些系统数据库。

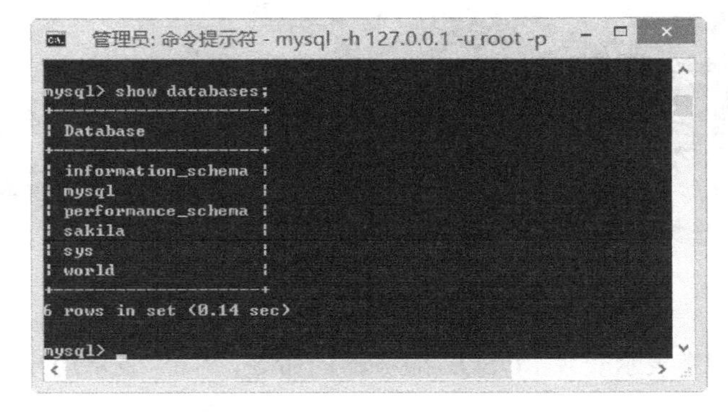

图 1-20 查看 MySQL 安装时系统自动创建的数据库

【任务 1-5】 试用 MySQL 的图形管理工具 Navicat

【任务描述】

（1）启动图形管理工具 Navicat for MySQL。

（2）在 Navicat for MySQL 图形化环境中建立并打开连接 better。

（3）查看 MySQL 安装时系统自动创建的数据库。

（4）查看数据库“world”中已有的数据表。

【任务实施】

（1）双击桌面快捷方式【navicat.exe】，启动图形管理工具 Navicat for MySQL。

（2）建立连接 better。

在【Navicat for MySQL】窗口的工具栏的【连接】下拉列表中选择【MySQL】命令，如图 1-21 所示。

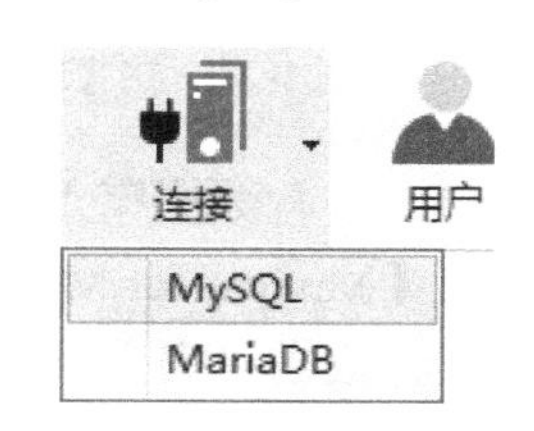

图 1-21　在【连接】下拉列表中选择【MySQL】命令

打开【MySQL-新建连接】对话框，在该对话框中设置连接参数，在“连接名”文本框中输入“better”，然后分别输入主机名或 IP 地址、端口、用户名和密码，如图 1-22 所示。输入完成后单击【连接测试】按钮，打开“连接成功”的提示信息对话框，表示连接创建成功，单击【确定】按钮保存所创建的连接。

图 1-22　【MySQL-新建连接】对话框

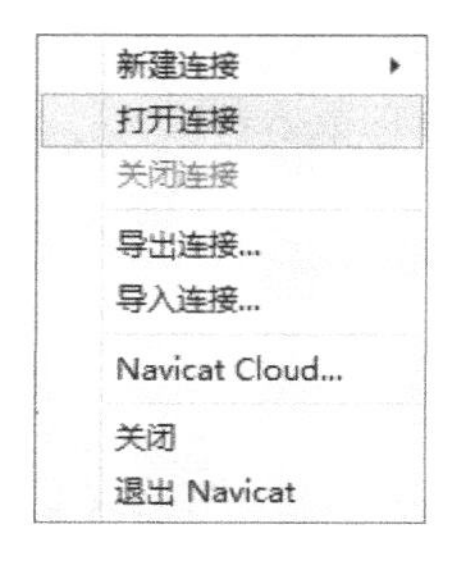

图 1-23　在【文件】中选择【打开连接】命令

（3）打开连接 better。

在【Navicat for MySQL】窗口中的【文件】中选择【打开连接】命令，如图 1-23 所示，即可打开“better”连接。

（4）查看 MySQL 安装时系统自动创建的数据库。

“better”连接打开后，即可显示 MySQL 安装时系统自动创建的数据库，如图 1-24 所示，一共有 6 个数据库，与命令方式查看的结果一致。

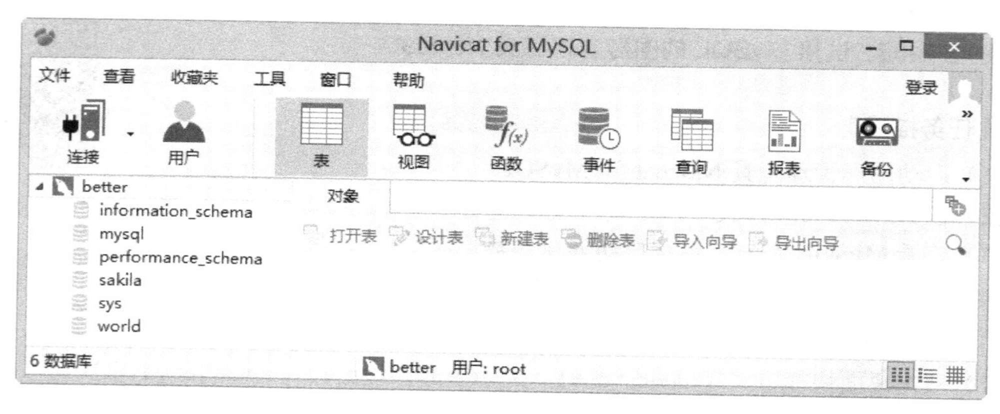

图 1-24　在【Navicat for MySQL】窗口中查看 MySQL 安装时系统自动创建的数据库

（5）查看数据库“world”中已有的数据表。

在【Navicat for MySQL】窗口左侧数据库列表中双击“world”节点，即可打开该数据库的对象，双击“表”节点即可查看该数据库中已有的 3 个数据表，分别为“city”、“country”和“countrylanguage”，如图 1-25 所示。

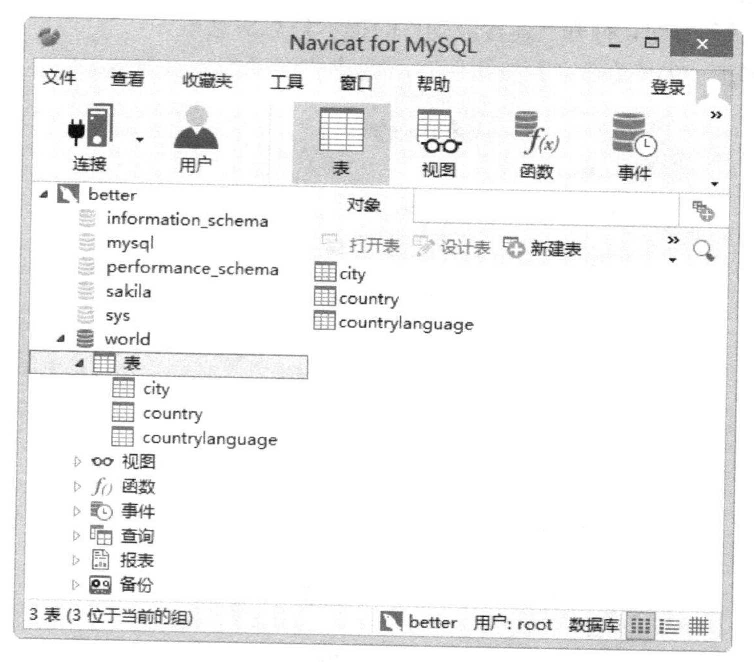

图 1-25　在【Navicat for MySQL】窗口中查看数据库“world”中已有的数据表

1.4　查看与更改 MySQL 的配置

【任务 1-6】查看配置文件与更改 MySQL 数据库文件的存放位置

【任务描述】

（1）查看 MySQL 配置文件 my.ini 中的参数设置。

(2)用户可以通过修改 MySQL 配置文件 my.ini 来更改 MySQL 的配置，将配置文件 my.ini 中的参数“datadir”设置为“D:\MySQLData”。

【任务实施】

1．找到 MySQL 配置文件 my.ini

MySQL 应用程序安装文件为“C:\Program Files\MySQL\MySQL Server 5.7”，而 MySQL 的数据库文件和配置文件安装位置为“C:\ProgramData\MySQL\MySQL Server 5.7”。

MySQL 的配置文件名称为“my.ini”，在文件夹“C:\ProgramData\MySQL\MySQL Server 5.7”中即可找到该配置文件。

2．打开并查看配置文件“my.ini”中的内容

可以使用 Windows 自带的【记事本】或者使用【Nodepad++】打开该配置文件“my.ini”，并查看其内容。“my.ini”的内容包括两个方面——“client”和“server”，分别用于配置 MySQL 客户端参数和服务器端参数。

客户端参数设置如下：

```
[client]
no-beep
port=3306
[mysql]
default-character-set=utf8
```

其中，“port”属性用于设置 MySQL 客户端连接服务器时默认使用的端口，这里为 3306；“default-character-set”属性用于设置 MySQL 客户端默认的字符集，这里为 UTF8。

服务器端参数设置如下：

```
[mysqld]
# The TCP/IP Port the MySQL Server will listen on
port=3306
# Path to installation directory. All paths are usually resolved relative to this.
# basedir="C:/Program Files/MySQL/MySQL Server 5.7/"
# Path to the database root
datadir=C:/ProgramData/MySQL/MySQL Server 5.7\Data
character-set-server=utf8
default-storage-engine=INNODB
# Set the SQL mode to strict
sql-mode="STRICT_TRANS_TABLES,NO_AUTO_CREATE_USER,
          NO_ENGINE_SUBSTITUTION"
```

其中，“port”属性用于设置 MySQL 服务器监听的默认端口，这里为 3306；“basedir”属性用于设置 MySQL 的安装文件夹；“datadir”属性用于设置 MySQL 数据库文件的默认存放文件夹；“default-character-set”属性用于设置 MySQL 服务器默认的字符集，这里为 UTF8；“default-storage-engine”属性用于设置创建新节点时将使用的默认存储引擎；“sql-mode”属性用于设置 SQL 模式。

3．修改配置文件“my.ini”中的参数“datadir”

只要修改该文件的内容就可以达到更改配置的目的。只要将“datadir”的设置修改为 MySQL 数据库文件所需的存放文件夹即可，这里设置为“D:\MySQLData”。

注 意

更改 datadir 属性路径设置，必须将文件夹“C:/ProgramData/MySQL/MySQL Server 5.7\Data”中的子文件夹“mysql”及其包含的文件复制到新的文件夹中，否则无法启动 MySQL 服务。另外，文件夹名称建议不要使用中文名称。

以后各个单元中创建和使用的数据库的文件夹均为“D:\MySQLData”，将不再重要说明。

（1）MySQL 是目前最流行的开放源代码的小型数据库管理系统，被广泛地应用在各类中小型网站中，由于拥有（　　）、（　　）、（　　）、（　　）等突出特点，许多中小型网站为降低其成本而选择 MySQL 作为网站数据库。

（2）Navicat 可以用来对本机或远程的（　　）、（　　）、（　　）、（　　）及 PostgreSQL 数据库进行管理及开发。Navicat 适用于（　　）、（　　）及（　　）三种平台。

（3）登录 MySQL 服务器的典型命令为“mysql –u root -p”，命令中的“mysql”表示（　　）的命令，“-u”表示（　　），“root”表示（　　），“-p”表示（　　）。

（4）对于登录 MySQL 服务器的命令，如果 MySQL 服务器在本地计算机上，则主机名可以写成（　　），也可以为 IP 地址（　　）。

（5）MySQL 中每条 SQL 语句以（　　）或（　　）或（　　）结束，3 种结束符的作用相同。

（6）在命令提示符“mysql>”后输入（　　）或（　　）命令即可退出 MySQL 的登录状态。

单元 2

创建与维护 MySQL 数据库

数据库是指长期存储在计算机内的、有组织的、可共享的数据集合。数据库可以看做一个存储数据对象的容器，这些对象包括数据表、视图、触发器、存储过程等，数据表是最基本的数据对象，是存放数据的实体。我们首先应创建数据库，然后才能建立数据表及其他的数据对象。

1. 数据库系统的基本组成

一个完整的数据库系统由数据库、数据库管理系统、数据库应用程序、用户和硬件组成，这里只分析前 4 个组成部分，不介绍硬件内容。

1）数据库

数据库就是一个有结构的、集成的、可共享的、统一管理的数据集合。数据库是一个有结构的数据集合，也就是说，数据是按一定的数据模型来组成的，数据模型可用数据结构来描述。数据模型不同，数据的组织结构以及操纵数据的方法也就不同。现在的数据库大多数是以关系模型来组织数据的，可以简单地把关系模型的数据结构即关系理解为 1 张二维表。以关系模型组织起来的数据库称为关系数据库。在关系数据库中，不仅存放着各种用户数据，如与图书有关的数据、与借阅者有关的数据、与借阅图书有关的数据等，还存放着与各个表结构定义有关的数据，这些数据通常称为元数据。

数据库是一个集成的数据集合，也就是说，数据库中集中存放着各种各样的数据。数据库是一个可共享的数据集合，也就是说，数据库中的数据可以被不同的用户使用，每个用户可以按自己的需求访问相同的数据库。数据库是一个统一管理的数据集合，也就是说，数据库由 DBMS 统一管理，任何数据访问都是通过 DBMS 来完成的。

2）数据库管理系统

数据库管理系统是一种用来管理数据库的商品化软件。所有访问数据库的请求都是通过 DBMS 来完成的。DBMS 提供了对数据库操作的许多命令，这些命令所组成的语言中常用的就是 SQL。

DBMS 主要提供以下功能。

（1）数据定义。DBMS 提供了数据定义语言（Data Definition Language，DDL）。通过 DDL 可以方便地定义数据库中的各种对象。例如，可以使用 DDL 定义图书管理数据库中的图书信息数据表、借阅者数据表、图书借阅数据表的表结构。

（2）数据操纵。DBMS 提供了数据操纵语言（Data Manipulation Language，DML）。通过 DML 可以实现数据库中数据的基本操作，如向数据表中插入一行数据、修改数据表的数据、删除数据表中的行、查询数据表中的数据等。

（3）安全控制和并发控制。DBMS 提供了数据控制语言（Data Control Language，DCL）。通过 DCL 可以控制什么情况下谁可以执行什么样的数据操作。另外，由于数据库是共享的，多个用户可以同时访问数据库（并发操作），这可能会引起访问冲突，从而导致数据的不一致。DBMS 还提供了并发控制的功能，以避免并发操作时可能带来的数据不一致问题。

（4）数据库备份与恢复。DBMS 提供了备份数据库和恢复数据库的功能。

说 明

"DBMS"这一术语通常指的是某个特定厂商的特定数据库产品，如 MySQL、Microsoft SQL Server 2014、Microsoft SQL Server 2012、Microsoft Access 2013、Oracle 等，但有时人们使用"数据库"这个术语来代替 DBMS，这种用法是不恰当的。甚至有人用"数据库"这一术语来代替数据库系统，这种用法就更不恰当了。所以对于数据库、数据库管理系统、数据库应用程序、数据库系统等术语要弄清楚，合理使用这些术语。

3）数据库应用程序

数据库应用程序是利用某种程序语言，为实现某些特定功能而编写的程序，如查询程序、报表程序等。这些程序为最终用户提供方便使用的可视化界面，最终用户通过界面输入必要的数据，应用程序接收最终用户输入的数据，经过加工处理，并转换成 DBMS 能够识别的 SQL 语句，然后传给 DBMS，由 DBMS 执行该语句，负责从数据库若干个数据表中找到符合查询条件的数据，再将查询结果返回给应用程序，应用程序将得到的结果显示出来。由此可见，应用程序为最终用户访问数据库提供了有效途径和简便方法。

4）用户

用户是使用数据库的人员，数据库系统中的用户一般有以下 3 类。

（1）应用程序员：应用程序员负责编写数据库应用程序，他们使用某种程序设计语言（如 C#、Java 等）来编写应用程序。这些应用程序通过向 DBMS 发出 SQL 语句，请求访问数据库。这些应用程序既可以是批处理程序，又可以是联机应用程序，其作用是允许最终用户通过客户端、屏幕终端或浏览器访问数据库。

（2）数据库管理员：数据库管理员（Database Administrator，DBA）是一类特殊的数据库用户，负责全面管理和控制数据库。数据是企业最有价值的信息资源，而对数据拥有核心控制权限的人就是数据管理员（Data Administrator，DA）。数据管理员的职责如下：决定什么数据存储在数据库中，并针对存储的数据建立相应的安全控制机制。注意，数据管理员是管理者而不一定是技术人员，而负责执行数据管理员决定的技术人员就是数据库管理员。数据库管理员的任务是创建实际的数据库以及执行数据管理员需要实施的各种安全控制措施，确保数据库的安全，并且提供各种技术支持服务。

（3）最终用户：最终用户也称终端用户或一般用户，他们通过客户端、屏幕终端或浏览器与应用程序交互来访问数据库，或者通过数据库产品提供的接口程序访问数据库。

2. 创建 MySQL 数据库的命令

创建 MySQL 数据库的命令的语法格式如下：

```
Create { Database | Schema } [ if not exists ] <数据库名称>
[ create_specification , … ]
```

其中，create_specification 的可选项如下：

```
[ Default ] Character Set <字符集名称>
| [ Default ] Collate <排序规则名称>
```

说 明

① 命令中括号[]中的内容为可选项，其余为必须书写的项；二者选其一的选项使用“|”分隔；多个选项或参数列出前面1个选项或多个选项，使用“...”表示可有多个选项或参数。

② Create Database为创建数据库的必需项，不能省略。

③ 由于MySQL的数据存储区将以文件夹方式表示MySQL数据库，因此，命令中的数据库名称必须符合操作系统文件夹命名规则。MySQL中不区分字母大小写。

④ if not exists为可选项，在创建数据库之前，判断即将创建的数据库名是否存在。如果不存在，则创建该数据库。如果数据库中已经存在同名的数据库，则不创建任何数据库。但是，如果存在同名数据库，并且没有指定if not exists，则会出现错误提示。

⑤ create_specification 用于指定数据库的特性。数据库特性存储在数据库文件夹中的db.opt文件中。Default指定默认值，Character Set子句用于指定默认的数据库字符集，Collate子句用于指定默认的数据库排序规则。

⑥ 在MySQL中，每一条SQL语句都以“;”作为结束标志。

3. 使用mysqldump命令备份MySQL的数据

“mysqldump”命令可以将数据库中的数据备份成一个文本文件，数据表的结构和数据中的数据将存储在生成的文本文件中。

1）备份单个数据库中所有的数据表

使用“mysqldump”命令备份单个数据库中所有数据表的基本语法格式如下：

```
mysqldump –u 用户名 –p 数据库名>备份文件名
```

也可以写成以下形式：

```
mysqldump –u 用户名 –p —databases 数据库名>备份文件名
```

说 明

① 如果没有指定数据库名，则表示备份整个数据库。

② 备份文件名指定其扩展名为“sql”，也可指定其他的扩展名，如“txt”。如果备份文件前没有指定存储路径，则备份文件默认存放在MySQL的bin文件夹中，也可以在文件名前加一个绝对路径，指定备份文件的存放位置。例如，将数据库“book”备份到文件夹“D:\MySQLData\backup”中的命令如下：

```
mysqldump -u root -p --databases book> D:\MySQLData\myBackup\bookbackup. sql
```

2）备份单个数据库中指定的数据表

使用“mysqldump”命令备份一个数据库或数据表的基本语法格式如下：

```
mysqldump –u 用户名 –p 数据库名 数据表名>备份文件名
```

如果需要指定多个数据表，则在数据库名的后面列出多个数据表名，并使用空格分隔。

3）备份多个数据库

使用“mysqldump”命令备份多个数据库的基本语法格式如下：

```
mysqldump –u 用户名 –p —databases 数据库名1 数据库名2 ...>备份文件名
```

多个数据库名之间使用空格分隔。备份完成后，备份文件中将会存储多个数据库的信息。

4）备份所有的数据库

使用“mysqldump”命令备份 MySQL 服务器中所有数据库的基本语法格式如下：

```
mysqldump –u 用户名 –p --all-databases>备份文件名
```

备份完成后，备份文件中将会存储全部数据库的信息。

4．使用 mysql 命令还原 MySQL 的数据

当数据库遭到意外破坏时，可以通过备份文件将数据库还原到备份时的状态，通过使用“mysqldump”命令将数据库中的数据备份成一个文本文件。备份文件中通常包含“Create”语句和“Insert”语句。可以使用“mysql”命令来还原备份的数据，“mysql”命令可以执行备份文件中的“Create”语句和“Insert”语句。通过“Create”语句来创建数据库和数据表，通过“Insert”语句来插入备份的数据。

“mysql”命令的基本语法如下：

```
mysql –u root –p [ 数据库名 ]<备份文件名
```

说 明

① 数据库名为可选项，如果指定数据库名，则表示还原该数据库中的数据表；如果不指定数据库名，则表示还原特定的数据库，备份文件中有创建数据库的语句。

② 如果使用“—all-databases”参数备份了所有的数据库，那么还原时不需要指定数据库。对应的备份文件包含创建数据库的语句，可以通过该语句来创建数据库。创建数据库后，可以执行备份文件中的“Use”语句选择数据库，然后到数据库中创建数据表并且插入记录数据。

2.1 创建数据库

【任务 2-1】使用图形化工具创建数据库 book

MySQL 安装与配置完成后，首先需要创建数据库，这是使用 MySQL 各项功能的前提。创建数据库是在系统磁盘上划分一块区域用于数据的存储和管理。

【任务描述】

（1）在【Navicat for MySQL】图形化环境中打开已有的连接 better。

（2）在【Navicat for MySQL】图形化环境中创建数据库 book。

（3）在【Navicat for MySQL】图形化环境中查看连接 better 中的数据库。

【任务实施】

（1）启动图形管理工具【Navicat for MySQL】。

（2）打开已有连接 better。

在【Navicat for MySQL】窗口的【文件】中选择【打开连接】命令，即可打开“better”连接。

（3）创建数据库。

在【Navicat for MySQL】窗口中右击打开的连接名“better”，在弹出的快捷菜单中选择【新建数据库】命令，如图 2-1 所示，打开【新建数据库】对话框。

在“数据库名”文本框中输入“book”，在“字符集”下拉列表中选择“gb18030 -- China National Standard GB18030”，在“排序规则”下拉列表中选择“gb18030_chinese_ci”，如图 2-2 所示。

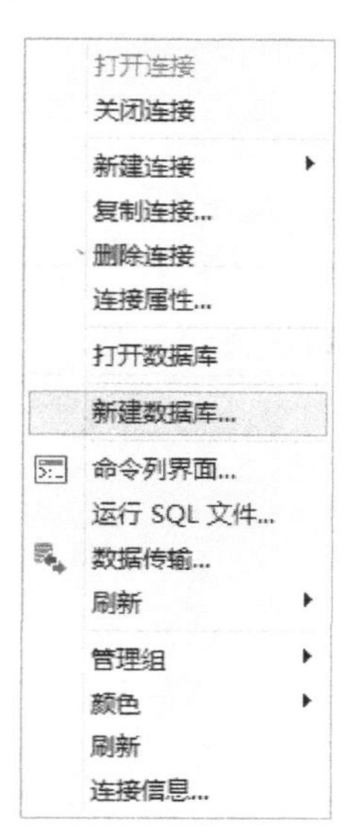

图 2-1　在快捷菜单中选择【新建数据库】命令

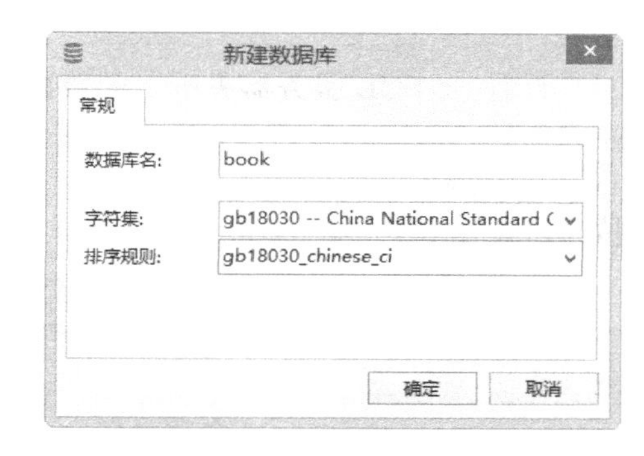

图 2-2　【新建数据库】对话框

在【新建数据库】对话框中单击【确定】按钮，完成数据库 book 的创建。

（4）查看“better”连接中的数据库。

在【Navicat for MySQL】窗口中展开“better”连接中的数据库列表，可以看到刚才创建的数据库 book。

information_schema 数据库是 MySQL 自带的，它提供了访问数据库元数据的方式。什么是元数据呢？元数据是关于数据的数据，如数据库名或表名、字段的数据类型、访问权限等。在 MySQL 中，把 information_schema 看做一个数据库，确切地说是信息数据库。其中保存着关于 MySQL 服务器所维护的所有其他数据库的信息，如数据库名、数据库的表、字段的数据类型与访问权限等。在 information_schema 中，有数个只读表，它们实际上是视图，而不是基本表，因此，用户将无法看到与之相关的任何文件。

【任务 2-2】在命名行中使用 Create Database 语句创建数据库

【任务描述】

（1）创建一个名为 student 的数据库，并指定其默认字符集为 UTF8。

（2）查看 MySQL 服务器主机上的数据库。

【任务实施】

（1）打开 Windows 命令行窗口。

（2）登录 MySQL 服务器。

在命令行窗口的命令提示符后输入命令“mysql –u root -p”，按【Enter】键后，输入正确的密码，这里输入“123456”。当窗口中命令提示符变为“mysql>”时，表示已经成功登录到MySQL服务器。

（3）输入创建数据库的语句。

在提示符“mysql>”后面输入创建数据库的语句：

```
Create Database if not exists student Character Set UTF8 ;
```

按【Enter】键，执行结果如下所示：

```
Query OK, 1 row affected (0.01 sec)
```

结果信息表示数据库创建成功。

> **注 意**
>
> 如果服务器上已经存在同名的数据库，则创建时会出现错误提示信息。

（4）查看MySQL服务器主机上的数据库。

在提示符“mysql>”后面输入以下语句：

```
Show Databases ;
```

按【Enter】键，执行结果如图2-3所示。

```
mysql> Show Databases ;
+--------------------+
| Database           |
+--------------------+
| information_schema |
| book               |
| mysql              |
| student            |
+--------------------+
4 rows in set (0.00 sec)
```

图2-3　查看MySQL服务器主机上的数据库

从显示的结果可以看出，已经存在student数据库，表示该数据库已创建成功。

【重要说明】：本单元各个任务的实施过程首先需要打开Windows命令行窗口，然后要成功登录MySQL服务器，后面的任务不再重复说明这两个步骤。

2.2 选择与查看数据库

使用Create Database语句创建数据库之后，该数据库不会自动成为当前数据库，需要使用Use语句来指定。

选择MySQL数据库的命令的语法格式如下：

```
Use 数据库名称 ;
```

【语法说明】：该语句通过MySQL将指定的数据库作为默认（当前）数据库使用，用于后续各语句。该数据库保持为默认数据库，直到语句段的结束，或者直到运行另一个不同的“Use”语句。这个语句也可以用来从一个数据库“切换”到另一个数据库。

【任务 2-3】 在命名行中使用语句方式选择与查看数据库

【任务描述】

（1）选择当前数据库为 student。

（2）查看数据库 student 的相关信息。

【任务实施】

（1）输入选择当前数据库的语句。

在提示符“mysql>”后输入语句：

```
Use student ;
```

按“Enter”键后出现提示信息“Database changed”，表示选择数据库成功。

（2）查看数据库信息。

在提示符“mysql>”后输入语句：

```
Show Create Database student ;
```

按“Enter”键后显示如图 2-4 所示的结果。

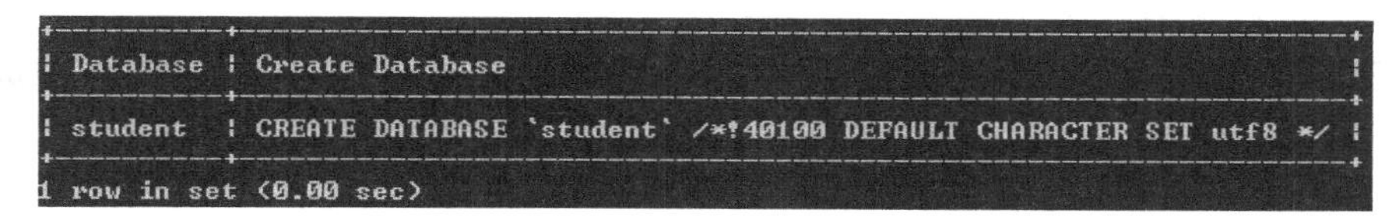

```
+----------+------------------------------------------------------------------+
| Database | Create Database                                                  |
+----------+------------------------------------------------------------------+
| student  | CREATE DATABASE `student` /*!40100 DEFAULT CHARACTER SET utf8 */ |
+----------+------------------------------------------------------------------+
1 row in set (0.00 sec)
```

图 2-4　查看数据库信息的结果

图 2-4 中显示了当前数据库名称 student、创建数据库的语句和注释信息。

2.3 修改数据库

数据库创建后，如果需要修改数据库的参数，则可以使用 Alter Database 语句。

其语法格式如下：

```
Alter { Database | Schema } [ 数据库名称 ]
[ alter_specification , … ]
```

其中，alter_specification 的可选项如下：

```
[ Default ] Character Set 字符集名称
| [ Default ] Collate 排序规则名称
```

说 明

Alter Database 语句用于更改数据库的全局特性，这些特性存储在数据库文件夹中的 db.opt 文件中。用户必须有对数据库进行修改的权限，才可以使用 Alter Database 语句。修改数据库语句的各个选项与创建数据库语句相同，这里不再重复说明。如果语句中数据库名称省略，则表示修改当前（默认）数据库。

【任务 2-4】 使用 Alter Database 语句修改数据库

【任务描述】

（1）选择 student 为当前数据库。

（2）修改数据库 student 的默认字符集为“gb2312 -- GB2312 Simplified Chinese”，排序规则为“gb2312_chinese_ci”。

（3）在【Navicat for MySQL】图形化环境中查看数据库 student 修改后的属性。

【任务实施】

（1）选择 student 为当前数据库。

在提示符“mysql>”后输入语句“Use student ; ”，然后按【Enter】键执行该语句。

（2）修改数据库 student。

在提示符“mysql>”后输入以下语句：

```
mysql> Alter Database student
    -> Character set gb2312
    -> Collate gb2312_chinese_ci ;
```

按【Enter】键，出现“Query OK, 1 row affected (0.00 sec)”提示信息表示修改成功。

（3）打开【Navicat for MySQL】窗口，在其主窗口左侧数据库列表中的空白位置右击，在弹出的快捷菜单中选择【刷新】命令，新创建的数据库“student”便会出现在数据库列表中。

（4）在【Navicat for MySQL】窗口的数据库列表中，右击数据库“student”，在弹出的快捷菜单中选择【数据库属性】命令，如图 2-5 所示。

图 2-5 在数据库 student 的快捷菜单中选择【数据库属性】命令

打开【数据库属性】对话框，在该对话框中可以查看该数据库的字符集和排序规则，如图 2-6 所示。

可以看出数据库 student 的字符集和排序规则成功更改了。

图 2-6　在【数据库属性】对话框中查看数据库的字符集和排序规则

2.4 删除数据库

删除数据库是指在数据库系统中删除已经存在的数据库。删除数据库之后，原来分配的空间将被收回。值得注意的是，删除数据库会永久删除该数据库中所有的数据表及其数据。因此，在删除数据库时，应特别谨慎。

在 MySQL 中，使用“Drop Database”语句可删除数据库，其语法格式如下：

```
Drop Database [ if exists ] <数据库名> ;
```

若使用“if exists”子句，则可避免删除不存在的数据库时出现错误提示信息；如果没有使用“if exists”子句，删除的数据库在 MySQL 中不存在时，系统就会出现错误提示信息。

【任务 2-5】 使用 Drop Database 语句删除数据库

【任务描述】

（1）删除数据库“student”。

（2）在删除数据库“student”前后分别查看 MySQL 当前连接中的数据库。

【任务实施】

（1）查看 MySQL 当前连接中的数据库。

在提示符“mysql>”后输入“Show Databases ; ”语句，按【Enter】键，运行结果中可以看出 MySQL 当前连接中有 4 个数据库。

（2）删除数据库 student。

在提示符“mysql>”后输入以下语句：

```
Drop Database student ;
```

按【Enter】键，出现“Query OK, 0 rows affected (0.11 sec)”提示信息，表示成功删除。

（3）删除数据库 student 后，再一次查看 MySQL 当前连接中的数据库。

查看结果如图 2-7 所示，可以看出当前连接中数据库 student 已不存在。

在【Navicat for MySQL】窗口中刷新数据库列表后，可以看出当前连接中只有 3 个数据库了，如图 2-8 所示。

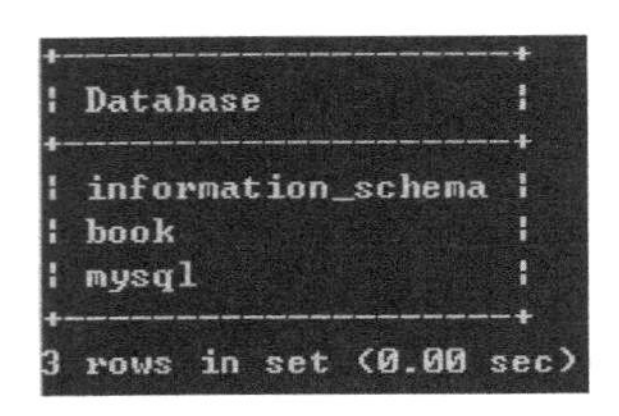
```
+--------------------+
| Database           |
+--------------------+
| information_schema |
| book               |
| mysql              |
+--------------------+
3 rows in set (0.00 sec)
```

图 2-7　删除数据库 student 后查看 MySQL 当前连接中的数据库

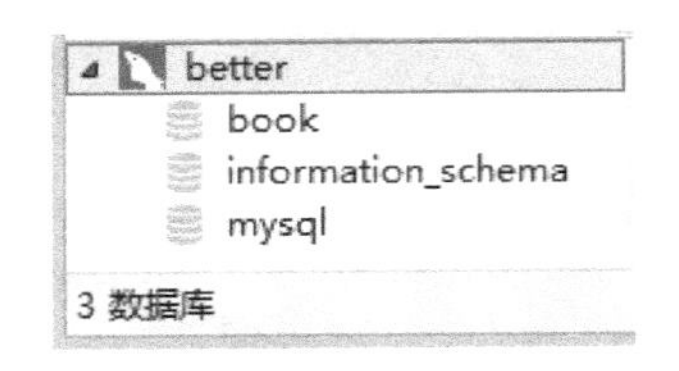

图 2-8　在【Navicat for MySQL】窗口中查看 MySQL 当前连接中的数据库

2.5 MySQL 存储引擎

数据库存储引擎是数据库底层软件组件，数据库管理系统使用数据引擎进行创建、查询、更新和删除数据操作。不同的存储引擎提供不同的存储机制、索引技巧、锁定水平等功能，使用不同的存储引擎，还可以获得特定的功能。现在许多数据库管理系统支持多种不同的数据引擎。

MySQL 核心就是存储引擎，MySQL 提供了多种不同的存储引擎，包括处理事务安全的引擎和处理非事务安全的引擎。在 MySQL 中，不需要在整个服务器中使用同一种存储引擎，针对具体的要求，可以对每一个数据表使用不同的存储引擎。MySQL 数据库中的表可以使用不同的方式存储，用户可以根据自己的需求，灵活选择不同的存储方式。使用合适的存储引擎，将会提高整个数据库的性能。

MySQL 5.7.11 支持的存储引擎有：InnoDB、MRG_MyISAM、Memory、BLACKHOLE、MyISAM、CSV、Archive、PERFORMANCE_SCHEMA 等。

（1）InnoDB 是事务型数据库的首选引擎，在 MySQL 5.5.5 之后的版本中，InnoDB 是默认存储引擎。InnoDB 支持事务安全（ACID）、支持行锁定、数据缓存和外键，同时支持崩溃修复和并发控制，但不支持全文索引和哈希索引。

（2）MyISAM 是 Web、数据仓储和其他应用环境下最常用的存储引擎之一。MySQL 5.5.5 之前的版本，MyISAM 是默认存储引擎。MyISAM 具有较高的插入、查询速度，支持全文索引，但不支持事务、数据缓存和外键。

（3）Memory 将数据表中的数据存储到内存中，为查询和引用其他数据表数据提供了快速访问。Memory 默认使用哈希索引，其速度要比使用 B 型树索引快，但不支持事务、全文索引和外键，安全性不高。

【任务 2-6】在命名行中查看并选择 MySQL 支持的存储引擎

【任务描述】

（1）查看 MySQL 数据库支持的存储引擎类型。

（2）根据实际需要选择合适的存储引擎。

【任务实施】

（1）使用 Show Engines 语句查看 MySQL 数据库支持的存储引擎类型。

在提示符“mysql>”后输入“Show Engines；”语句，按【Enter】键，其显示结果如

图 2-9 所示。

Engine	Support	Comment	Transactions	XA	Savepoints
InnoDB	DEFAULT	Supports transactions, row-level locking, and foreign keys	YES	YES	YES
MRG_MYISAM	YES	Collection of identical MyISAM tables	NO	NO	NO
MEMORY	YES	Hash based, stored in memory, useful for temporary tables	NO	NO	NO
BLACKHOLE	YES	/dev/null storage engine (anything you write to it disappears)	NO	NO	NO
MyISAM	YES	MyISAM storage engine	NO	NO	NO
CSV	YES	CSV storage engine	NO	NO	NO
ARCHIVE	YES	Archive storage engine	NO	NO	NO
PERFORMANCE_SCHEMA	YES	Performance Schema	NO	NO	NO
FEDERATED	NO	Federated MySQL storage engine	NULL	NULL	NULL

9 rows in set (0.00 sec)

图 2-9　查看 MySQL 数据库支持的存储引擎类型的显示结果

图 2-9 所示的查询结果中各个数据说明如下。

① 第 1 行中的“Engine”表示存储引擎名称，“Support”表示 MySQL 是否支持该类存储引擎，“Comment”表示对该存储引擎的简要说明，“Transactions”表示是否支持事务处理，“XA”表示是否支持分布式交易处理，“Savepoints”表示是否支持保存点，以便事务回滚到保存点。

② 第 1 列表示 MySQL 支持的存储引擎，共包括 9 种。

③ 第 2 列中 YES 表示能使用对应行的引擎，NO 表示不能使用对应行的引擎，DEFAULT 表示该引擎为当前默认存储引擎。

④ 第 4 列中 YES 表示支持事务处理，NO 表示不支持事务处理。

⑤ 第 5 列中 YES 表示支持 XA 规范，NO 表示不支持 XA 规范。

⑥ 第 6 列中 YES 表示支持保存点，NO 表示不支持保存点。

（2）选择合适的存储引擎。

不同的存储引擎有各自的特点，以适应不同的需求。使用哪一种引擎要根据需要灵活选择，一个数据库中多个数据表可以使用不同引擎以满足各种性能和实际需求。如果提供事务安全能力，并要求实现并发控制，则 InnoDB 是很好的选择。如果数据表主要用来插入和查询记录，则 MRG_MyISAM 引擎能提供较高的处理效率。如果只是临时存放数据，数据量不大，并且不需要较高的数据安全性，则可以选择将数据保存在内存中的 Memory 引擎，MySQL 中使用该引擎作为临时表，存放查询的中间结果。如果只有 Insert 和 Select 操作，则可以选择 Archive 存储引擎，Archive 引擎支持高并发的插入操作，但是本身并不是事务安全的。

2.6 MySQL 的数据备份与还原

在数据库的操作过程中，尽管系统中采用了各种措施来保证数据库的安全性和完整性，但硬件故障、软件错误、病毒侵入、误操作等现象仍有可能发生，导致运行事务的异常中断，影响数据的正确性，甚至破坏数据库，使数据库中的数据部分或全部丢失。因此，拥有能够恢复数据的能力对于一个数据库系统来说是非常重要的。数据库备份是最简单的保护数据的方法。

【任务 2-7】 使用图形化工具备份 MySQL 的数据库

【任务描述】

使用【Navicat for MySQL】图形化工具备份 MySQL 的数据库 book。

【任务实施】

（1）打开【Navicat for MySQL】窗口，在数据库列表中双击打开数据库“book”，也可以右击数据库“book”，在弹出的快捷菜单中选择【打开数据库】命令，打开该数据库。

（2）在【Navicat for MySQL】主窗口中，单击工具栏中的【备份】按钮，下方显示“备份”对应的操作按钮，如图2-10所示。

图2-10 “备份”对应的操作按钮

（3）在左侧的数据库列表中选择数据库“book”，然后单击【新建备份】按钮，打开【新建备份】对话框，然后在该对话框“常规”选项卡的“注释”文本框中输入注释内容“备份book数据库”，如图2-11所示。

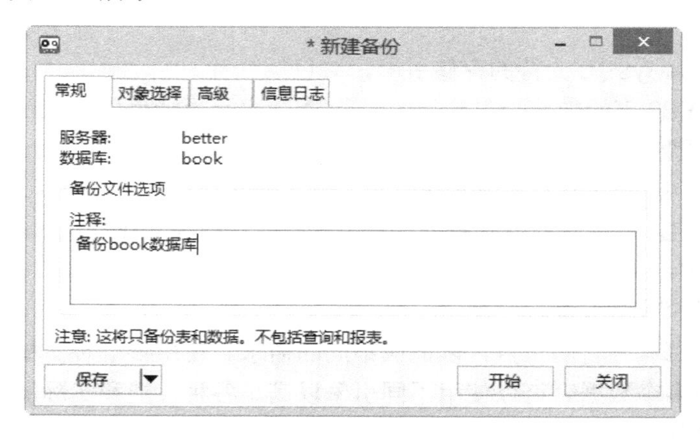

图2-11 输入注释内容

选择“高级”选项卡，在“使用指定文件名”文本框中输入备份文件名“book0201”，如图2-12所示。

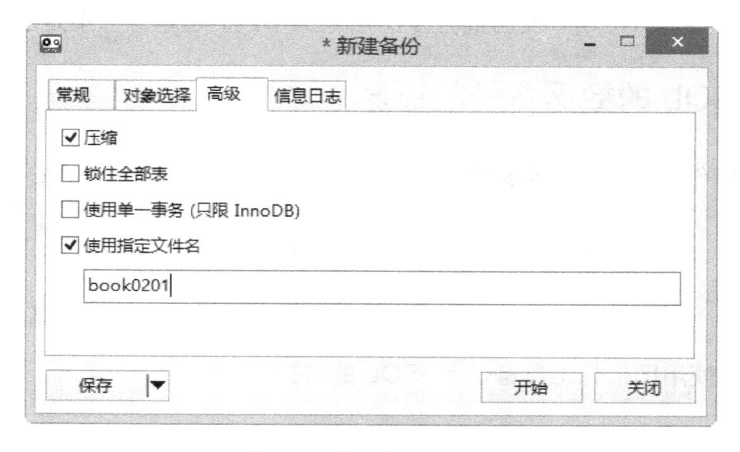

图2-12 输入备份文件名

（4）开始备份。在【新建备份】对话框中单击【开始】按钮，自动切换到“信息日志”选项卡中，开始备份过程，并显示相应的提示信息，如图 2-13 所示。

图 2-13　备份过程显示的提示信息

（5）保存备份操作。在【新建备份】对话框中单击【保存】按钮，打开【设置文件名】对话框，在该对话框的“输入设置文件名”文本框中输入文件名“book_backup0201”，如图 2-14 所示，单击【确定】按钮保存备份操作，并返回【新建备份】对话框。

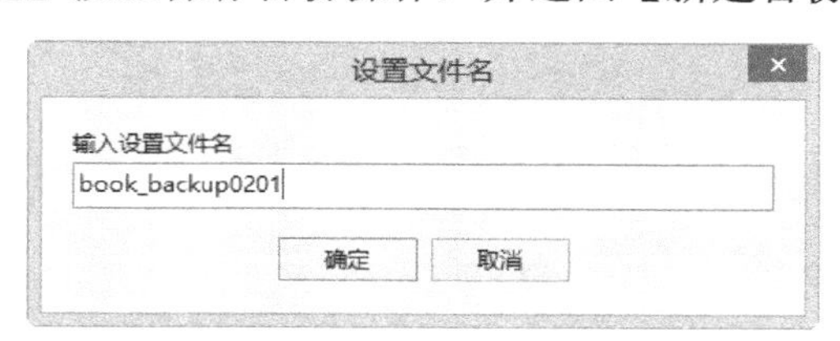

图 2-14　在【设置文件名】对话框中输入文件名

在【新建备份】对话框中单击【关闭】按钮，关闭该对话框。

备份操作完成后，在【Navicat for MySQL】主窗口右侧区域将显示备份文件列表，如图 2-15 所示。

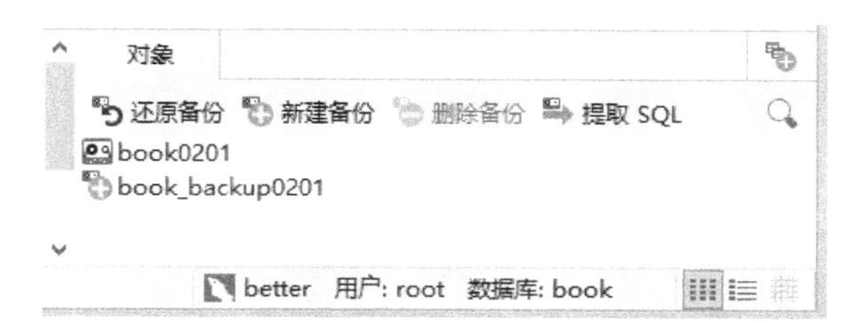

图 2-15　【Navicat for MySQL】主窗口右侧区域显示的备份文件列表

（6）查看备份文件的保存位置。选中备份文件“book0201”并右击，在弹出的快捷菜单中选择【打开包含的文件夹…】命令，如图 2-16 所示，打开备份文件所在的文件夹，编者的计算机的操作系统为 Windows 8，备份文件所在的文件夹为“C:\Users\Administrator\Documents\Navicat\MySQL\servers\Better\book”。

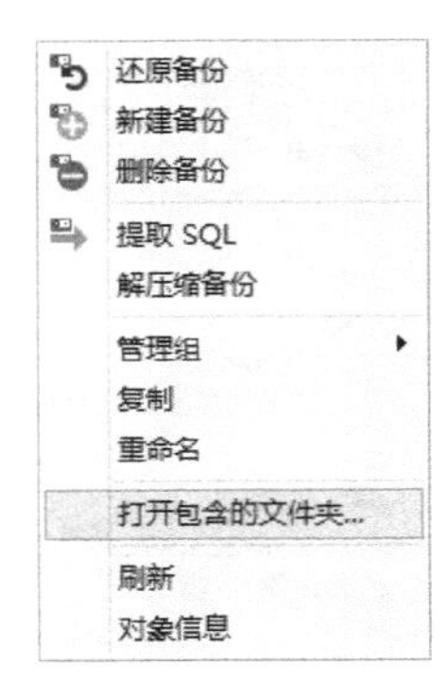

图 2-16　在快捷菜单中选择【打开包含的文件夹…】命令

【任务 2-8】 使用图形化工具还原 MySQL 的数据

【任务描述】

使用【Navicat for MySQL】图形化工具还原数据库。

【任务实施】

（1）在【Navicat for MySQL】主窗口中选中备份数据库“book0201”。

（2）单击工具栏中的【还原备份】按钮，打开【book0201-还原备份】对话框，如图 2-17 所示。

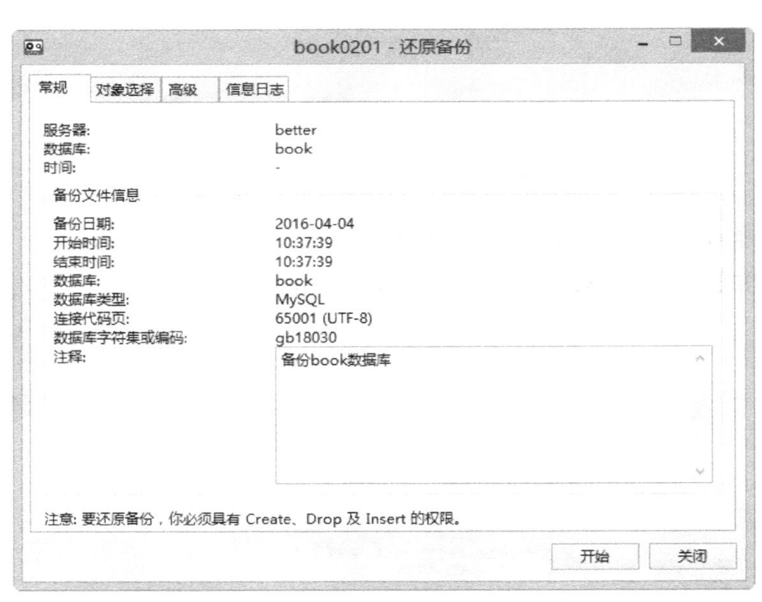

图 2-17　【book0201-还原备份】对话框

（3）在【book0201-还原备份】对话框中，单击【开始】按钮，打开如图 2-18 所示的提示信息对话框，单击【确定】按钮，还原备份开始，完成时打开如图 2-19 所示的【还原备份】

对话框。

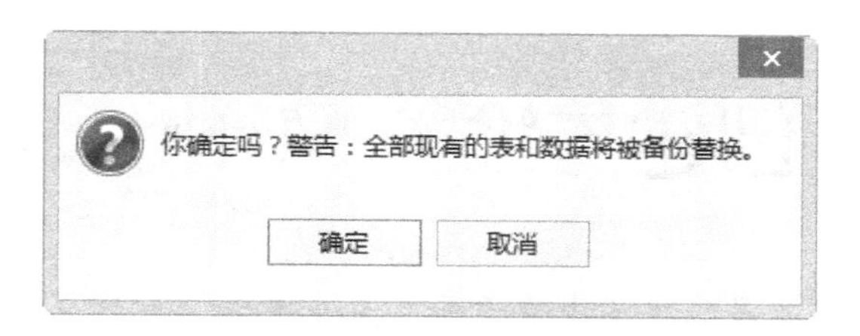

图 2-18　还原备份时的提示信息对话框

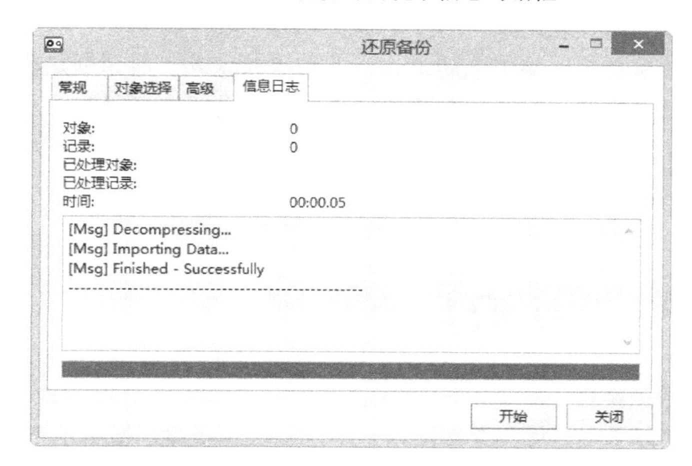

图 2-19 【还原备份】对话框

（1）一个完整的数据库系统由（　　）、（　　）、数据库应用程序、用户和硬件组成。数据库由（　　）统一管理，任何数据访问都是通过（　　）来完成的。

（2）在 MySQL 中，每一条 SQL 语句都以（　　）作为结束标志。

（3）使用“mysqldump”命令将数据库“book”备份到文件夹“D:\MySQLData\backup”中的正确写法为（　　）。

（4）使用“mysqldump”命令备份 MySQL 服务器中所有数据库的语法格式为（　　）。

（5）查看 MySQL 服务器主机上的数据库的语句为（　　）。

（6）使用 Create Database 语句创建数据库之后，该数据库不会自动成为当前数据库，需要使用（　　）语句来指定。

（7）MySQL 中，删除数据库 test 的语句的正确写法为（　　）。

（8）在 MySQL 中，针对具体的要求，可以对每一个数据表使用（　　）存储引擎。

（9）在 MySQL 5.5.5 之后的版本中，MySQL 默认的存储引擎为（　　）。在 MySQL 5.5.5 之前的版本中，MySQL 默认的存储引擎为（　　）。

（10）MySQL 中可以使用（　　）命令将数据库中的数据备份成一个文本文件。

单元 3

创建与维护MySQL数据表

在数据库中，数据表是数据库中最重要、最基本的操作对象，是数据存储的基本单位。数据表被定义为列的集合，数据在数据表中是按照行和列的格式来存储的，每一行代表一条记录，每一列代表记录中的一个域，称为字段。

在创建完数据库之后，接下来的工作就是创建数据表。所谓创建数据表，指的是在已经创建好的数据库中建立新表。创建数据表的过程是规定数据列的属性的过程，同时也是实施数据完整性（包括实体完整性、引用完整性和域完整性等）约束的过程。

1. MySQL 的数据类型

数据表由多个字段构成，每一个字段指定不同的数据类型，指定了字段的数据类型之后，也就决定了向字段插入的数据内容。

数据类型是对数据存储方式的一种约定，它能够规定数据存储所占空间的大小。MySQL 数据库使用不同的数据类型存储数据，数据类型的选择主要根据数据值的内容、大小、精度来选择。在 MySQL 中，系统数据类型主要分为数值类型、字符串类型、日期时间类型和特殊类型 4 种。

1）数值类型

所谓数值类型，就是用来存放数字型数据的，包括整数和小数。数值类型数据是指字面值具有数学含义，能直接参加数值运算（如求和、求平均值等）的数据，如数量、单价、金额、比例等方面的数据。但是有些数据字面也为数字，却不具有数学含义，参加数值运算的结果也没有数学含义，如邮政编码、电话号码、图书的 ISBN、学号、身份证编号、存折号码等，这些数据的字面虽然是由数字组成的，却为字符串类型。

（1）整数类型：整数类型主要用于存放整数数据，MySQL 提供了多种整数类型，不同的数据类型提供了不同的取值范围，可以存储的值范围越大，其所需要的存储空间就会越大。其取值范围、占用字节大小和默认显示宽度如表 3-1 所示。

表 3-1 MySQL 中的整数类型

MySQL 数据类型	取值范围		占用字节大小	默认显示宽度
	有符号类型	无符号类型		
Tinyint	-128～127	0～255（2^8-1）	1 字节	4
Smallint	-32768～32767	0～65535（2^{16}-1）	2 字节	6

续表

MySQL 数据类型	取值范围		占用字节大小	默认显示宽度
	有符号类型	无符号类型		
Mediumint	-8388608～8388607	0～16777215（$2^{24}-1$）	3 字节	9
Int	-2147483648～2147483647	0～4294967295（$2^{32}-1$）	4 字节	11
Bigint	-2^{63}～$2^{63}-1$	0～$2^{64}-1$	8 字节	20

整数类型也可以使用 Int(n)的形式指定显示宽度，即指定能够显示的数字个数。例如，假设声明一个 Int 类型的字段：number Int(4)。该声明指出，在 number 字段中的数据一般只显示 4 位数字的宽度。这里需要注意的是，显示宽度和数据类型的取值范围是无关的。显示宽度只是指明 MySQL 最大可能显示的数字个数，数值的位数小于指定的宽度时会由空格填充；如果插入了大于显示宽度的值，则只要该值不超过该类型整数的取值范围，数值依然可以插入，而且能够显示出来。例如，假如向 number 字段插入一个数值 19999，当使用 Select 查询该字段值时，MySQL 显示的将是完整的带有 5 位数字的 19999，而不是 4 位数字的值。

其他整型数据类型也可能在定义表结构时指定所需要的显示宽度，如果不指定，则系统为每一种类型指定默认的宽度值，默认显示宽度与其有符号数的最小值的宽度相同，这些默认显示宽度能够保证显示每一种数据类型可以取到取值范围内的所有值。例如，Tinyint 有符号数和无符号数的取值范围分别为-128～127 和 0～255，由于负号占了一个数字位，因此 Tinyint 默认的显示宽度为 4。

提 示

显示宽度只用于控制显示的数字个数，并不能限制取值范围和占用空间，如 Int(3)会占用 4 个字节的存储空间，并且允许的最大值也不会是 999，而是 Int 整型所允许的最大值。

不同的整数类型有不同的取值范围，并且需要不同的存储空间，因此，应该根据实际需要选择最合适的类型，这样有利于提高查询的效率和节省存储空间。

（2）小数类型：MySQL 中使用浮点数和定点数来表示小数。浮点类型有两种：单精度浮点类型（Float）和双精度浮点类型（Double）。定点类型只有一种：Decimal。浮点类型和定点类型都可以使用（M，N）来表示，其中 M 表示总共的有效位数，也称为精度；N 表示小数的位数。MySQL 中的小数类型如表 3-2 所示。

表 3-2　MySQL 中的小数类型

MySQL 数据类型	占用字节大小	说　明
Float(M，N)	4 字节	单精度浮点型可以精确到小数点后 7 位
Double(M，N)	8 字节	双精度浮点型可以精确到小数点后 15 位
Decimal(M，N)	M+2 字节	为定点小数类型，其最大有效位数为 65 位，可以精确到小数点后 30 位

Decimal 类型不同于 Float 和 Double，Decimal 实际是以字符串存放的，其存储位数并不是固定不变的，而由有效位数决定，占用“有效位数+2”个字节。

不管是定点类型还是浮点类型，如果用户指定的精度超出其精度范围，则会四舍五入进行处理。如果实际有效位数超出了用户指定的有效位数，则以实际的有效位数为准。例如，有一个字段定义为 Float(5,3)，如果插入一个数 123.45678，实际数据库里保存的是 123.457，但总个数还以实际为准，即 6 位。

Float 和 Double 在不指定精度时，默认会按照实际的精度（由计算机硬件和操作系统决定）存储，Decimal 如不指定精度，则默认值为（10,0）。

2）字符串类型

字符串类型也是数据表的重要类型之一，主要用于存储字符串或文本信息。在 MySQL 数据库中，常用的字符串类型主要包括 Char、Varchar、Binary、Varbinary、Text 等类型，如表 3-3 所示。

表 3-3　MySQL 中的字符串类型

MySQL 数据类型	取 值 范 围	说　　明
Char(n)	最多 255 个字符	用于声明一个定长的数据，n 代表存储的最大字符数
Varchar(n)	最多 65535 个字符	用于声明一个变长的数据，n 代表存储的最大字符数
Binary(n)	最多 255 个字符	用于声明一个定长的二进制数据，n 代表存储的最大字符数
Varbinary(n)	最多 65535 个字符	用于声明一个变长的二进制数据，n 代表存储的最大字符数
TinyText	最多 255 个字符	用于声明一个变长的数据
Text	最多 65535 个字符	用于声明一个变长的数据
MediumText	最多 16777215 个字符	用于声明一个变长的数据
LongText	最多 4294967295 个字符	用于声明一个变长的数据

3）日期时间类型

在数据库中经常会存放一些日期时间的数据，如出生日期、借出日期等。日期和时间类型的数据也可以使用字符串类型存放，但为了使数据标准化，在数据库中提供了专门存储日期和时间的数据类型。在 MySQL 中，日期时间类型包括 Date、Time、DateTime、Timestamp 和 Year 等，当只需记录年份数据时，可以使用 Year 类型，而没有必要使用 Date 类型。MySQL 中的日期时间类型如表 3-4 所示。

表 3-4　MySQL 中的日期时间类型

MySQL 数据类型	占用字节大小	使 用 说 明
Year	1 字节	存储年份值，其格式是 YYYY，如'2018'
Date	3 字节	存储日期值，其格式是 YYYY-MM-DD，如'2018-12-2'
Time	3 字节	存储时间值，其格式是 HH:MM:SS，如'12:25:36'
DateTime	8 字节	存储日期时间值，其格式是 YYYY-MM-DD HH:MM:SS，如'2018-12-2 22:06:44'
Timestamp	4 字节	显示格式与 DateTime 相同，显示宽度固定为 19 个字符，即 YYYY-MM-DD HH:MM:SS，但其取值范围小于 DateTime 的取值范围

若定义一个字段为 Timestamp，这个字段里的时间数据会随其他字段修改的时刻自动刷新，所以这个数据类型的字段可以自动存储该记录最后被修改的时间。

在程序中给日期时间类型字段赋值时，可以使用字符串类型或者数字类型的数据插入，只要符合相应类型的格式即可。

4）其他数据类型

MySQL 中除了上面列出的 3 种数据类型外，还有一些特殊的数据类型，如枚举类型、集合和位类型等。

（1）枚举类型：所谓枚举类型，就是指定数据只能取指定范围内的值。其语法格式如下：

```
<字段名> Enum(<'值 1'> , <'值 2'> , <'值 n'> )
```

其中，“字段名”指将要定义的字段，值 n 指枚举列表中的第 n 个值。Enum 类型的字段在取值时，只能在指定枚举列表中取，而且一次只能取一个。当创建的成员中有空格时，其尾部的空格将自动被删除。

例如，Sex Enum('男' , '女')。

这里将性别列设置为枚举类型，那么，枚举值可以设置为“男”、“女”，在向数据表添加数据时，就只能添加“男”和“女”这两个值。枚举类型使用 Enum 表示，在定义取值时，必须使用半角单引号把值括起来。在 MySQL 数据库中存储枚举值时，并不是直接将值记入数据表中，而是记录值的索引，值的索引是按值的顺序生成的，并且从 1 开始编号，如枚举值“男”和“女”，其值索引为 1、2，MySQL 存储的就是这个索引编号，枚举类型最多可以有 65535 个元素。在枚举类型中，索引值 0 代表的是错误的空字符串。

Enum 字段总有一个默认值，如果将 Enum 字段声明为 Null，则 Null 值为该字段的一个有效值，并且默认值为 Null。如果 Enum 字段被声明为 Not Null，则其默认值为允许的值列表中的第 1 个元素。

（2）Set 类型：Set 类型也称为集合类型，是一个字符串对象，可以有零个或多个值，Set 字段最多可以有 64 个成员，其值为表创建时规定的一列值。其语法格式如下：

```
Set(<'值 1'> , <'值 2'> , <'值 n'> )
```

例如，Set('春' , '夏' , '秋' , '冬')。

集合类型与枚举类型类似，都是在已知的值中取值，存储的是值的索引编号，Set 成员值的尾部空格将自动被删除。不同的是，集合类型可以取已知值列表中任意组合的值。例如，在集合类型中列出的值是“春”、“夏”、“秋”和“冬”，那么可以取的值有多种组合。

如果插入 Set 字段中字段值有重复，则 MySQL 自动删除重复的值；插入 Set 字段的值的顺序并不重要，MySQL 会在存入数据表时，按照定义的顺序显示；如果插入了不正确的值，则默认情况下，MySQL 将忽略这些值，并给出警告。

（3）bit 类型：bit 类型主要用来定义一个指定位数的数据，其取值为 1～64，它所占用的字节数是根据它的位数决定的。

（4）Blob 类型：Blob 类型是一个二进制的对象，用来存储可变数量的二进制字符串。Blob 类型分为 4 种：TinyBlob、Blob、MediumBlob 和 LongBlob，它们可容纳的最大长度不同，分别为 255 个字符、65535 个字符、16777215 个字符、4294967295 个字符。

2．MySQL 数据类型的选择

MySQL 提供了大量的数据类型，为了优化存储，提高数据库性能，选用数据类型时应使用最精确的类型。

1）整数类型和浮点类型

如果不需要小数部分，则使用整数类型；如果需要表示小数部分，则使用浮点数类型。对于浮点数据，存入的数值会按字段定义的小数位进行四舍五入。浮点类型包括 Float 和 Double 类型，Double 类型精度比 Float 类型高，因此，当要求存储精度较高时，应使用 Double 类型，如果表示精度较低的小数，则使用 Float 类型。

2）浮点类型和定点类型

浮点类型（Float 和 Double）相对于定点类型 Decimal 的优势是，在长度一定的情况下，浮点类型比定点类型能表示更大的数据范围，其缺点是容易产生计算误差。Decimal 在 MySQL 中是以字符串形式存储的，用于存储精度相对要求较高的数据(如货币、科学数据等)。两个浮点数据进行减法或比较运算时容易出现问题，如果进行数值比较，则最好使用 Decimal 类型。

3）日期类型和时间类型

MySQL 对于不同种类的日期和时间有很多种数据类型，如 Year 和 Time。如果只需要存储年份，则使用 Year 类型即可；如果只记录时间，则只使用 Time 类型即可。

如果同时需要存储日期和时间，则可以使用 DateTime 或 Timestamp 类型。由于 Timestamp 类型的取值范围小于 DateTime 类型的取值范围，因此存储范围较大的日期最好使用 DateTime 类型。

Timestamp 类型也有 DateTime 类型不具备的属性，默认情况下，当插入一条记录但并没有给 Timestamp 类型字段指定具体的值时，MySQL 会把 Timestamp 字段设置为当前的时间。因此，当需要插入记录的同时插入当前时间时，使用 Timestamp 类型更方便。

4）Char 类型和 Varchar 类型

Char 类型是固定长度，Varchar 类型是可变长度，Char 类型可能会浪费一些存储空间，Varchar 类型则是按实际长度存储的，比较节省空间。

对于 Char(n)，如果存入字符数小于 n，则会自动以空格补于其后，查询之时再将空格去掉。所以 Char 类型存储的字符串末尾不能有空格。而 Varchar 类型查询时不会删除尾部空格。

Char 类型数据的检索速度比 Varchar 类型快。Char(n)是固定长度，例如，Char(4)不管存入几个字符，都将占用 4 个字节。Varchar 是存入的“实际字符数+1”个字节（n≤255）或“实际字符数+2”个字节(n>255)，所以 Varchar(4)表示存入 3 个字符将占用 4 个字节。例如，对于字符串“abcd”，其长度为 4，存储空间占用 5 个字节，加上 1 个字节用于存储字符串的长度。对于存储的字符串长度较小，但在速度上有要求的可以使用 Char 类型，反之可以使用 Varchar 类型。

对于 MyISAM 存储引擎，最好使用固定长度的类型代替可变长度的类型，这样可以使整个数据表静态化，从而使数据检索更快，用空间换时间。对于 InnoDB 存储引擎，使用可变长度的类型，因为 InnoDB 数据表的存储格式不分固定长度和可变长度，因此使用 Char 不一定比使用 Varchar 更好，由于 Varchar 类型按实际的长度存储，所以对磁盘 I/O 和数据存储总量比较好。

5）Varchar 类型和 Text 类型

Varchar 类型可以指定长度 n，Text 类型则不能指定，存储 Varchar 类型数据占用“实际字符数+1”个字节（n≤255）或“实际字符数+2 个”字节(n>255)，存储 Text 类型数据占用“实际字符数+2”个字节。Text 类型不能有默认值。

Varchar 查询速度快于 Text，因为 Varchar 可直接创建索引，Text 创建索引要指定前多少个字符。当保存或查询 Text 字段的值时，不删除尾部空格。

6）Enum 类型和 Set 类型

Enum 类型和 Set 类型的值都是以字符串形式出现的，但在数据库中存储的是数值。

Enum 类型只能取单值，它的数据列表是一个枚举集合，它的合法取值列表最多允许有 65535 个成员。因此，在需要从多个值中选取一个时，可以使用 Enum 类型，例如，性别字段适合定义为 Enum 类型，只能从“男”或“女”中取一个值。

Set 可取多值，它的合法取值列表最多允许有 64 个成员。空字符串也是一个合法的 Set 值。当需要取多个值的时候，适合使用 Set 类型，例如，要存储一个人的兴趣爱好，最好使用 Set 类型。

7）Blob 类型和 Text 类型

Blob 类型存储的是二进制字符串，Text 类型是非二进制字符串，两者均可存放大容量的信息。Blob 类型主要存储图片、音频信息等，而 Text 只能存储纯文本内容。

3. 数据类型的属性

数据类型的属性如表 3-5 所示。

表 3-5　数据类型的属性

MySQL 关键字	含　义
Null	字段可包含 Null 值，Null 通常表示未知、不可用或将在以后添加的数据。如果一个字段允许为 Null 值，则向数据表中输入记录值时可以不为该字段给出具体值
Not Null	字段不允许包含 Null 值，即向数据表中输入记录值时必须给出该字段的具体值
Default	默认值
Primary Key	主键
Auto_Increment	自动递增，适用于整数类型，在 MySQL 中设置为 Auto_Increment 约束的字段初始值是 1，每新增一条记录，字段值自动加 1。一个数据表只能有一个字段使用 Auto_Increment 约束
Unsigned	无符号
Character Set　<字符集名>	指定一个字符集

4. MySQL 的约束

MySQL 的约束是指对数据表中数据的一种约束行为，能够帮助数据库管理员更好地管理数据库，并且能够确保数据库表中数据的正确性和一致性。其主要包括主键约束、外键约束、唯一约束、非空约束、默认值约束和检查约束。

1）主键约束

通常在数据表中将一个字段或多个字段组合设置为具有各不相同的值，以便能唯一地标识数据表中的每一条记录，这样的一个字段或多个字段称为数据表的主键，通过它可实现实体完整性，消除数据表冗余数据。一个数据表只能有一个主键约束，并且主键约束中的字段不能接收空值。由于主键约束可保证数据的唯一性，因此经常对标识字段定义这种约束。可以在创建数据表时定义主键约束，也可以修改现有数据表的主键约束。

2）外键约束

外键（Foreign Key）约束保证了数据库中各个数据表中数据的一致性和正确性。将一个数据表的一个字段或字段组合定义为引用其他数据表的主键字段，则引用该数据中的这个字段或字段组合就称为外键。被引用的数据表称为主键约束表；简称为主表，引用表称为外键约束表，简称为从表。可以在定义数据表时直接创建外键约束，也可以对现有数据表中的某一个字段或字段组合添加外键约束。

注 意

在主键表和从键表两个数据表中，外键和主键字段的数据类型和长度要一致。

3）唯一约束

一个数据表只能有一个主键，如果有多个字段或者多个字段组合就需要实施数据唯一性，可以采用唯一约束。可以对一个数据表定义多个唯一约束，唯一约束允许为 Null 值，但每个唯一约束字段只允许存在一个 Null 值。例如，在“用户表”中，为了避免用户名重名，就可以将用户名字段设置为唯一约束。

4）非空性约束

指定为 Not Null 的字段不能输入 Null 值，数据表中出现 Null 值通常表示值未知或未定义，Null 值不同于零、空格或者长度为零的字符串。

在创建数据表时，默认情况下，如果在数据表中不指定非空约束，那么数据表中所有字段都可以为空。由于主键约束字段必须保证字段是不为空的，因此要设置主键约束的字段一定要设置非空约束。

5）默认值约束

默认值（Default）约束用来约束当数据表中的某个字段不输入值时，自动为其添加一个已经设置好的值。可以创建数据表时为字段指定默认值，也可以在修改数据表时为字段指定默认值。Default 约束定义的默认值仅在执行 Insert 操作插入数据时生效，一列至多有一个默认值，其中包括 Null 值。默认值约束通常用在已经设置了非空约束的字段，这样能够防止数据表在输入数据时出现错误。

6）检查约束

检查（Check）约束用于检查输入数据的取值是否有效，只有符合检查约束的数据才能输入。在一个数据表中可以创建多个检查约束，在一个字段上也可以创建多个检查约束，只要它们不相互冲突即可。可以在创建数据表时定义检查约束，也可以修改现有数据表的检查约束。

5. MySQL 数据库的数据完整性

按照数据完整性的功能可以将数据完整性划分为 4 类，如表 3-6 所示。

表 3-6 数据完整性类型与实现方法

数据完整性类型	含 义	实 现 方 法
实体完整性（Entity Integrity）	保证表中每一行数据在表中都是唯一的，即必须至少有一个唯一标识以区分不同的记录	主键约束、唯一约束、唯一索引等
域完整性 (Domain Integrity)	限定表中输入数据的数据类型与取值范围	默认值约束、检查约束、外键约束、非空性约束、数据类型等
参照完整性 (Referential Integrity)	在数据库中进行添加、修改和删除数据时，要维护表间数据的一致性，即包含主键的主表和包含外键的从表的数据应对应一致	外键约束、检查约束、触发器（Trigger）、存储过程（Procedure）等

续表

数据完整性类型	含　义	实 现 方 法
用户定义完整性 (User-defined Integrity)	实现用户某一特殊要求的数据规则或格式	默认值约束、检查约束等

MySQL 中约束与数据完整性之间的关系如表 3-7 所示。

表 3-7　约束与数据完整性之间的关系

约束类型	数据完整性类型	约束对象	描　述	实 例 说 明
主键约束	实体完整性	行	保证数据表中每一行的数据都是唯一的，定义主键约束的字段值不可为空、不可重复，每个数据表中只能有一个主键。主键约束所在的字段不允许为 Null 值	“图书类型”数据表中设置“图书类型编号”为主键，不允许出现相同值的图书类型编号
唯一约束			指定非主键的一个或多个字段的组合值具有唯一性，以防止在字段中输入重复的值，也就是说，如果一个数据表已经设置了主键约束，但该表中其他非主键字段也具有唯一性，为避免该字段中的数据值出现重复值的情况，就必须使用唯一约束。一个数据表可以包含多个唯一约束，唯一约束指定的字段可以为 Null 值，但是最多只有一行包含 Null 值	“图书类型”数据表中设置“图书类型代号”和“图书类型名称”两个字段为唯一约束，不允许出现相同的图书类型代号或者图书类型名称，但每个字段允许出现 1 个 Null 值
默认值约束	域完整性	列	提供了一种为数据表中的任何一个字段设置默认值的方法，默认值是指使用 Insert 语句向数据表插入记录时，如果没有为某一字段指定数据值，Default 约束提供随新记录一起存储到数据表中的该字段的默认值。Default 约束只能应用于 Insert 语句，且定义的值必须与该字段的数据类型和精度一致，每一字段上只能有一个 Default 约束，且允许使用一些系统函数提供的值，但不能定义在指定为 Identity 属性的字段	“图书借阅”数据表中设置“借出数量”的默认值为“1”，“证件类型”的默认值为“身份证”
检查约束			验证字段的输入内容是否为可接收的值，表示一个字段的输入内容必须满足 Check 约束的条件，若不满足，则无法正常输入数据，可以对数据表的每个字段设置 Check 约束	“借阅者信息”数据表中设置“性别”字段的取值范围只能为“男”或“女”
外键约束	参照完整性	表间	建立两个数据表（主表和从表）的一列或多列数据之间的关联，通过将一个数据表（主表）的主键字段或具有唯一约束的字段包含在另一个数据表中，创建两表之间的关联，这个字段就成为第 2 个数据表的外键。当向含有外键的数据表中插入数据时，当主表的主键字段中没有与插入的外键字段值相同的值时，系统会拒绝插入数据	“图书类型”表和“图书信息”表通过它们的公共字段“图书类型编号”关联起来，在“图书类型”表中将“图书类型编号”字段定义为主键，在“图书信息”表中通过定义“图书类型编号”字段为外键将两个数据表关联起来

在 MySQL 数据库中强制参照完整性时，可以防止用户执行下列操作。

（1）在包含主键的主表中没有关联记录时，将记录添加或更改到包含外键的从表中。

（2）更改主表中的值，导致从表中出现孤立的记录。

（3）从主表中删除记录，但从表中仍存在与该记录匹配的记录。

3.1 创建与删除数据表

【任务 3-1】 使用 Create Table 语句创建“用户表”

在创建数据表之前，应使用语句“Use <数据库名>”指定操作是在哪个数据库中进行的，如果没有选择数据库，则会抛出“No database selected”的提示信息。

创建数据表的语句为 Create Table，基本语法规则如下。

```
Create Table [ if not exists ] <表名>
(
    <字段名 1> , <数据类型> [<列级别约束条件>] [<默认值>] ,
    <字段名 2> , <数据类型> [<列级别约束条件>] [<默认值>] ,
    ……
    [ <表级别约束条件> ]
);
```

说 明

① 数据表的名称不区分大小写，必须符合 MySQL 标识符的命名规则，不能使用 SQL 语言中的关键字。

② 数据表列（字段）定义包括指定名称和数据类型，有的数据类型需要指明长度 n，并用括号括起来。如果创建多个字段，要用半角逗号“,”分隔。

③ if not exists：在创建数据表前加上一个判断，只有该表目前尚不存在时才执行 Create Table 命令，避免出现重复创建数据的现象。

④ 列级别约束条件包括是否允许空值（若不允许空值，则加上 Not Null；如果不指定，则默认为 Null）、设置自增属性（使用 Auto_Increment）、设置索引（使用 Unique）、设置外键（使用 Primary Key）、设置外键等。

⑤ 表级别约束条件主要涉及表数据如何存储及存储在何处，一般不必指定。

【任务描述】

在 book 数据库中创建一个名称为“用户表”的数据表，表结构如表 3-8 所示。

表 3-8 “用户表”的表结构

序　号	字 段 名	数 据 类 型	长　度	是否允许空
1	ID	Int	4	否
2	ListNum	Varchar	10	是
3	Name	Varchar	30	是
4	UserPassword	Varchar	15	是

【任务实施】

（1）打开 Windows 命令行窗口。

（2）登录 MySQL 服务器。

在命令行窗口的命令提示符后输入命令“mysql -u root -p”，按【Enter】键后，输入正确的密码，这里输入“123456”。当窗口中命令提示符变为“mysql>”时，表示已经成功登录 MySQL 服务器。

（3）选择创建表的数据库 book。

在提示符“mysql>”后面输入选择数据库的语句：

```
Use book ;
```

（4）输入创建数据表的语句。

在提示符“mysql>”后面输入创建数据表的语句：

```
Create Table 用户表
(
    ID              Int(4)          Not Null ,
    ListNum         Varchar(10)     Null ,
    Name            Varchar(30)     Null ,
    UserPassword    Varchar(15)     Null
) ;
```

按【Enter】键后，执行创建数据表的语句，显示“Query OK, 0 rows affected (0.04 sec)”的提示信息，表示数据表创建成功。

（5）查看数据表。

在提示符“mysql>”后面输入语句：

```
Show tables ;
```

按【Enter】键后，从显示相关信息可以看出数据表创建成功，创建数据表过程输入的语句及执行结果如图 3-1 所示。

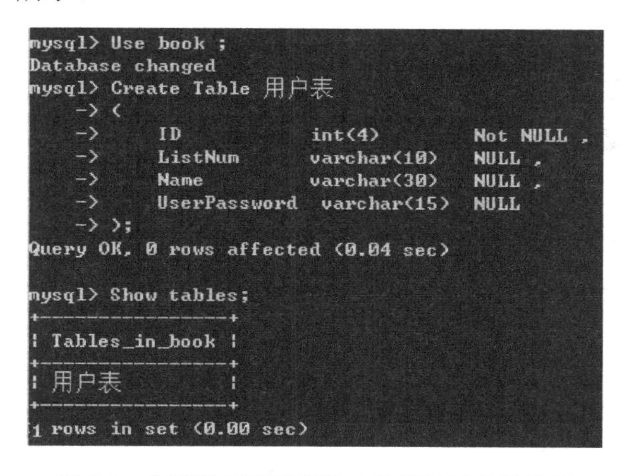

```
mysql> Use book ;
Database changed
mysql> Create Table 用户表
    -> (
    ->     ID            int(4)        Not NULL ,
    ->     ListNum       varchar(10)   NULL ,
    ->     Name          varchar(30)   NULL ,
    ->     UserPassword  varchar(15)   NULL
    -> );
Query OK, 0 rows affected (0.04 sec)

mysql> Show tables;
+----------------+
| Tables_in_book |
+----------------+
| 用户表          |
+----------------+
1 rows in set (0.00 sec)
```

图 3-1　创建数据表过程输入的语句及执行结果

【任务 3-2】分析并确定数据表的结构数据

【任务描述】

（1）分析以下各个表中数据的字面特征，区分固定长度的字符串数据、可变长度的字符串数据、整数数值数据、固定精度和小数位的数值数据、日期时间数据，并分类列表加以说明。

“读者类型”示例数据如表 3-9 所示。

表 3-9 “读者类型”的示例数据

读者类型编号	读者类型名称	限借数量	限借期限	续借次数	借书证有效期	超期日罚金
01	系统管理员	30	360	5	5	1.00
02	图书管理员	20	180	5	5	1.00
03	特殊读者	30	360	5	5	1.00
04	一般读者	20	180	3	3	1.00
05	教师	20	180	5	5	1.00
06	学生	10	180	2	3	0.50

“图书信息”示例数据如表 3-10 所示，表 3-10 中没有包含“封面图书”和“图书简介”两列数据。

表 3-10 “图书信息”的示例数据

ISBN 编号	图 书 名 称	作者	价格	出版社	出版日期	图书类型
9787121201478	Oracle 11g 数据库应用、设计与管理	陈承欢	37.50	4	2014/7/1	T
9787040393293	实用工具软件任务驱动式教程	陈承欢	26.10	1	2014/11/1	T
9787040302363	网页美化与布局	陈承欢	38.5	1	2015/8/1	T
9787115217806	UML 与 Rosc 软件建模案例教程	陈承欢	25	2	2015/3/1	T
9787115374035	跨平台的移动 Web 开发实战	陈承欢	29	2	2015/3/1	T
9787121052347	数据库应用基础实例教程	陈承欢	28.6	4	2008/12/31	T

“藏书信息”示例数据如表 3-11 所示。

表 3-11 “藏书信息”的示例数据

图 书 编 号	ISBN 编号	总 藏 书 量	馆 内 剩 余	藏 书 位 置	入 库 时 间
TP7040273144	9787121201478	30	30	A-1-1	2015/6/10
TP7040281286	9787040393293	20	20	A-1-1	2015/9/12
TP7040302363	9787040302363	30	30	A-1-1	2015/9/17
TP7115217806	9787115217806	20	20	A-1-1	2015/9/17
TP7115189579	9787115374035	20	20	A-1-1	2015/5/18
TP7121052347	9787121052347	20	20	A-1-1	2014/9/12
TP7302187363	9787302187363	30	30	A-1-1	2014/10/26
TP7111229827	9787111220827	20	20	A-1-1	2014/5/18

“出版社”示例数据如表 3-12 所示。

表 3-12　“出版社”的示例数据

出版社 ID	出版社名称	出版社简称	出版社地址	邮政编码	出版社 ISBN
1	高等教育出版社	高教	北京西城区德外大街 4 号	100011	7-04
2	人民邮电出版社	人邮	北京市崇文区夕照寺街 14 号	100061	7-115
3	清华大学出版社	清华	北京清华大学学研大厦	100084	7-302
4	电子工业出版社	电子	北京市海淀区万寿路 173 信箱	100036	7-121
5	机械工业出版社	机工	北京市西城区百万庄大街 22 号	100037	7-111

“借阅者信息”示例数据如表 3-13 所示。

表 3-13　“借阅者信息”的示例数据

借阅者编号	姓　　名	性　　别	部 门 名 称
A4488	吉林	男	网络中心
201407320110	安微	男	软件 1601
A4505	河南	女	计算机系
A4491	黄山	女	图书馆
A4492	张家界	男	计算机系
201507310113	宁夏	女	计算机系
A4495	苏州	男	图书馆

“借书证”示例数据如表 3-14 所示，表中省略了“证件编号”数据。

表 3-14　“借书证”的示例数据

借书证编号	借阅者编号	姓名	办证日期	读者类型	借书证状态	证件类型	办证操作员
0016584	A4488	吉林	2014/9/21	01	1	身份证	夏天
0016585	201407320110	安微	2014/10/21	06	1	身份证	夏天
0016586	A4505	河南	2014/9/21	05	1	工作证	夏天
0016587	A4491	黄山	2014/9/21	02	1	身份证	夏天
0016588	A4492	张家界	2014/9/21	05	1	工作证	夏天
0016589	201507310113	宁夏	2014/10/21	06	1	学生证	夏天
0016590	A4495	苏州	2014/9/21	02	1	身份证	夏天

“图书借阅”示例数据如表 3-15 所示。

表 3-15　“图书借阅”的示例数据

借阅 ID	借书证编号	图书编号	借出数量	借出日期	应还日期	借阅操作员	归还操作员	图书状态
1	201507310113	TP7040273144	1	2015/12/20	2011/6/18	吴云	吴云	0
2	201507310113	TP7040281286	1	2015/12/20	2011/6/18	吴云	吴云	1
4	201407320158	TP7040302363	1	2015/12/20	2011/6/18	吴云	吴云	0

续表

借阅 ID	借书证编号	图书编号	借出数量	借出日期	应还日期	借阅操作员	归还操作员	图书状态
5	201507310102	TP7115217806	1	2015/12/20	2011/6/18	吴云	吴云	0
7	201407320111	TP7115189579	1	2015/12/20	2011/6/18	向海	向海	0
8	201407320114	TP7121052347	1	2015/9/21	2011/3/20	向海	向海	0
9	201407320152	TP7302187363	1	2015/9/21	2011/3/20	向海	向海	0
10	201407320152	TP7111229827	1	2015/12/20	2011/6/18	向海	向海	3

（2）熟知 MySQL 中各种数据类型的适用场合，根据 MySQL 数据类型的选择方法分析确定各个字段的数据类型，然后设计“读者类型”、“图书信息”、“藏书信息”、“出版社”、“借书证”、“借阅者信息”和“图书借阅”等数据表的结构，包括确定字段名、数据类型、长度和是否允许 Null 值。

【任务实施】

1．分析数据的字面特征和区分数据类型

分析表 3-9～表 3-15 中数据的字面特征，按固定长度的字符串数据、可变长度的字符串数据、整数数据、固定精度和小数位的数据、日期时间数据对这些数据进行分类，如表 3-16 所示。

表 3-16　对表 3-9～表 3-15 中的数据进行分类

数据类型		数据名称
字符串	固定长度	读者类型编号、邮政编码、性别、读者类型、ISBN 编号、借书证编号、借阅者编号、联系电话
	可变长度	读者类型名称、图书名称、作者、图书编号、图书类型、图书简介、藏书位置、出版社 ID、出版社名称、出版社简称、出版社地址、姓名、部门名称、证件类型、证件编号、借阅 ID、借阅操作员、归还操作员、办证操作员
数值	整数	限借数量、限借期限、续借次数、借书证有效期、总藏书量、馆内剩余、借出数量、是否归还、借书证状态
	固定精度和小数位	超期日罚金、价格
日期时间数据		出版日期、入库日期、借出日期、应还日期、办证日期

2．初步确定字段的数据类型

（1）不同的数据类型有其特定的用途，如日期时间类型存储日期时间类数据；数值类型存储数值类数据，但对于 ISBN 编号、证件编号、借书证编号、电话号码、邮政编码虽然其字面全为数字，但并不是具有数学含义的数值，定义为字符串类型更合适；借阅 ID、出版社 ID 将定义为自动生成编号的标识列，其数据类型应定义为数值类型。

（2）Char(n)数据类型是固定长度的。如果定义一个字段为 20 个字符的长度，则将存储 20 个字符。当输入少于定义的字符数 n 时，剩余的长度将被空格填满。只有当列中的数据是固定长度（如邮政编码、电话号码、银行账户等）时才使用这种数据类型。当用户输入的字符串的长度大于定义的字符数 n 时，MySQL 自动截取长度为 n 的字符串。例如，性别字段定义为 Char(1)，这说明该列的数据长度为 1，只允许输入 1 个字符（如“男”或“女”）。

（3）Varchar(n)数据类型是可变长度，每一条记录允许不同的字符数，最大字符数为定义的最大长度，数据的实际长度为输入字符串的实际长度，而不一定是 n。例如，一个列定义为 Varchar(50)，这说明该列中的数据最多可以有 49 个字符长度，即允许输入 49 个字符。然而，如果列中只存储了 3 个字符长度的字符串，则只会使用 3 个字符的存储空间。这种数据类型适用于数据长度不固定的情形，如图书名称、姓名、图书简介等，此时并不在意存储的数据的长度。

3．设计数据表的结构

（1）“读者类型”数据表的结构数据如表 3-17 所示。

表 3-17 “读者类型”数据表的结构数据

字 段 名 称	数 据 类 型	字 段 长 度	是否允许 Null 值
读者类型编号	Char	2	否
读者类型名称	Varchar	30	否
限借数量	Smallint		否
限借期限	Smallint		否
续借次数	Smallint		否
借书证有效期	Smallint		否
超期日罚金	Decimal	3	否

（2）“图书信息”数据表的结构数据如表 3-18 所示。

表 3-18 “图书信息”数据表的结构数据

字 段 名 称	数 据 类 型	字 段 长 度	是否允许 Null 值
ISBN 编号	Varchar	20	否
图书名称	Varchar	100	否
作者	Varchar	40	是
价格	Decimal		否
出版社	Varchar	4	否
出版日期	Date		是
图书类型	Varchar	2	否
封面图片	Varchar	50	是
图书简介	Text		是

说 明

表 3-18 中的“封面图片”的数据类型定义为“Varchar”，用于存储封面图片的存放路径和图片文件名，这里并非存储图片的二进制数据。

（3）“藏书信息”数据表的结构数据如表 3-19 所示。

表 3-19 “藏书信息”数据表的结构数据

字 段 名 称	数 据 类 型	字 段 长 度	是否允许 Null 值
图书编号	Char	12	否
ISBN 编号	Varchar	20	否
总藏书量	Smallint		否
馆内剩余	Smallint		否
藏书位置	Varchar	20	否
入库时间	Date		是

（4）“出版社”数据表的结构数据如表 3-20 所示。

表 3-20 “出版社”数据表的结构数据

字 段 名 称	数 据 类 型	字 段 长 度	是否允许 Null 值
出版社 ID	Varchar	4	否
出版社名称	Varchar	50	否
出版社简称	Varchar	16	是
出版社地址	Varchar	50	是
邮政编码	Char	6	是
出版社 ISBN	Varchar	10	是

（5）“借书证”数据表的结构数据如表 3-21 所示。

表 3-21 “借书证”数据表的结构数据

字 段 名 称	数 据 类 型	字 段 长 度	是否允许 Null 值
借书证编号	Varchar	7	否
借阅者编号	Varchar	20	否
姓名	Varchar	20	否
办证日期	Date		是
读者类型	Char	2	否
借书证状态	Char	1	否
证件类型	Varchar	20	是
证件编号	Varchar	20	是
办证操作员	Varchar	20	是

（6）“借阅者信息”数据表的结构数据如表 3-22 所示。

表 3-22 “借阅者信息”数据表的结构数据

字 段 名 称	数 据 类 型	字 段 长 度	是否允许 Null 值
借阅者编号	Varchar	20	否
姓名	Varchar	20	否

续表

字段名称	数据类型	字段长度	是否允许 Null 值
性别	Char	1	是
部门名称	Varchar	20	是

（7）“图书借阅”数据表的结构数据如表 3-23 所示。

表 3-23　“图书借阅”数据表的结构数据

字段名称	数据类型	字段长度	是否允许 Null 值
借阅 ID	Varchar	6	否
借书证编号	Varchar	7	否
图书编号	Char	12	否
借出数量	Smallint		否
借出日期	Date		否
应还日期	Date		否
借阅操作员	Varchar	20	是
归还操作员	Varchar	20	是
图书状态	Char	1	否

【任务 3-3】 使用 Navicat 图形管理工具创建多个数据表

【任务描述】

（1）在【Navicat for MySQL】图形化环境中创建“读者类型”、“图书信息”、“藏书信息”、“出版社”、“借书证”、“借阅者信息”和“图书借阅”等数据表，这里不考虑数据库中数据的完整性问题。“读者类型”数据表只添加 6 个字段，“借书证有效期”暂不添加。

（2）在“读者类型”数据表中增加一个字段“借书证有效期”。

（3）利用【Navicat for MySQL】的【记录编辑】窗口，输入“读者类型”数据表的全部记录，其数据如表 3-9 所示。

（4）修改完善数据表中的数据。

【任务实施】

1. 利用“Navicat for MySQL”的“表设计器”创建数据表

这里以创建“读者类型”数据表为例，说明在【Navicat for MySQL】中创建数据表的方法。

（1）启动图形管理工具【Navicat for MySQL】。

（2）打开已有连接 better。在【Navicat for MySQL】窗口的【文件】菜单中选择【打开连接】命令，打开“better”连接。

（3）打开数据库“book”。在数据库列表中双击“book”，打开该数据库。

（4）打开【表设计器】。在“数据库对象”窗格中展开“book”文件夹，右击节点“表”，在弹出的快捷菜单中选择【新建表】命令，如图 3-2 所示，打开【表设计器】，系统创建 1 个默认名称为“无标题”的表，如图 3-3 所示。【表设计器】中的“名”就是数据表的字段名，

“类型”是字段值的类型，“不是 null”用来设置该字段中的值是否可以为空。

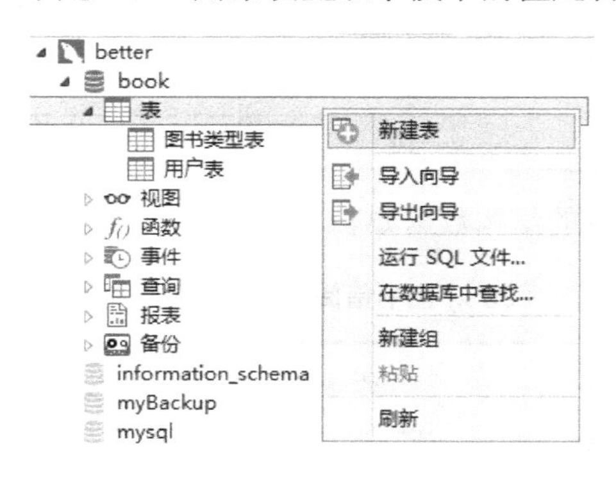

图 3-2　在快捷菜单中选择“新建表”选项

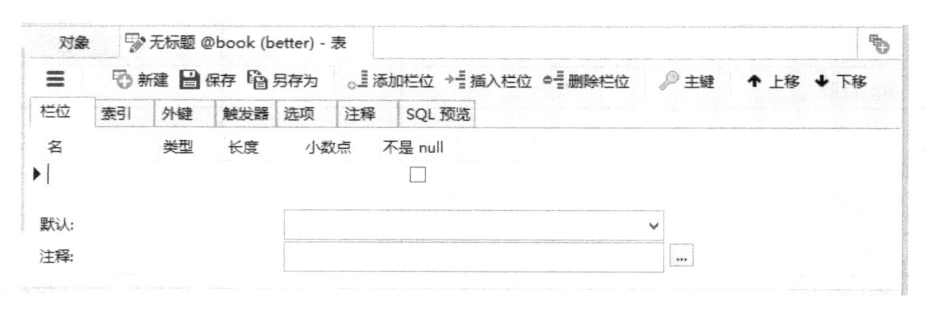

图 3-3　“表设计器”的初始状态

（5）输入数据表的结构数据。首先将光标置于【表设计器】的“名”单元格中并输入字段名“读者类型编号”，然后在“数据类型”下拉列表中选择指定的数据类型“Char”，再在“列属性”区域的“长度”文本框中输入“2”，选中“不是 null”复选框，如图 3-4 所示。

栏位 | 索引 | 外键 | 触发器 | 选项 | 注释 | SQL 预览

名	类型	长度	小数点	不是 null
读者类型编号	char	2		☑

图 3-4　在“表设计器”中定义字段结构

在【表设计器】的工具栏中单击【添加栏位】按钮 添加栏位 ，添加空白字段，按照类似方法，输入表 3-17 的结构数据，包括“读者类型名称”、“限借数量”、“限借期限”、“续借次数”和“超期日罚金”等字段，完整的表结构如图 3-5 所示。

栏位 | 索引 | 外键 | 触发器 | 选项 | 注释 | SQL 预览

名	类型	长度	小数点	不是 null
读者类型编号	char	2		☑
读者类型名称	varchar	30		☑
限借数量	smallint			☐
限借期限	smallint			☐
续借次数	smallint			☐
超期日罚金	decimal		1	☑

图 3-5　【表设计器】中“读者类型”的结构数据

（6）保存数据表的结构数据。在【表设计器】工具栏中单击【保存】按钮，保存数据表的结构数据。在打开的【表名】对话框中输入数据表的名称“读者类型”，如图 3-6 所示，然后单击【确定】按钮关闭该对话框，成功创建数据表“读者类型”，在 book 数据库的表列表中添加新创建的“读者类型”数据表，如图 3-7 所示。

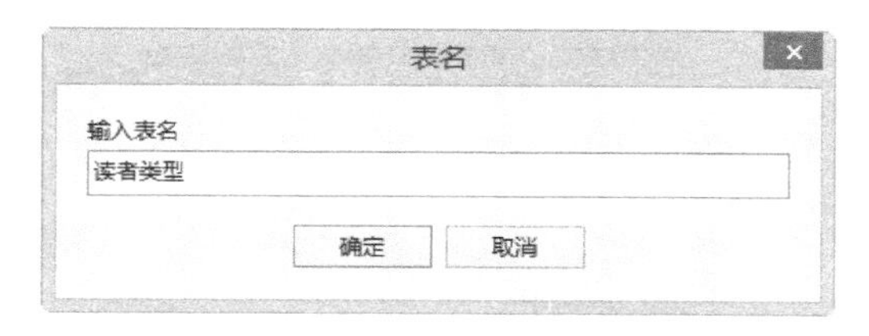

图 3-6　在【表名】对话框中输入表名称

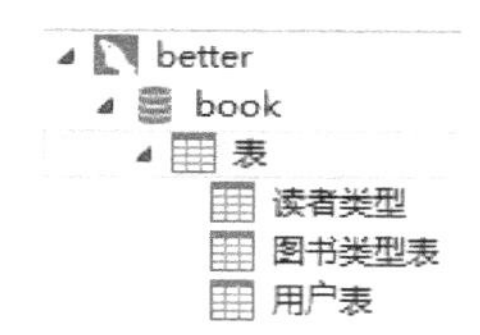

图 3-7　在 book 数据库的表列表中添加“读者类型”数据表

在【表设计器】中定义的表结构暂没有为数据表设置主键。

以同样的方法创建“图书信息”、“藏书信息”、“出版社”、“借阅者信息”和“图书借阅”数据表，详细过程这里不再赘述。在 book 数据库的表列表中添加多个数据表的结果如图 3-8 所示

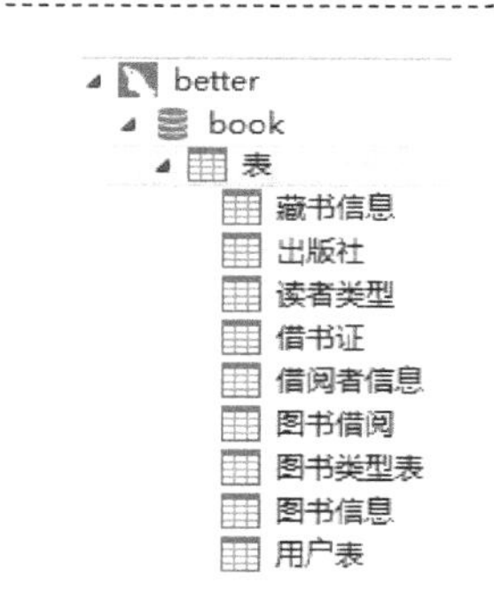

图 3-8　在 book 数据库的表列表中添加多个数据表

2. 在数据表中插入列

以修改“读者类型”数据表为例，说明在【Navicat for MySQL】中修改数据表结构数据的方法。

在“数据库对象”窗格中展开“book”文件夹，右击数据表名称“读者类型”，在弹出的快捷菜单中选择“设计表”选项，或者在【对象】工具栏中单击【设计表】按钮，打开【表设计器】，选择“超期日罚金”字段，在工具栏中单击“插入栏位”按钮即可插入一个新的字段，在新字段位置的文本框中输入“借书证有效期”，数据类型选择“smallint”。

数据表的结构修改完成后，单击【表设计器】工具栏中的【保存】按钮，保存结构数据的修改。

3. 利用【Navicat for MySQL】的【记录编辑】窗格输入数据

以向“读者类型”数据表中输入数据为例，说明在【Navicat for MySQL】的【记录编辑】窗格中输入数据的方法。

1）打开【记录编辑】窗格

在“数据库对象”窗格中依次展开“book”→“表”文件夹，右击数据表名称“读者类型”，在弹出的快捷菜单中选择【打开表】命令，打开【记录编辑】窗格。

2）输入记录数据

在第 1 行的“读者类型编号”单元格中单击，自动选中“Null”，然后输入“01”。按“→”键，光标移到下一个单元格中并输入“系统管理员”，依次按“→”键，光标移到其他单元格或者在单元格中直接单击，然后输入该记录的其他数据。

光标移到下一行中，分别输入表 3-9 中其他的记录数据，数据输入完成后单击左下角的

【应用改变】按钮✓，保存修改的数据，也可以单击【取消改变】按钮×取消数据的修改，数据输入完成后如图3-9所示。

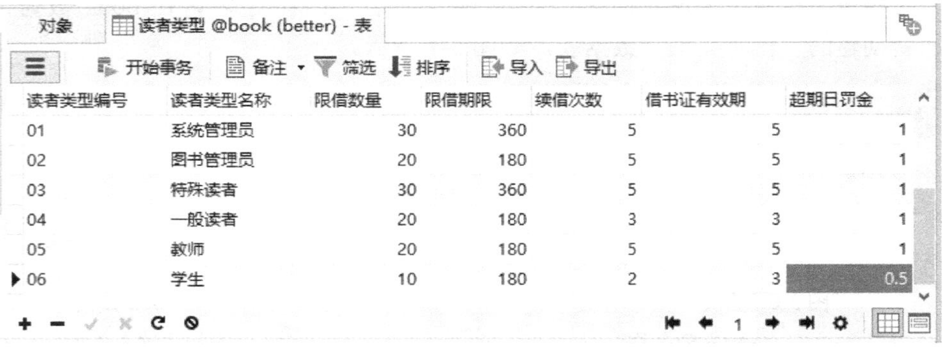

读者类型编号	读者类型名称	限借数量	限借期限	续借次数	借书证有效期	超期日罚金
01	系统管理员	30	360	5	5	1
02	图书管理员	20	180	5	5	1
03	特殊读者	30	360	5	5	1
04	一般读者	20	180	3	3	1
05	教师	20	180	5	5	1
06	学生	10	180	2	3	0.5

图3-9　在【记录编辑】窗格中输入的“读者类型”数据

3）关闭【记录编辑】窗格

单击【记录编辑】窗格右上角的【关闭】按钮×，则可以关闭【记录编辑】窗格。

提 示

右击【记录编辑】窗格的标题行，在弹出的快捷菜单中选择【关闭】命令，如图3-10所示，也可以关闭当前处于选中状态的【记录编辑】窗格。

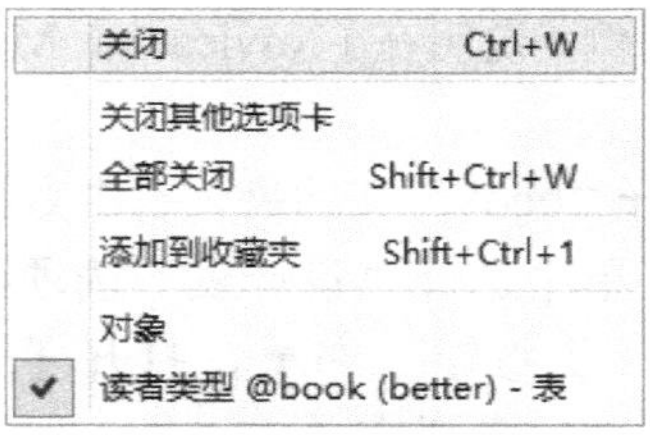

图3-10　在快捷菜单中选择【关闭】命令

4. 修改数据表的数据

右击待修改数据表的名称，在弹出的快捷菜单中选择【打开表】选项，打开【记录编辑】窗格，在【记录编辑】窗格中单击需要修改数据的单元格，进入编辑状态，即可修改该单元格的值，修改完成后，系统会自动保存数据的修改，也可以单击左下角的【应用改变】按钮✓，保存修改的数据。

如果要删除某一条记录，则先选中该行数据（如果要删除多条记录，则可以在按【Ctrl】键的同时，依次选中每行），然后右击选中的行，从弹出的快捷菜单中选择【删除记录】命令，将会打开【确认删除】的提示信息对话框，在对话框中单击【删除】按钮即可将选中的记录删除。

本任务完成后，在提示符“mysql>”后面输入语句“Show tables；”，然后按【Enter】键后可以看到成功创建的各个数据表。

【任务 3-4】 使用 Create Table 语句创建多个包含约束的数据表

1）定义主键约束

在创建数据表时设置主键约束，既可以为数据表中的一个字段设置主键，又可以为数据表中多个字段设置组合主键。但不论使用哪种方法，在一个数据表中主键只能有一个。

在定义字段的同时指定一个字段为主键的语法格式如下：

```
<字段名>  <数据类型>  Primary Key [ 默认值 ]
```

在定义完所有字段之后指定一个字段为主键的语法格式如下：

```
[ Constraint <约束名> ]  Primary Key  <字段名>
```

在定义完所有字段之后指定多个字段组合主键的语法格式如下：

```
[ Constraint <主键约束名> ]  Primary Key(<字段名 1> , <字段名 2> ,
                                        … <字段名 n>)
```

当主键由多个字段组成时，不能直接在字段名后面声明主键约束。

2）定义外键约束的语法格式

```
[ Constraint <外键约束名称> ]  Foreign Key(<字段名 1> [,<字段名 2> , …])
            References <主表名>(<主键字段 1> [,<主键字段 2>, …])
```

3）定义非空约束的语法格式

```
<字段名>  <数据类型>  Not Null
```

4）定义唯一约束

唯一约束与主键约束的主要区别：一个数据表中可以有多个字段声明为唯一约束，但只能有一个字段声明为主键；声明为主键的字段不允许为空值，声明为唯一约束的字段允许空值（Null）的存在，但是只能有一个空值。唯一约束通常设置在主键以外的其他字段上。唯一约束创建后，系统会默认将其保存到索引中。

在定义完字段之后直接指定唯一约束的语法格式如下：

```
<字段名>  <数据类型>  Unique
```

在定义完所有字段之后指定唯一约束的语法格式如下：

```
[ Constraint <唯一约束名> ] Unique(<字段名>)
```

唯一约束可以在一个数据表的多个字段中设置，并且在设置时系统会自动生成不同的约束名称。

唯一约束也可以像设置组合主键一样，把多个字段放在一起设置。设置这种多字段的唯一约束的作用是确保某几个字段的数据不重复。例如，在“用户表”中，要确保用户名和密码是不重复的，就可以把用户名和密码设置成一个唯一约束。

在创建数据表时为多个字段设置唯一约束，其语法格式如下：

```
[ Constraint <唯一约束名> ] Unique(<字段名 1> , <字段 2> , …)
```

5）定义默认值约束

```
<字段名>  <数据类型>  Default  <默认值>
```

在 Default 关键字后面为该字段设置默认值，如果默认值为字符类型，则用半角单引号括起来。

6）定义检查约束

检查约束是用来检查数据表中字段值有效性的一个手段，根据实际情况设置字段的检查约束，可以减少无效数据的输入。

在创建数据表时设置字段级检查约束的语法格式如下：

```
<字段名>  <数据类型>  Check(<表达式>)
```

在定义完所有字段之后指定表级检查约束的语法格式如下：

```
[ Constraint <检查约束名> ]  Check(<表达式>)
```

7）定义字段值自动生成

如果在数据表中插入新记录时，希望自动生成字段的值，则可以通过 Auto_Increment 关键字来实现。在 MySQL 中，Auto_Increment 约束的初始值为 1，每新增一条记录，字段值自动加 1。一个数据表只能有一个字段使用 Auto_Increment 约束，设置为 Auto_Increment 约束的字段可以是任何整数类型，包括 Tinyint、Smallint、Int、Bigint 等。

定义 Auto_Increment 约束的语法格式如下：

```
<字段名>  <数据类型>  Auto_Increment
```

【任务描述】

（1）在数据库“book”中，创建“图书类型 2”数据表，该数据表的结构数据如表 3-24 所示。

表 3-24 “图书类型 2”数据表的结构数据

字段名称	数据类型	字段长度	是否允许 Null 值	约　束
图书类型代号	Varchar	2	否	主键约束
图书类型名称	Varchar	50	否	唯一约束
描述信息	Varchar	100	是	无

（2）在数据库“book”中，创建“读者类型 2”数据表，该数据表的结构数据如表 3-25 所示。

表 3-25 “读者类型 2”数据表的结构数据

字段名称	数据类型	字段长度	是否允许 Null 值	约　束
读者类型编号	Char	2	否	主键约束
读者类型名称	Varchar	30	否	唯一约束
限借数量	Smallint		否	
限借期限	Smallint		否	
续借次数	Smallint		否	默认值约束
借书证有效期	Smallint		否	默认值约束
超期日罚金	Decimal		否	

（3）在数据库“book”中，创建 2 个数据表“出版社 2”和“图书信息 2”，“出版社 2”数据表的结构数据如表 3-26 所示，“图书信息 2”数据表的结构数据如表 3-27 所示。

表 3-26 “出版社 2”数据表的结构数据

字段名称	数据类型	字段长度	是否允许 Null 值	约　束
出版社 ID	Int		否	主键约束、自动编号的标识列
出版社名称	Varchar	50	否	唯一约束

续表

字段名称	数据类型	字段长度	是否允许 Null 值	约束
出版社简称	Varchar	16	是	唯一约束
出版社地址	Varchar	50	是	
邮政编码	Char	6	是	

表 3-27 “图书信息 2”数据表的结构数据

字段名称	数据类型	字段长度	是否允许 Null 值	约束
ISBN 编号	Varchar	20	否	主键约束
图书名称	Varchar	100	否	
作者	Varchar	40	是	
价格	Decimal		否	
出版社	Int		否	外键约束
出版日期	Date		是	
图书类型	Varchar	2	否	
封面图片	Blob		是	
图书简介	Text		是	

【任务实施】

首先打开 Windows 命令行窗口，登录 MySQL 服务器，然后选择数据库 book。

提 示

使用 SQL 语句完成相关操作时，首先需要使用“Use book ;”语句打开“book”数据库，然后执行相应的 SQL 语句。后面各项任务中如果需要打开数据库 book，均需要使用“Use book ;”语句，但为了简化代码，“Use book ;”语句被省略了。

1. 创建包含主键约束、唯一约束和非空字段的数据表“图书类型 2”

对应的 SQL 语句如下：

```
Create Table 图书类型 2
(
  图书类型代号 char(2) Primary Key Not Null,
  图书类型名称 Varchar(50) Unique Not Null,
  描述信息 Varchar(100) Null
);
```

数据表“图书类型 2”创建完成时，在命令行窗口中会显示“Query OK, 0 rows affected (1.43 sec)”提示信息。

2. 创建包含主键约束、唯一约束和默认值约束的数据表“读者类型 2”

对应的 SQL 语句如下：

```
Create Table 读者类型 2
(
  读者类型编号 Char(2) Primary Key Not Null,
  读者类型名称 Varchar(30) Unique Not Null,
  限借数量 Smallint Not Null,
```

```
    限借期限 Smallint Not Null,
    续借次数 Smallint Not Null Default 1,
    借书证有效期 Smallint Not Null Default 3,
    超期日罚金 Decimal Not Null
);
```

数据表“读者类型 2”创建完成时，在命令行窗口中会显示“Query OK, 0 rows affected (0.36 sec)” 提示信息。

3．创建包含主键与外键关联的数据表

对应的 SQL 语句如表 3-28 所示。

表 3-28　创建包含主键与外键关联的数据表的 SQL 语句

行号	SQL 语句
01	Use book ;
02	Create Table 出版社 2
03	(
04	出版社 ID Int Primary Key Auto_Increment Not Null,
05	出版社名称 Varchar(50) Unique Not Null,
06	出版社简称 Varchar(16) Unique Null,
07	出版社地址 Varchar(50) Null,
08	邮政编码 Char(6) Null
09	) ;
10	Create Table 图书信息 2
11	(
12	ISBN 编号 Varchar(20) Primary Key Not Null,
13	图书名称 Varchar(100) Not Null,
14	作者 Varchar(40) Null,
15	价格 Decimal Not Null,
16	出版社 Int Not Null ,
17	Constraint FK_图书信息_出版社 Foreign Key(出版社) References 出版社 2(出版社 ID),
18	出版日期 Date Null,
19	图书类型 Varchar(2) Not Null,
20	封面图片 Blob,
21	图书简介 Text
22	) ;

在上述 SQL 语句中，使用 Constraint 关键字为外键约束命名。“图书信息 2” 表中的 “出版社” 依赖于 “出版社 2” 表中的 “出版社 ID”，所以在创建数据表时，要先创建 “出版社 2” 数据表。

数据表 “出版社 2” 创建完成时，在命令行窗口中会显示 “Query OK, 0 rows affected (0.33 sec)” 提示信息。

数据表“图书信息 2”创建完成时，在命令行窗口中会显示“Query OK, 0 rows affected (0.36 sec)” 提示信息。

本任务完成后，在提示符 “mysql>” 后面输入语句 “Show tables ; ”，按【Enter】键后可以看到成功创建的各个数据表。

【任务 3-5】通过复制现有数据表的方式创建一个新的数据表

【任务描述】

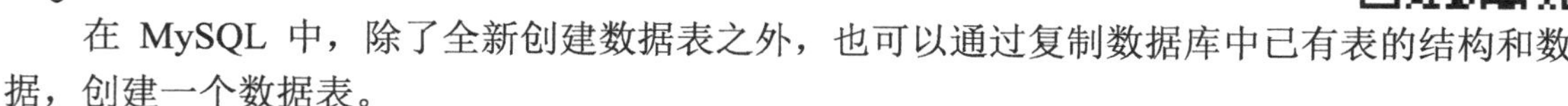

在 MySQL 中，除了全新创建数据表之外，也可以通过复制数据库中已有表的结构和数据，创建一个数据表。

在 book 数据库中，使用复制的方式创建一个名为“借阅者信息 2”的数据表，该数据表的结构源自于任务 3-3 创建的“借阅者信息”表。

【任务实施】

复制现有的数据表“借阅者信息”，创建新数据表“借阅者信息 2”，对应的 SQL 语句如下：

```
Create  table  借阅者信息 2  Like  借阅者信息 ;
```

数据表“借阅者信息 2”创建完成时，在命令行窗口中会显示“Query OK, 0 rows affected (0.28 sec)”提示信息。

> 说 明
>
> 这里使用 Like 关键字创建一个与“借阅者信息”数据表相同结构的新表“借阅者信息 2”，字段名、数据类型、空值限定和索引也将复制，但是数据表的内容不会复制，因此创建的新表是一个空表。

如果结构和内容都要复制，则可以使用以下 SQL 语句：

```
Create  table  借阅者信息 2  As  (Select  *  From  借阅者信息);
```

本任务完成后，在提示符“mysql>”后面输入语句“Show tables ; ”，按【Enter】键后可以看到成功创建的各个数据表，如图 3-11 所示。

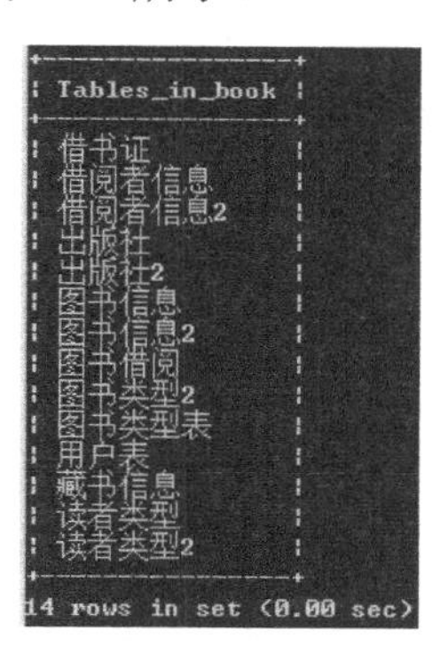

```
+----------------+
| Tables_in_book |
+----------------+
| 借书证          |
| 借阅者信息       |
| 借阅者信息2      |
| 出版社          |
| 出版社2         |
| 图书信息         |
| 图书信息2        |
| 图书借阅         |
| 图书类型2        |
| 图书类型表       |
| 用户表          |
| 藏书信息         |
| 读者类型         |
| 读者类型2        |
+----------------+
14 rows in set (0.00 sec)
```

图 3-11　数据库 book 中已创建的 14 个数据表

3.2 MySQL 数据表的导入

【任务 3-6】使用 Navicat 图形管理工具导入 Excel 文件中的数据

【任务描述】

从 Excel 工作表中的数据导入到数据表中。Excel 工作表中的“图书类型”数据如图 3-12 所示。该工作表包含了 24 行和 4 列，第一行为标题行，其余各行都是对应的数据，每一列的

第一行为列名，行和列的顺序可以任意。

	A	B	C	D
1	图书类型编号	图书类型代号	图书类型名称	描述信息
2	01	A	马克思主义、列宁主义、毛泽东思想	
3	02	B	哲学	
4	03	C	社会科学总论	
5	04	D	政治、法律	
6	05	E	军事	
7	06	F	经济	
8	07	G	文化、科学、教育、体育	
9	08	H	语言、文字	
10	09	I	文学	
11	10	J	艺术	
12	11	K	历史、地理	
13	12	N	自然科学总论	
14	13	O	数理科学和化学术	
15	14	P	天文学、地球	
16	15	R	医药、卫生	
17	16	S	农业技术（科学）	
18	17	T	工业技术	
19	18	U	交通、运输	
20	19	V	航空、航天	
21	20	X	环境科学、劳动保护科学	
22	21	Z	综合性图书	
23	22	M	期刊杂志	
24	23	W	电子图书	

图 3-12　Excel 工作表中的“图书类型”数据

数据表中数据的组织方式与 Excel 工作表类似，都是按行和列的方式组织的，每一行表示一条记录，共有 23 条记录，每一列表示一个字段，共有 4 个字段。

将文件夹“D:\MySQLData”Excel 文件“book.xls”中的“图书类型表”工作表中所有的数据导入到数据库“book”中，数据表的名称为“图书类型表”。

【任务实施】

（1）打开【Navicat for MySQL】窗口，在数据库列表中双击数据库“book”，打开该数据库。

（2）在【Navicat for MySQL】主窗口中，单击工具栏中的【表】按钮，下方显示“表”对应的操作按钮，如图 3-13 所示。

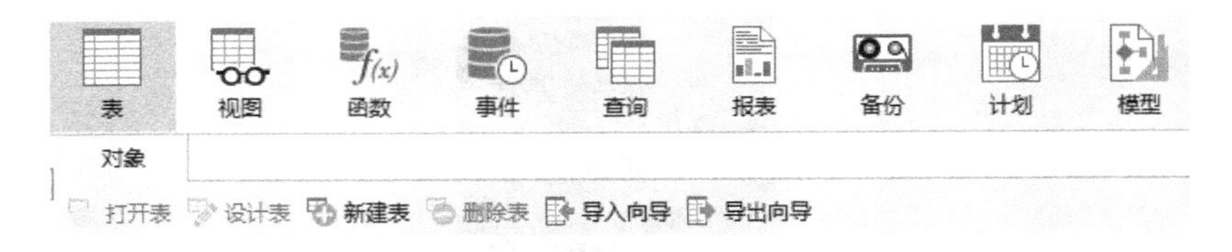

图 3-13　“表”对应的操作按钮

（3）选择数据导入格式。在左侧的数据库列表中选择数据库“book”，然后单击【导入向导】按钮，打开【导入向导】对话框，在该对话框的“导入类型”列表框中选中“Excel 文件(*.xls)”单选按钮，如图 3-14 所示。

（4）选择作为数据源的文件。单击【下一步】按钮，进入选择一个文件作为数据源界面，在“导入从”区域中单击【浏览】按钮...，打开【打开】对话框，在该对话框中选择“MySQLData”中的 Excel 文件“book.xls”，如图 3-15 所示。

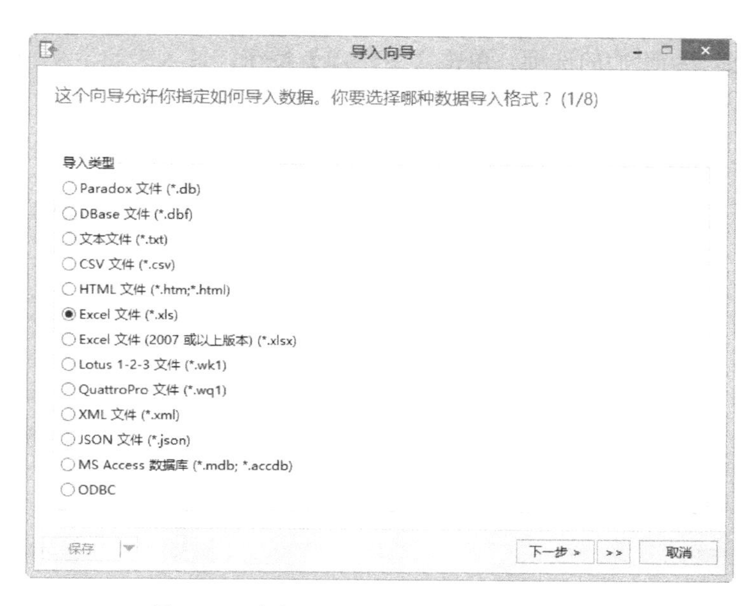

图3-14　选中“Excel文件(*.xls)”单选按钮

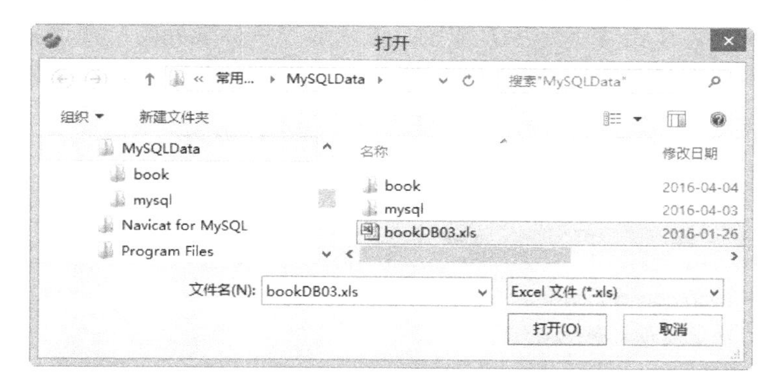

图3-15　在【打开】对话框中选择Excel文件“book.xls”

（5）选择工作表。单击【打开】按钮，返回【导入向导】对话框的选择一个文件作为数据源界面，在该界面的“表”区域中选择工作表“图书类型表”，如图3-16所示。

图3-16　选择工作表“图书类型表”

（6）为源定义一些附加的选项。单击【下一步】按钮，进入为源定义一些附加的选项界面，这里保持默认值不变，如图 3-17 所示。

图 3-17 【导入向导】对话框的为源定义一些附加的选项界面

（7）选择目标表。单击【下一步】按钮，进入选择目标表界面，在该界面中可以选择现有的表，也可输入新表名，这里只选择现有的表“图书类型表”，如图 3-18 所示。

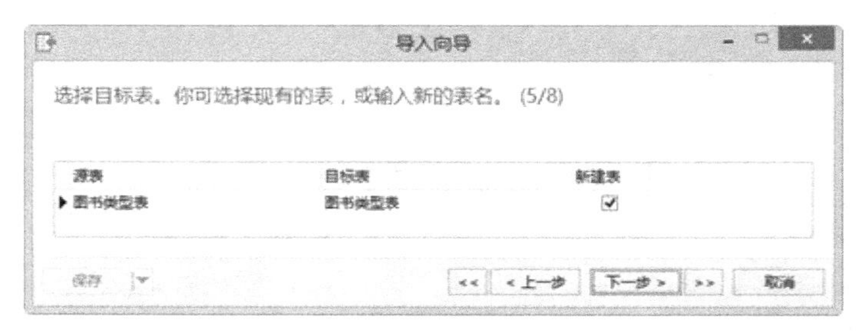

图 3-18 “导入向导”对话框的选择目标表界面

（8）调整数据表结构。单击【下一步】按钮，进入调整数据表结构界面，如图 3-19 所示，在该界面中可以调整字段、数据类型、长度等，这里保持默认值不变。

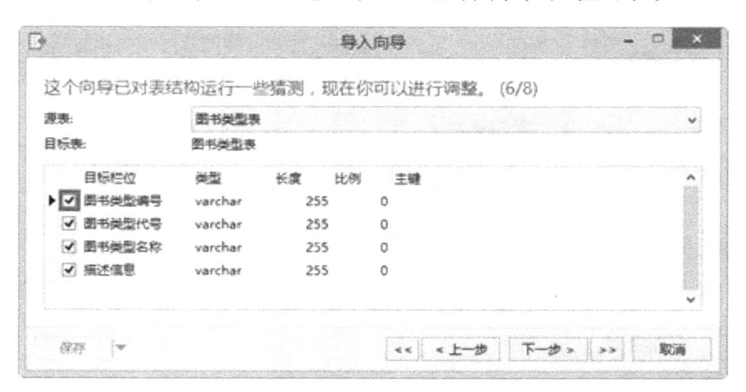

图 3-19 【导入向导】对话框的调整数据表结构界面

（9）选择所需的导入模式。单击【下一步】按钮，进入选择所需的导入模式界面，这里选中“添加：添加记录到目标表”单选按钮，如图 3-20 所示。

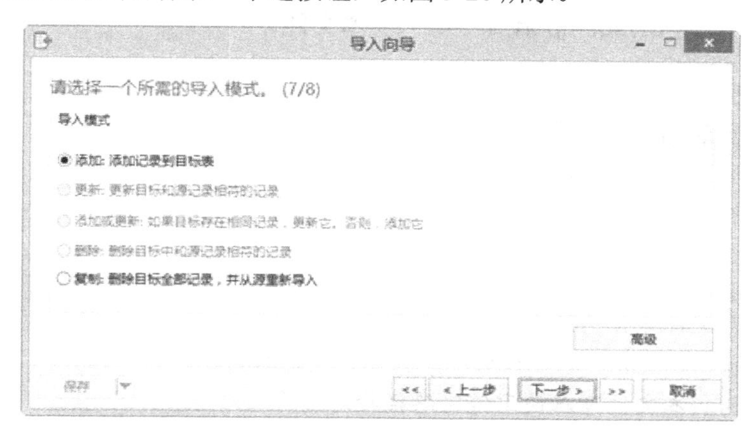

图 3-20 【导入向导】对话框的选择所需的导入模式界面

在选择所需的导入模式界面中单击【高级】按钮，打开【高级】对话框，在该对话框中可以根据需要进行设置，这里保持默认选项不变，如图 3-21 所示。单击【确定】按钮，返回【导入向导】对话框的选择所需的导入模式界面。

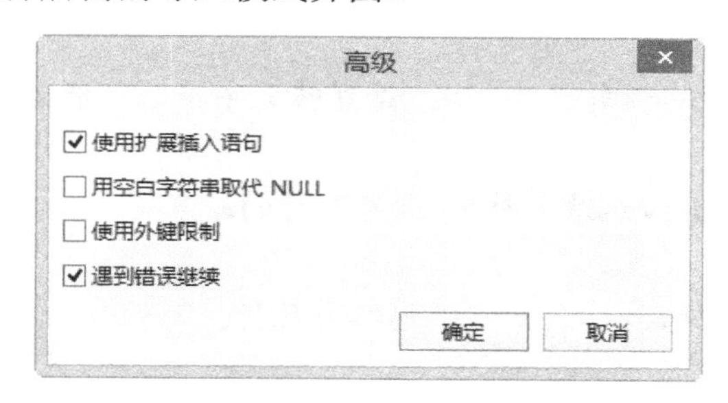

图 3-21 【高级】对话框

（10）完成数据导入操作。单击【下一步】按钮，进入【导入向导】的最后一个界面，在该界面中单击【开始】按钮，开始导入，导入完成后显示相关提示信息，如图 3-22 所示。

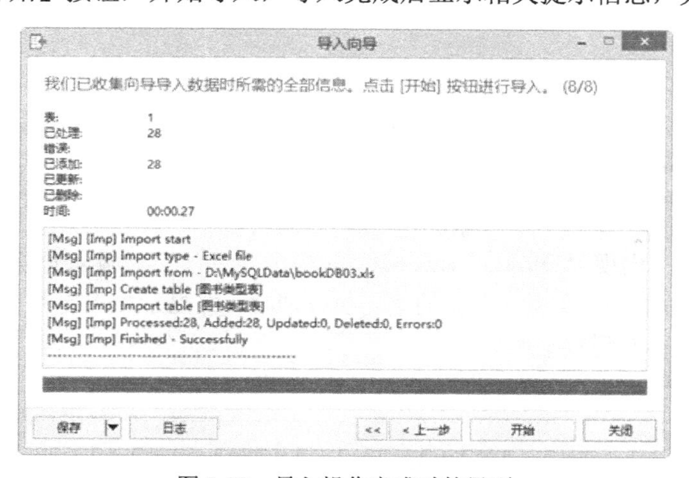

图 3-22　导入操作完成时的界面

【任务 3-7】使用 mysqlimport 命令导入文本文件

在 MySQL 中，可以使用“mysqlimport”命令将文本文件导入到数据库中，并且不需要登录 MySQL 客户端。其基本语法格式如下：

```
mysqlimport –u root –p [--local] 数据库名 导入的文本文件 [ 参数可选项 ]
```

说 明

（1）“mysqlimport”命令不需要指定导入数据库的数据表名称，数据表的名称由导入文件名确定，即文件名作为表名，导入数据之前，在数据库中该表必须存在。

（2）可选项“--local”是在本地计算机中查找文本文件时使用的。

（3）导入的文本文件可以使用绝对路径指定其存放路径。

（4）参数可选项有以下几项。

① --fields-terminated-by=<分隔字符>：设置字段之间的分隔符，可以为单个或多个字符，默认值为制表符“\t”。

② --fields-enclosed-by= <包围字符>：设置括上字段值的包围字符。

③ --fields-optionally-enclosed-by=<包围字符>：设置括上 char、varchar 和 text 等字符型字段的包围字符，只能为单个字符。

④ --fields-escaped-by= <转义字符>：设置转义字符，只能为单个字符，默认值为反斜线“\”。

⑤ --lines-terminated-by=<结束符>：设置每行的结束符，可以为单个或多个字符，默认值为“\n”。

⑥ --ignore-lines=<行数>：表示可以忽略前几行。

【任务描述】

使用“mysqlimport”命令将“D:\MySQLData”文件夹中的“用户表.txt”内容导入到 book 数据库中，字段之间使用半角逗号“,”分隔，字符类型字段值使用半角双引号""括起来，将转义字符定义为“\”，每行记录以回车换行符“\r\n”结尾。

【任务实施】

（1）打开 Windows 命令行窗口。

（2）在 Windows 命令行窗口提示符“C:\>”后面输入以下命令：

```
mysqlimport -u root -p book D:\MySQLData\用户表.txt
--fields-terminated-by=, --fields-optionally-enclosed-by=\"
--fields-escaped-by=\   --lines-terminated-by=\r\n
```

按【Enter】键，出现“Enter password:”的提示信息，然后输入正确的密码，这里输入“123456”，再一次按【Enter】键，上面的语句执行成功，并显示如下提示信息，表示已把“用户表.txt”中的数据导入到数据库 book 中。

```
book.用户表: Records: 6  Deleted: 0  Skipped: 0  Warnings: 0
```

注 意

框内语句要在一行中输入，否则无法执行导入操作。

如果导入文本文件的命令执行时出现如下所示的错误提示信息：

```
mysqlimport: Error: 1290, The MyMySQL is running with the --secure-file-priv option so it cannot execute this statement, when using table:
```

则按以下步骤解决。

① 停止 MySQL 的服务。

② 找到 my.ini 文件，复制一份作为备份。

③ 打开 my.ini 文件，将该文件中类似 secure-file-priv="C:/ProgramData/MySQL/MyMySQL 5.7/Uploads"的一行删除。

④ 重新启动 MySQL 服务。

⑤ 再一次执行导入语句即可。

（3）打开【Navicat for MySQL】窗口，查看“用户表”中的数据，如图 3-23 所示。

ID	ListNum	Name	UserPassword
1	001	车恩尚	123456
2	002	金叹	123456
3	003	尹灿荣	888
4	004	崔英道	666
5	005	金元	123456
6	006	李宝娜	123456

图 3-23　在【Navicat for MySQL】窗口中查看“用户表”中的数据

3.3 MySQL 数据表的导出

【任务 3-8】 使用 Navicat 图形管理工具将数据表中的数据导出到 Excel 工作表中

【任务描述】

使用 Navicat 图形管理工具将数据库 book 的数据表“用户表”中的数据导出到“数据备份”文件夹的 Excel 文件“book.xls”中。

【任务实施】

（1）打开【Navicat for MySQL】窗口，在数据库列表中双击数据库“book”，打开该数据库。

（2）在【Navicat for MySQL】主窗口中，单击工具栏中的【表】按钮，下方显示“表”对应的操作按钮。

（3）选择数据导入格式。在左侧的数据库列表中选择数据库“book”，然后单击【导出向导】按钮，打开【导出向导】对话框，在该对话框的“导出格式”列表框中选中“Excel 数据表(*.xls)”单选按钮，如图 3-24 所示。

（4）选择导出文件。单击【下一步】按钮，进入选择导出文件界面，在“用户表”区域中单击【浏览】按钮...，打开“另存为”对话框，在该对话框中选择文件夹“MySQLData\数据备份”，在“文件名”文本框中输入文件名“bookDB03.xls”，如图 3-25 所示。

在【另存为】对话框中单击【保存】按钮，返回选择导出文件界面，如图 3-26 所示。

图 3-24　选中“Excel 数据表(*.xls)”单选按钮

图 3-25　在【另存为】对话框中选择文件夹与输入文件名

图 3-26　【导出向导】对话框的选择导出文件界面

（5）选择导出的列。单击【下一步】按钮，进入选择导出列界面，在该界面中选择“用户表”中的全部列，如图 3-27 所示。

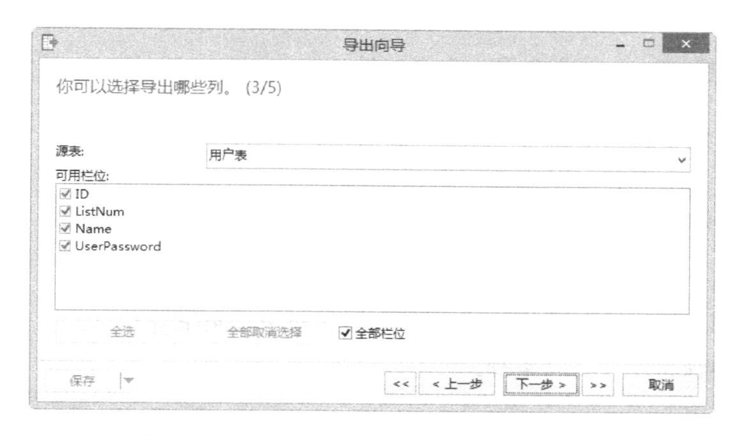

图 3-27 【导出向导】对话框的选择导出列界面

（6）设置一些附加的选项。单击【下一步】按钮，进入定义一些附加的选项界面，这里选中“包含列的标题”和“遇到错误继续”两个复选框，如图 3-28 所示。

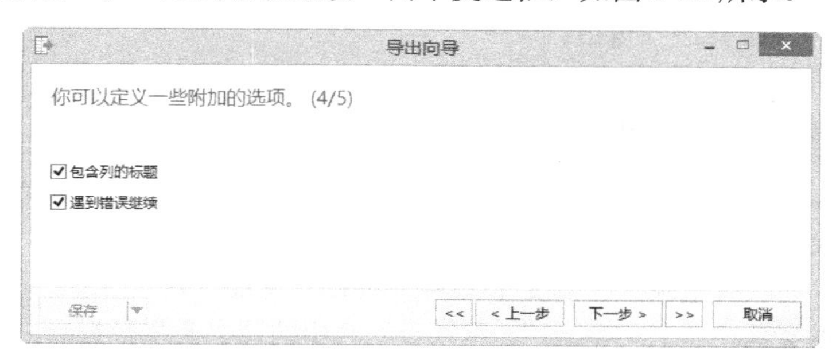

图 3-28 【导出向导】对话框的定义一些附加的选项界面

（7）完成数据导出操作。单击【下一步】按钮，进入【导出向导】的最后一个界面，在该界面中单击【开始】按钮，开始导出，导出完成后显示相关提示信息，如图 3-29 所示。

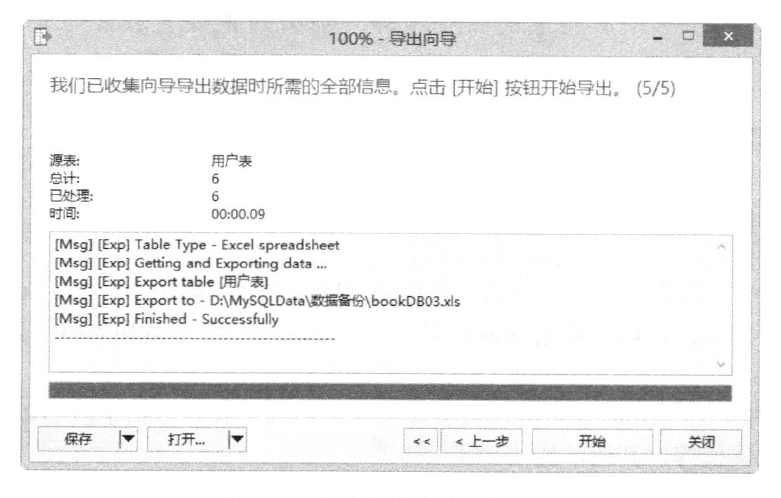

图 3-29 导出操作完成时的界面

【任务 3-9】使用 mysql 命令导出文本文件

“mysql”命令既可以用来登录 MySQL 服务器，又可以用来还原备份文件，还可以导出文本文件。其基本语法格式如下：

```
mysql -u root -p -e "Select 语句" 数据库名>文本文件名
```

说 明

“-e”选项表示可以执行 SQL 语句；“Select 语句”用来查询记录；导出的文本文件可以使用绝对路径指定其存放路径。

【任务描述】

使用“mysql”命令将数据库“book”中的数据表“图书类型表”的所有记录导出到文件夹“D:\MySQLData\数据备份”中，导出文本文件名称为“图书类型.txt”。

【任务实施】

（1）打开 Windows 命令行窗口。

（2）在 Windows 命令行窗口提示符“C:\>”后面输入以下命令：

```
mysql -u root -p -e "Select * From 图书类型表" book >
        D:\MySQLData\数据备份\图书类型.txt
```

按【Enter】键，出现“Enter password:”的提示信息，然后输入正确的密码，这里输入“123456”，再一次按【Enter】键，上面的语句执行成功，表示已把数据库“book”中的数据表“图书类型表”的所有记录导出到文本文件“图书类型.txt”中。

（3）打开文本文件“图书类型.txt”，可以查看其中的图书类型数据。

说 明

在 MySQL 中，可以使用“Select…Into Outfile”语句将表的内容导出成一个文本文件，并用“Load Data…Infile”语句恢复数据。但是这种方法只能导入和导出记录的内容，不包括表的结构。如果数据表的结构损坏，则必须先恢复原来的表结构。另外，“mysqldump”命令除了可以备份数据库中的数据之外，还可以导出文本文件。

3.4 查看与修改数据表的结构

【任务 3-10】查看数据表的结构

在 MySQL 中，查看数据表的结构可以使用“Describe”语句和“Show Create Table”语句，通过这两个语句，可以查看数据表的字段名、字段的数据类型和完整性约束条件等。

1）Describe 语句

在 MySQL 中，Describe 语句可以查看数据表的结构定义，包括字段名、字段数据类型、是否为主键和默认值等，其语法格式如下：

```
{ Describe | Desc } <表名> [ <字段名> ] ;
```

Describe 可缩写为 Desc，二者用法相同。可以查询包括通配符“%”和“_”的字符串。

2）Show Create Table 语句

在 MySQL 中，Show Create Table 语句可以查看数据表的详细定义。该语句可以查看数据表的字段名、字段的数据类型、完整性约束条件等信息，还可以查看数据表默认的存储引擎、字符编码等，其语法格式如下：

```
Show Create Table <表名>;
```

【任务描述】

（1）使用 Describe 语句查看“图书类型 2”数据表的结构数据。

（2）使用 Describe 语句查看“图书信息 2”表中的“图书名称”字段的结构数据。

（3）使用 Show Create Table 语句查看创建数据表“图书信息 2”的 Create Table 语句。

【任务实施】

首先打开 Windows 命令行窗口，登录 MySQL 服务器，然后选择数据库 book。

（1）使用 Describe 语句查看“图书类型 2”数据表的结构数据。

代码如下：

```
Describe 图书类型 2 ;
```

执行结果如图 3-30 所示。

```
+--------------+--------------+------+-----+---------+-------+
| Field        | Type         | Null | Key | Default | Extra |
+--------------+--------------+------+-----+---------+-------+
| 图书类型代号 | char(2)      | NO   | PRI | NULL    |       |
| 图书类型名称 | varchar(50)  | NO   | UNI | NULL    |       |
| 描述信息     | varchar(100) | YES  |     | NULL    |       |
+--------------+--------------+------+-----+---------+-------+
3 rows in set (0.00 sec)
```

图 3-30　查看“图书类型 2”数据表结构数据的结果

图 3-30 中各个列名含义分别解释如下。

① Field：表示字段名。

② Type：表示数据类型及长度。

③ Null：表示是否可以存储 Null 值。

④ Key：表示该列是否已编制索引。PRI 表示设置了主键约束，UNI 表示设置了唯一约束，MUL 表示允许给定值出现多次。

⑤ Default：表示是否有默认值，为 Null 表示没有设置默认值。如果有默认值，则显示其值。

⑥ Extra：表示相关的附加信息，如 Auto_Increment 等。

（2）使用 Describe 语句查看“图书信息 2”表中的“图书名称”字段的结构数据。

代码如下：

```
Describe 图书信息 2 图书名称 ;
```

执行结果如图 3-31 所示。

```
+----------+--------------+------+-----+---------+-------+
| Field    | Type         | Null | Key | Default | Extra |
+----------+--------------+------+-----+---------+-------+
| 图书名称 | varchar(100) | NO   |     | NULL    |       |
+----------+--------------+------+-----+---------+-------+
1 row in set (0.04 sec)
```

图 3-31　查看“图书信息 2”表中的“图书名称”字段的结构数据

（3）使用 Show Create Table 语句查看创建数据表“图书信息 2”的 Create Table 语句。

代码如下：

```
Show Create Table 图书信息 2;
```

执行结果的主要信息如图 3-32 所示。

```
| 图书信息2 | CREATE TABLE `图书信息2` (
  `ISBN编号` varchar(20) NOT NULL,
  `图书名称` varchar(100) NOT NULL,
  `作者` varchar(40) DEFAULT NULL,
  `价格` decimal(10,0) NOT NULL,
  `出版社` int(11) NOT NULL,
  `出版日期` date DEFAULT NULL,
  `图书类型` varchar(2) NOT NULL,
  `封面图片` blob,
  `图书简介` text,
  PRIMARY KEY (`ISBN编号`),
  KEY `FK_图书信息_出版社` (`出版社`),
  CONSTRAINT `FK_图书信息_出版社` FOREIGN KEY (`出版社`) REFERENCES `出版社2` (`出版社ID`)
) ENGINE=InnoDB DEFAULT CHARSET=gb18030 |
```

图 3-32　查看创建数据表“图书信息 2”的 Create Table 语句的执行结果

【任务 3-11】使用 Navicat 图形管理工具修改数据表的结构

【任务描述】

（1）将数据库“book”中“图书类型表”的名称修改为“图书类型”。

（2）将数据表“图书信息”中的字段“出版社”的数据类型修改为“Int”，将字段“封面图片”的数据类型修改为“Blob”。

（3）将数据表“图书信息”中的字段名“出版社”修改为“出版社 ID”。

（4）在数据表“图书信息”中“图书类型”字段之前增加 1 个字段“版次”，数据类型为 Smallint。

（5）将数据表“图书信息”的存储引擎由“InnoDB”修改为“MyISAM”。

【任务实施】

首先启动图形管理工具【Navicat for MySQL】，打开连接 better，打开数据库“book”。

1. 数据表重命名

在“数据库对象”窗格中展开“book”，然后右击数据表“图书类型 2”，在弹出的快捷菜单中选择【重命名】命令，数据表名称进入编辑状态，如图 3-33 所示。将名称修改为“图书类型”后按【Enter】键即可。

better
book
表
藏书信息
出版社
读者类型
读者类型2
借书证
借阅者信息
图书借阅
图书类型2
图书类型表
图书信息
用户表

图 3-33　修改数据表名称

2. 修改字段的数据类型

在“数据库对象”窗格中依次展开“book”和“表”，右击数据表节点“图书信息”，在弹出的快捷菜单中选择【设计表】命令，打开【表设计器】，并显示【栏位】选项卡。

将光标置于“出版社”字段的“类型”对应的单元格中，然后单击按钮，在类型下拉列表中选择类型“int”，如图 3-34 所示，同时删除原有类型的长度。

将光标置于“封面图片”字段的“类型”对应的单元格中，然后单击按钮，在类型下拉列表中选择类型“blob”，如图 3-35 所示，同时删除原有类型的长度。

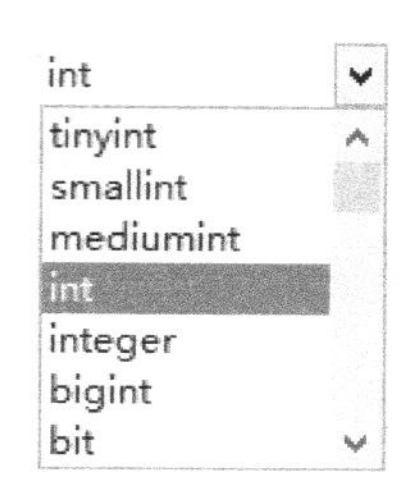

图 3-34　在数据类型下拉列表中选择“int”

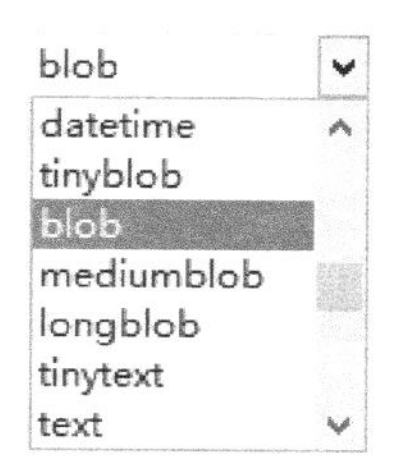

图 3-35　在数据类型下拉列表中选择“blob”

在【表设计器】工具栏中单击【保存】按钮，保存数据类型的修改。

3．修改数据表的字段名

首先打开“图书信息”的【表设计器】，在“出版社”字段名位置单击，进入编辑状态，然后将该字段名修改为“出版社 ID”即可，如图 3-36 所示。

栏位 | 索引 | 外键 | 触发器 | 选项 | 注释 | SQL 预览

名	类型	长度	小数点	不是 null
ISBN编号	varchar	20	0	✓
图书名称	varchar	100	0	✓
作者	varchar	40	0	☐
价格	decimal	10	0	✓
▶出版社ID	int	11	0	☐
出版日期	date	0	0	☐
图书类型	varchar	2	0	✓
封面图片	blob	0	0	☐
图书简介	text	0	0	☐

图 3-36　修改“图书信息”数据表的字段名“出版社”

在“表设计器”工具栏中单击“保存”按钮，保存字段名的修改。

4．在数据表中新增字段

在“图书信息”的【表设计器】中右击“图片类型”字段，在弹出的快捷菜单中选择【插入栏位】命令，如图 3-37 所示，则可以插入一个新的字段，在新字段位置的文本框中输入“版次”，在数据类型下拉列表选择“smallint”。

在【表设计器】工具栏中单击【保存】按钮，保存新增的字段，保存后的结果如图 3-38 所示。

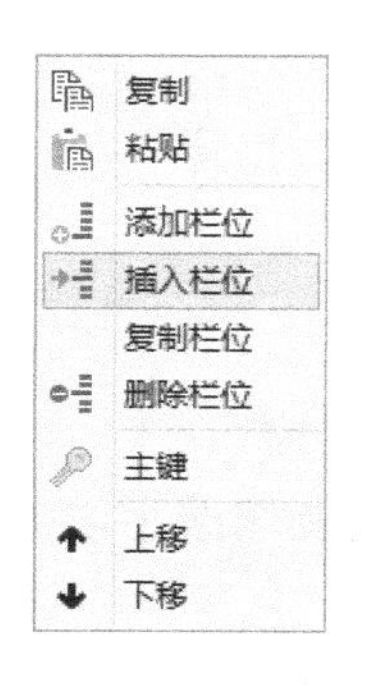

图 3-37　选择“插入栏位”选项

栏位 | 索引 | 外键 | 触发器 | 选项 | 注释 | SQL 预览

名	类型	长度	小数点	不是 null
图书名称	varchar	100	0	✓
作者	varchar	40	0	☐
价格	decimal	10	0	✓
出版社ID	int	11	0	☐
出版日期	date	0	0	☐
▶版次	smallint	6	0	✓
图书类型	varchar	2	0	✓
封面图片	blob	0	0	☐
图书简介	text	0	0	☐

图 3-38　在数据表“图书信息”中新增一个字段的结果

说 明

如果要在【表设计器】中删除数据表中的字段，只需右击该字段，在弹出的快捷菜单中选择【删除栏位】选项即可。也可以选中待删除的字段，然后在【表设计器】工具栏中单击【删除栏位】按钮 删除栏位。

5. 修改数据表的存储引擎

在“图书信息”的【表设计器】中，选择【选项】选项卡，在“引擎”下拉列表中选择“MyISAM”存储引擎，如图 3-39 所示。

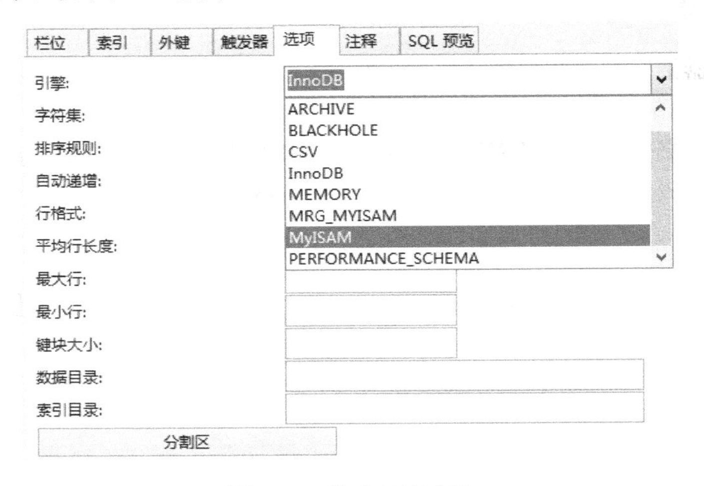

图 3-39 修改存储引擎

在【表设计器】工具栏中单击【保存】按钮 保存，保存存储引擎的更改。

说 明

如果需要调整数据表中各个字段的顺序，在【表设计器】中先选中该字段，然后单击【上移】按钮 上移 或【下移】按钮 下移 即可。

【任务 3-12】 使用 Alter Table 语句修改数据表结构

MySQL 中使用 Alter Table 语句修改数据表，常用修改数据表的操作如下：数据表重命名、修改字段名或数据类型、增加或删除字段、修改字段的排列位置、更改数据表的存储引擎、删除数据表的外键约束等。具体的语法格式如下。

（1）数据表重命名的语法格式：

```
Alter Table <原表名>  Rename [To] <新表名> ;
```

（2）修改字段的数据类型的语法格式：

```
Alter Table <表名>  Modify  <字段名>  <数据类型> ;
```

（3）修改字段的名称的语法格式：

```
Alter Table <表名>  Change  <原字段名>  <新字段名>  <新数据类型> ;
```

这里的“新数据类型”是指修改后字段的数据类型，如果不需要修改字段的数据类型，则将新数据类型设置为原来的数据类型即可，但数据类型不能为空。

修改字段的名称的语句也可以修改数据类型，方法是将语句中的“新字段名”和“原字段名”设置为相同的名称，只是改变“数据类型”即可。

> **注 意**
>
> 修改数据表的数据类型时可能会影响到数据表中已有的数据记录，当数据表中已经有数据时，不要轻易修改数据类型。

（4）添加新字段的语法格式：

```
Alter Table <表名>  Add  <新字段名>  <数据类型>  [ 约束条件 ]
                                    [ First  |  After  <已存在字段名> ];
```

这里的“First | After 已存在字段名”用于指定新增字段在数据表中的位置，如果 SQL 语句中没有这两个参数，则默认将新添加的字段设置为数据表的最后一列。

“First”为可选参数，用于将新增字段设置为数据表的第一个字段。“After 已存在字段名”也为可选参数，用于将新增字段添加到指定的“已存在字段名”的后面。

（5）更改数据表的存储引擎的语法格式：

```
Alter Table <表名>  Engine=<更改后的存储引擎名>;
```

（6）修改数据表中字段的排列位置的语法格式：

```
Alter Table <表名>  Modify  <字段 1 的名称>  <数据类型>
                          First  |  After  <字段 2 的名称>;
```

这里的“字段 1”指要修改位置的字段，“数据类型”指“字段 1”的数据类型。“First”为可选参数，指将“字段 1”修改为数据表的第 1 个字段。“After 字段 2 的名称”为可选参数，指将“字段 1”调整到“字段 2”的后面。

（7）删除数据表中字段的语法格式：

```
Alter Table <表名>  Drop  <字段名>  ;
```

【任务描述】

（1）将数据库“book”中“图书信息 2”的名称修改为“图书信息表”。

（2）将“图书信息表”中的字段“出版社”的数据类型修改为“Int”，将字段“封面图片”的数据类型修改为“Blob”，将字段“作者”的长度修改为“30”。

（3）将“图书信息表”中的字段名“出版社”修改为“出版社 ID”，其数据类型为“Int”。

（4）在“图书信息表”中“出版日期”字段之后增加 1 个字段“版次”，数据类型为 Smallint，约束条件不为空。

（5）将数据表“图书类型 2”的存储引擎由“InnoDB”修改为“MyISAM”。

（6）将“图书信息表”中的字段“图书类型”调整到“价格”字段之后。

（7）将“图书信息表”中新添加的字段“版次”删除。

【任务实施】

首先打开 Windows 命令行窗口，登录 MySQL 服务器，然后选择数据库 book。

1）数据表重命名

修改数据表“图书信息 2”名称的语句如下：

```
Alter  Table  图书信息 2  Rename  图书信息表 ;
```

2）修改字段的数据类型

修改字段的数据类型的语句如下：

```
Alter Table 图书信息表  Modify  出版社  Int;
Alter Table 图书信息表  Modify  封面图片  Blob;
Alter Table 图书信息表  Modify  作者  Varchar(30);
```

3）修改数据表的字段名

修改数据表的字段名的语句如下：

```
Alter Table 图书信息表 Change 出版社 出版社 ID Int ;
```

4）在数据表中添加新字段

在数据表中添加新字段“版次”的语句如下：

```
Alter Table 图书信息表 Add 版次 smallint not null After 出版日期 ;
```

以上操作完成后，使用 Desc 语句查看数据表“图书信息表”，结果如图 3-40 所示。

Field	Type	Null	Key	Default	Extra
ISBN编号	varchar(20)	NO	PRI	NULL	
图书名称	varchar(100)	NO		NULL	
作者	varchar(30)	YES		NULL	
价格	decimal(10,0)	NO		NULL	
出版社ID	int(11)	YES	MUL	NULL	
出版日期	date	YES		NULL	
版次	smallint(6)	NO		NULL	
图书类型	varchar(2)	NO		NULL	
封面图片	blob	YES		NULL	
图书简介	text	YES		NULL	

10 rows in set (0.00 sec)

图 3-40 “图书信息表”部分结构数据被修改后的显示结果

5）更改数据表的存储引擎

更改数据表存储引擎的语句如下：

```
Alter Table 图书类型 2 Engine=MyISAM ;
```

使用“Show Create Table 图书类型 2；”语句可以查看数据表“图书类型 2”存储引擎更改后的变化情况。

6）修改数据表中字段的排列位置

修改数据表中字段的排列位置的语句如下：

```
Alter Table 图书信息表 Modify 图书类型 Varchar(2) After 价格 ;
```

7）删除数据表中的字段

删除数据表中字段的语句如下：

```
Alter Table 图书信息表 Drop 版次 ;
```

注 意

为了便于后续各项任务的顺序完成，将“图书信息表”的名称重新修改为“图书信息 2”，操作语句如下：

```
Alter Table 图书信息表 Rename 图书信息 2 ;
```

后续各项任务的操作仍然针对数据表“图书信息 2”进行。

【任务 3-13】删除数据表

删除数据表就是将数据库已经存在的数据表从数据库中删除，在删除数据表的同时，数据表结构定义和所有数据都会被删除。因此，在进行删除操作前，最好对数据表的数据做好备份，以免造成无法换回的后果。

1）删除没有被关联的数据表的语法格式

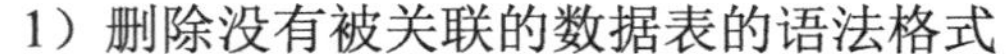

```
Drop Table [ if exists ] <数据表 1> , <数据表 2> ,… <数据表 n> ;
```

在 MySQL 中，使用 Drop Table 可以一次删除一个或多个没有被其他数据表关联的数据表，其中“数据表 n”为待删除数据表的名称，可以同时删除多个数据表，只需将待删除数据表的表名依次写在“Drop Table”之后，使用半角逗号“,”分隔开即可。如果待删除的数据表不存在，则 MySQL 会给出一条提示信息。参数“if exists”用于在删除数据表之前判断删除的表是否存在，加上该参数后，如果待删除的数据表不存在，则 SQL 语句可以顺利执行，但会显示警告提示信息。

2）删除被其他数据表关联的主表

数据表之间存在外键约束的情况下，如果直接删除主表，此时的删除操作会失败。其原因是直接删除主表，将破坏参照完整性。如果必须要删除主表，则可以先删除与它关联的子表，再删除主表，只是这样做会同时删除两个数据表中的数据。有的情况下可能要保留子表，这时如果要单独删除主表，只需将关联表的外键约束取消，再删除主表即可。

对于存在外键约束的主表，直接删除时会出现如下所示的信息。

```
ERROR 1217 (23000): Cannot delete or update a parent row: a foreign key constraint fails
```

也就是说，存在外键约束时，主表不能被直接删除。

首先，删除从表中的外键约束的语法格式如下：

```
Alter Table  <表名>  Drop Foreign Key <外键约束名>;
```

这里的“外键约束名”是指在定义数据表时 Constraint 关键字后面的参数。

删除从表中的外键约束成功后，将会解除从表和主表之间的关联关系，此时可以输入删除语句，将原来的主表删除，其语法格式如下：

```
Drop Table <主表名>  ;
```

【任务描述】

（1）删除没有被其他表关联的多个数据表“图书类型 2”、“借阅者信息 2”和“读者类型 2”。

（2）任务 3-4 使用 Create Table 语句创建数据表“图书信息 2”时建立了外键约束，相关联的数据表为“出版社 2”，关联字段为“出版社 ID”。删除被数据表“图书信息 2”关联的主表“出版社 2”。

（3）删除“图书信息 2”。

【任务实施】

1）删除没有被其他表关联的多个数据表

删除没有被其他表关联的多个数据表的语句如下：

```
Drop Table 图书类型 2;
Drop Table 借阅者信息 2;
Drop Table 读者类型 2;
```

语句执行完毕后，可以使用 Show Tables 命令查看当前数据库中的数据表，可以发现数据表列表中已不存在名称为“图书类型 2”、“借阅者信息 2”和“读者类型 2”的数据表，表示删除操作成功。

2）删除被其他表关联的主表“出版社 2”

① 使用 Show Tables 命令查看当前数据库中所有的表，发现数据表“出版社 2”在数据表列表中。

② 使用 Show Create Table 命令查看数据表“图书信息 2”的外键约束，部分显示结果如图 3-41 所示。

```
| 图书信息2 | CREATE TABLE `图书信息2` (
  `ISBN编号` varchar(20) NOT NULL,
  `图书名称` varchar(100) NOT NULL,
  `作者` varchar(30) DEFAULT NULL,
  `价格` decimal(10,0) NOT NULL,
  `图书类型` varchar(2) DEFAULT NULL,
  `出版社ID` int(11) DEFAULT NULL,
  `出版日期` date DEFAULT NULL,
  `封面图片` blob,
  `图书简介` text,
  PRIMARY KEY (`ISBN编号`),
  KEY `FK_图书信息_出版社` (`出版社ID`),
  CONSTRAINT `FK_图书信息_出版社` FOREIGN KEY (`出版社ID`) REFERENCES `出版社2` (`出版社ID`)
) ENGINE=InnoDB DEFAULT CHARSET=gb18030 |
```

图 3-41　查看数据表“图书信息 2”的外键约束

从图 3-41 可以看出数据表“图书信息 2”中存在外键约束，外键约束名为“FK_图书信息_出版社”。

③ 删除从表“图书信息 2”中的外键约束的语句如下：

```
Alter Table 图书信息 2　Drop Foreign Key FK_图书信息_出版社;
```

该语句成功执行后，再一次使用 Show Create Table 命令查看数据表“图书信息 2”的详细定义，可以发现外键约束被删除了。

④ 删除主表的语句如下：

```
Drop Table 出版社 2 ;
```

⑤ 使用 Show Tables 语句查看当前数据库中的数据表，可以发现原主表“出版社 2”已被删除，在当前数据库中的表列表中不存在数据表“出版社 2”了。

3）删除数据表“图书信息 2”

删除数据表“图书信息 2”的语句如下：

```
Drop Table 图书信息 2 ;
```

3.5 查看与修改数据表的记录数据

我们经常需要对数据表中的数据进行各种操作，主要包括插入、修改和删除操作。可以使用图形管理工具操作表记录，也可以使用 SQL 语句操作表记录。

【任务 3-14】 使用 Navicat 图形管理工具查看与修改数据表记录

【任务描述】

（1）查看数据库 book 中数据表“读者类型”中的全部记录。

（2）将教师的“限借数量”修改为 30，将教师的“限借期限”修改为 360。

【任务实施】

首先启动图形管理工具【Navicat for MySQL】，打开连接 better，打开数据库“book”。

1. 查看数据表的全部记录

在“数据库对象”窗格中依次展开“book”，然后右击数据表“读者类型”，在弹出的快捷菜单中选择【打开表】命令，也可以在【对象】窗格的工具栏中单击【打开表】按钮 打开表，即可打开数据表“读者类型”的【记录编辑】窗格，查看该数据表中的记录，结果如图 3-42 所示。

对象　读者类型 @book (better) - 表

开始事务　备注　筛选　排序　导入　导出

读者类型编号	读者类型名称	限借数量	限借期限	续借次数	借书证有效期	超期日罚金
01	系统管理员	30	360	5	5	1
02	图书管理员	20	180	5	5	1
03	特殊读者	30	360	5	5	1
04	一般读者	20	180	3	3	1
05	教师	20	180	5	5	1
06	学生	10	180	2	3	0.5

SELECT * FROM `读者类型` LIMIT 0, 1000　第 1 条记录 (共 6 条) 于第 1 页

图 3-42　查看数据表“读者类型”的记录

2．修改数据表的记录数据

打开数据表“读者类型”，在“教师”行对应的“限借数量”字段的单元格中单击，进入编辑状态，将原来的“20”修改为“30”即可。

同样，在“教师”行对应的“限借期限”字段的单元格中单击，进入编辑状态，然后将原来的“180”修改为“360”即可，修改结果如图 3-43 所示。

读者类型编号	读者类型名称	限借数量	限借期限	续借次数	借书证有效期	超期日罚金
01	系统管理员	30	360	5	5	1
02	图书管理员	20	180	5	5	1
03	特殊读者	30	360	5	5	1
04	一般读者	20	180	3	3	1
05	教师	30	360	5	5	1
06	学生	10	180	2	3	0.5

图 3-43　修改数据表“读者类型”中的部分记录数据

记录数据修改后，单击下方的【应用改变】按钮 ✓，则数据修改生效，如果单击下方的【取消改变】按钮 ×，则数据修改失效，恢复为修改之前的数据。当然，数据修改完成后，在其他单元格中单击时，数据修改也会生效。

说明

在【Navicat for MySQL】窗口的【记录编辑】窗格中，单击下方的【新建记录】按钮 +，可以在尾部新增一行空白记录，然后输入数据即可。也可以先选中需要删除的记录，然后单击下方的【删除记录】按钮 −，删除选中的记录。

3.6 设置与维护数据库中数据的完整性

由于创建数据表时设置约束已在任务 3-4 中介绍过，这里只介绍修改数据表时设置约束的方法。

【任务 3-15】使用 Navicat 图形管理工具设置与删除数据表的约束

【任务描述】

在【Navicat for MySQL】窗口中针对“图书信息”数据表完成以下约束设置。

（1）设置字段“ISBN 编号”为主键。

（2）设置字段“版次”的默认值为 1。

（3）设置字段“作者”不能为空。

（4）设置字段“出版社 ID”为外键，相关联的数据表为“出版社”，该表的主键为“出版社 ID”。

【任务实施】

首先启动图形管理工具【Navicat for MySQL】，打开连接 better，打开数据库“book”。再打开数据表“图书信息”的【表设计器】，在该【表设计器】中针对“图书信息”数据表完成以下各项操作。

1）设置主键约束

在【表设计器】中，选中字段“ISBN 编号”，然后单击【主键】按钮 主键 即可。

说 明

如果已设置了主键的字段，则需要删除主键约束，先选中该主键字段，再一次单击【主键】按钮 主键 即可删除主键。

2）设置默认值约束

在【表设计器】中，选中字段“版次”，然后在下方的“默认”列表框中输入“1”即可。

3）设置非空约束

在“作者”行“不是 null”列中选中对应复选框☐，使其变成选中状态☑即可。

以上数据表约束设置完成后的结果如图 3-44 所示。

栏位 | 索引 | 外键 | 触发器 | 选项 | 注释 | SQL 预览

名	类型	长度	小数点	不是 null	
ISBN编号	varchar	20	0	☑	1
图书名称	varchar	100	0	☑	
作者	varchar	40	0	☑	
价格	decimal	10	0	☑	
出版社ID	int	11	0	☐	
出版日期	date	0	0	☐	
版次	smallint	6	0	☐	

默认: 1

注释:

图 3-44　数据表约束设置完成后的结果

在【表设计器】工具栏中单击【保存】按钮 保存，保存以上各项约束的设置。

4）设置外键约束

在【表设计器】中选择【外键】选项卡，在“名”文本框中输入“FK_图书信息_出版社”，在“栏位”文本框中单击按钮…，在弹出的字段选择列表中选择“出版社 ID”，单击【确定】

按钮，如图 3-45 所示。

在“参考数据库”列表中选择“book”，在“参考表”列表中选择主表“出版社”，在“参考栏位”文本框中单击按钮…，在弹出的字段选择列表中选择“出版社 ID”，单击【确定】按钮。

在“删除时”列表框中单击下拉按钮，在列表框中选择“RESTRICT”选项，如图 3-46 所示。同时，在“更新时”列表框中也选择“RESTRICT”选项。

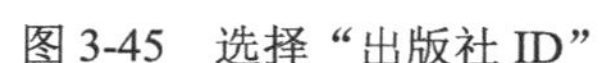

图 3-45　选择“出版社 ID”

图 3-46　选择“RESTRICT”选项

说 明

图 3-46 中列表框中各个选项的含义如下。

① RESTRICT：立即检查外键约束，如果从表中有匹配的记录，则不允许对主表对应候选键进行 Update 或 Delete 操作。

② NO ACTION：同 RESTRICT，立即检查外键约束，如果从表中有匹配的记录，则不允许对主表对应候选键进行 Update 或 Delete 操作。

③ CASCADE：在主表上进行 Update 或 Delete 操作时，同步 Update 或 Delete 从表的匹配记录。

④ SET NULL：在主表上进行 Update 或 Delete 操作时，将从表上匹配记录的列设为 Null，应注意子表的外键列不能为 Not Null。

还有一种 Set default 方式，表示主表有变更时，从表将外键列设置成一个默认的值，但 InnoDB 存储引擎不能识别这种方式。

在【表设计器】中定义外键的结果如图 3-47 所示。

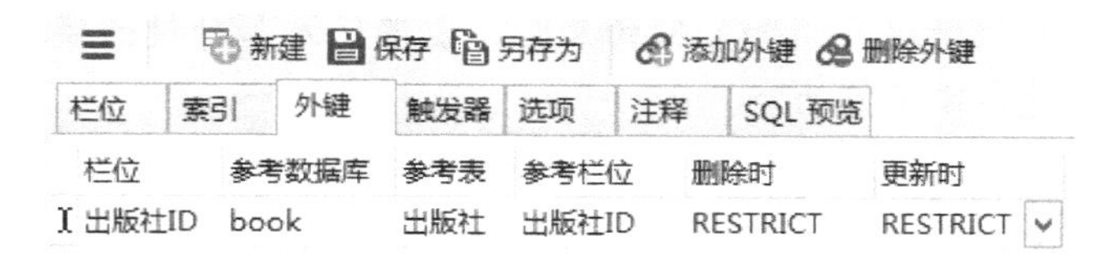

图 3-47　在“表设计器”中定义外键的结果

选择【SQL 预览】选项卡，查看定义外键约束对应的 SQL 语句如下：

```
ALTER TABLE '图书信息' ADD CONSTRAINT ' FK_图书信息_出版社'
        FOREIGN KEY ('出版社 ID ') REFERENCES '出版社'('出版社 ID ')
        ON DELETE RESTRICT ON UPDATE RESTRICT ;
```

在【表设计器】工具栏中单击【保存】按钮，保存外键约束的设置。此时，外键约束创建完成，选择【索引】选项卡，可以查看相关索引的内容，如图 3-48 所示。

栏位 | 索引 | 外键 | 触发器 | 选项 | 注释 | SQL 预览

名	栏位	索引类型	索引方法
FK_图书信息_出版社	出版社ID	Normal	BTREE

图 3-48　查看与创建的外键约束相关的索引内容

【任务 3-16】修改数据表时使用语句方式设置数据表的约束

1）修改数据表时添加主键约束

主键约束不仅可以在创建数据表的同时创建，也可以在修改数据表时添加。需要注意的是，设置成主键约束的字段中不允许有空值。

在修改数据表时给表的单一字段添加主键约束的语法格式如下：

```
Alter Table <表名> Add Constraint <约束名> Primary Key(<字段名>) ;
```

在修改数据表时，添加由多个字段组成的组合主键约束的语法格式如下：

```
Alter Table <表名> Add Constraint <主键约束名>
                    Primary Key(<字段名 1> , <字段名 2> , …) ;
```

说 明

通常情况下，在修改数据表且要设置数据表中某个字段的主键约束时，要确保设置成主键约束的字段值不能有重复的，并且要保证是非空的。否则，这样是无法设置主键约束的。

2）修改数据表时添加外键约束

外键约束也可以在修改数据表时添加，但是添加外键约束的前提是设置外键约束的字段中的数据必须与引用的主键表中的字段一致或者没有数据。

修改数据表时添加外键约束的语法格式如下：

```
Alter Table  <表名>  Add Constraint  < 外键约束名 >
  Foreign Key(<外键约束的字段名>) References <主表名>(<主表的主键字段名>) ;
```

注 意

在为已经创建好的数据表添加外键约束时，要确保添加外键的字段值全部来源于主键字段值，并且外键字段不能为空。

3）修改数据表时添加默认值约束

默认值约束除了在创建数据表时添加，也可以在修改数据表时设置字段的默认值。修改数据表时添加默认值约束的语法格式如下：

```
Alter Table  <表名> Alter <设置默认值的字段名>  Set Default  <默认值> ;
```

如果默认值为字符类型，则需要为该值加上半角单引号。

4）修改数据表时添加非空约束

如果在创建数据表时没有为字段设置非空约束，则可以通过修改数据表进行非空约束的添加。修改数据表时为表设置非空约束的语法格式如下：

```
Alter Table  <表名>  Modify  <设置非空约束的字段名>  Not Null ;
```

5）修改数据表时添加检查约束

可以通过修改数据表的方式为数据表添加检查约束。其语法格式如下：

```
Alter Table  <表名>  Add Constraint <检查约束名> Check(表达式) ;
```

6）修改数据表时添加唯一约束

对于已创建好的数据表，也可以通过修改数据表来添加唯一约束。其语法格式如下：

```
Alter Table  <表名>  Add Constraint  <唯一约束名>  Unique(<字段名>);
```

在数据表已经存在的前提下，添加多个字段的共同约束的语法格式如下：

```
Alter Table  <表名>  Add Constraint  <唯一约束名>
                     Unique(<字段名 1> , <字段名 2> … );
```

【任务描述】

（1）删除“图书类型”数据表中的“图书类型编号”字段，然后根据表 3-29 所示的“图书类型”数据表的结构数据，使用语句方式对“图书类型”数据表的结构进行修改，同时设置相应的约束。

表 3-29 “图书类型”数据表的结构数据

字段名称	数据类型	字段长度	是否允许 Null 值	约束
图书类型代号	Varchar	2	否	主键约束
图书类型名称	Varchar	50	否	唯一约束
描述信息	Varchar	100	是	无

（2）将数据表“图书信息”中的字段“图书类型”设置为外键约束，相关联的数据表为“图书类型”，关联字段为“图书类型代号”。

（3）根据表 3-30 所示的“读者类型”数据表的结构数据，使用语句方式对“读者类型 2”数据表的结构进行修改，同时设置相应的约束。

表 3-30 “读者类型”数据表的结构数据

字段名称	数据类型	字段长度	是否允许 Null 值	约束
读者类型编号	Smallint		否	主键约束
读者类型名称	Varchar	30	否	唯一约束
限借数量	Smallint		否	检查约束(≤30)
限借期限	Smallint		否	检查约束(≤360)
续借次数	Smallint		否	默认值约束(5)
借书证有效期	Smallint		否	默认值约束(5)
超期日罚金	Decimal		否	默认值约束(1)、检查约束(≤2)

【任务实施】

（1）删除“图书类型”数据表中的“图书类型代号”字段。

删除“图书类型”数据表中的“图书类型代号”字段的语句如下：

```
Alter Table 图书类型  Drop  图书类型代号  ;
```

（2）修改“图书类型”数据表的结构数据。

修改“图书类型”数据表的结构数据的语句如下：

```
Alter Table 图书类型  Modify  图书类型代号  Varchar(2) Not Null ;
Alter Table 图书类型 Add Constraint PK_图书类型 Primary Key(图书类型代号) ;
Alter Table 图书类型  Modify  图书类型名称  Varchar(50) Unique ;
Alter Table 图书类型  Modify  描述信息  Varchar(100) ;
```

（3）设置数据表“图书信息”外键约束。

设置数据表“图书信息”外键约束的语句如下：

```
Alter Table 图书信息  Add Constraint FK_图书信息_图书类型
      Foreign Key(图书类型)  References 图书类型(图书类型代号) ;
```

数据表“图书信息”中外键约束创建完成后，使用“Show Create Table 图书信息 ；”语句可以设置数据表“图书信息”的外键约束。

（4）修改“读者类型”数据表的结构数据。

修改“读者类型”数据表的结构数据的语句如下：

```
Alter Table 读者类型 Modify 读者类型编号 Smallint Not Null ,
                    Add Constraint PK_读者类型 Primary Key(读者类型编号);
Alter Table 读者类型 Modify 读者类型名称 Varchar(30) Not Null ;
Alter Table 读者类型 Add Constraint  UQ_读者类型 Unique(读者类型名称);
Alter Table 读者类型 Modify 限借数量 Smallint Not Null ;
Alter Table 读者类型 Add Constraint CHK_限借数量 Check(限借数量<=30) ;
Alter Table 读者类型 Modify 限借期限 Smallint Not Null ;
Alter Table 读者类型 Add Constraint CHK_限借期限 Check(限借期限<=360) ;
Alter Table 读者类型 Modify 续借次数 Smallint Not Null ;
Alter Table 读者类型 Alter 续借次数 Set Default 5 ;
Alter Table 读者类型 Modify 借书证有效期 Smallint Not Null ;
Alter Table 读者类型 Alter 借书证有效期 Set Default 5 ;
Alter Table 读者类型 Modify 超期日罚金 Decimal Not Null ;
Alter Table 读者类型 Alter 超期日罚金 Set Default 1 ;
Alter Table 读者类型 Add Constraint CHK_超期日罚金 Check(超期日罚金<=2) ;
```

说 明

设置唯一约束也可以写成以下形式：

```
Alter Table 读者类型 Modify 读者类型名称 Varchar(30) Not Null Unique;
```

此时的索引名称为对应字段的字段名，这里为“读者类型名称”。

数据表的约束修改完成后，可以使用 Desc 语句查看其修改结果。

【任务 3-17】 使用语句方式删除数据表的约束

1）删除主键约束

删除主键约束的语法格式如下：

```
Alter Table <表名> Drop Primary Key ;
```

由于主键约束在一个数据表只能有一个，因此不需要指定主键名就可以删除一个数据表中的主键约束。

2）删除外键约束

删除外键约束的语法格式如下：

```
Alter Table  <表名>  Drop Foreign Key  <外键约束名> ;
```

3）删除默认值约束

删除默认值约束的语法格式如下：

```
Alter Table  <表名>  Alter  <删除默认值的字段名>  Drop Default ;
```

4）删除唯一约束

唯一约束创建后，系统会默认将其保存到索引中。因此，删除唯一约束就是删除索引，在删除索引之前，必须知道索引的名称。如果不知道索引的名称，则可以通过“Show Index From 表名 ；”语句查看并获取索引名。

删除唯一约束的语法格式如下：

```
Drop Index  <唯一约束名>  On  <表名> ;
```

> **注 意**
>
> 在 MySQL 中非空约束是不能删除的，但是可以将设置成 Not Null 的字段修改为 Null，实际上也相当于对该字段取消了非空约束。

【任务描述】

（1）分别删除“读者类型”数据表中的主键约束、唯一约束、默认值约束。

（2）删除“图书信息”数据表中的外键约束 FK_图书信息_图书类型。

【任务实施】

1）删除主键约束

删除主键约束的语句如下：

```
Alter Table 读者类型 Drop Primary Key ;
```

2）删除唯一约束

删除唯一约束的语句如下：

```
Drop Index UQ_读者类型  On  读者类型 ;
```

3）删除默认值约束

删除默认值约束的语句如下：

```
Alter Table 读者类型 Alter 续借次数 Drop Default ;
Alter Table 读者类型 Alter 借书证有效期 Drop Default ;
Alter Table 读者类型 Alter 超期日罚金 Drop Default ;
```

4）删除外键约束

删除外键约束的语句如下：

```
Alter Table 图书信息 Drop Foreign Key FK_图书信息_图书类型;
```

（1）在 MySQL 中，系统数据类型主要分为（　　）、（　　）、（　　）和特殊类型 4 种。

（2）MySQL 中使用（　　）和（　　）来表示小数。浮点类型有两种：（　　）和（　　）。定点类型只有一种：Decimal。

（3）浮点类型（Float 和 Double）相对于定点类型 Decimal 的优势是，在长度一定的情况下，浮点类型比定点类型（　　），但其缺点是（　　）。

（4）Decimal 在 MySQL 中是以（　　）形式存储的，用于存储精度相对要求（　　）的数据。两个浮点数据进行减法或比较运算时容易出现问题，如果进行数值比较，则最好使用（　　）数据类型。

（5）MySQL 对于不同种类的日期和时间有很多种数据类型。如果只需要存储年份，则使用（　　）类型即可；如果只记录时间，则只使用（　　）类型即可；如果同时需要存储日期和时间，则可以使用（　　）或（　　）类型。存储范围较大的日期最好使用（　　）类型。当需要插入记录的同时插入当前时间时，使用（　　）类型更方便。

（6）Char 类型是（　　）长度，Varchar 类型是（　　）长度，（　　）类型按实际长度存储，比较节省空间。在速度上有要求的可以使用（　　）类型，反之可以使用（　　）类型。

（7）比较 Char、Varchar、Text 三种数据类型的的检索速度最快的是（　　）类型。

（8）Enum 类型和 Set 类型的值都是以字符串形式出现的，但在数据库中存储的是（　　）。Enum 类型只能取（　　）值，Set 可取（　　）值。

（9）MySQL 的约束是指（　　），能够帮助数据库管理员更好地管理数据库，并且能够确保数据库表中数据的（　　）和（　　）。其主要包括（　　）、（　　）、（　　）、非空约束、（　　）和检查约束。

（10）一个数据表只能有（　　）个主键约束，并且主键约束中的字段不能接收（　　）值。将一个数据表的一个字段或字段组合定义为引用其他数据表的主键字段时，引用该数据中的这个字段或字段组合称为（　　）。被引用的数据表称为（　　），简称为（　　）；引用表称为（　　），简称为（　　）。

（11）在“用户表”中，为了避免用户名重名，可以将用户名字段设置为（　　）约束或（　　）约束。

（12）使用 Create Table 语句创建包含约束的数据表时，指定主键约束的关键字为（　　），指定外键约束的关键字为（　　），指定唯一约束的关键字为（　　），指定检查约束的关键字为（　　）。

（13）如果在数据表中插入新记录时，希望系统自动生成字段的值，则可以通过（　　）关键字来实现。

（14）在 MySQL 中，Auto_Increment 约束的初始值为（　　），每新增一条记录，字段值自动加（　　）。

（15）在 MySQL 中，可以使用（　　）命令将文本文件导入到数据库中。

（16）“mysql”命令既可以用来登录 MySQL 服务器，又可以用来（　　），还可以（　　）。

（17）MySQL 中，可以使用（　　）语句将表的内容导出为一个文本文件，并用（　　）语句恢复数据。但是这种方法只能导入和导出记录的内容，不包括表的（　　）。

（18）在 MySQL 中，查看数据表的结构可以使用（　　）语句和（　　）语句，通过这两个语句，可以查看数据表的字段名、字段的数据类型和完整性约束条件等。

（19）MySQL 中使用（　　）语句修改数据表，数据表重命名的语法格式为（　　）。

（20）MySQL 中删除主键约束的语法格式为（　　），删除外键约束的语法格式为（　　）。

单元 4

以 SQL 语句方式
检索与操作 MySQL 数据表的数据

使用数据库和数据表的主要目的是存储数据，以便在需要时进行检索、统计数据或输出数据。使用关系数据库的主要优点是可以通过构造多个数据表来有效地消除数据冗余，即把数据存储在不同的数据表中，以防止数据冗余、更新复杂等问题，然后使用连接查询或视图，获取多个数据表的数据。通过 SQL 语句可以从数据表或视图中迅速、方便地检查数据。在 MySQL 中，可以使用 Select 语句来完成数据查询，按照用户要求从数据库中检索特定信息，并将查询结果以表格形式返回。还可以为查询结果排序、分组和统计运算。

1．Select 语句的语法格式及其功能

1）Select 语句的一般格式

Select 语句的一般格式如下：

```
Select      <字段名或表达式列表>
From         <数据表名或视图名>
Where        <检索条件表达式>
Group By    <分组的字段名或表达式>
Having      <筛选条件>
Order By    <排序的字段名或表达式>    ASC | DESC
```

2）Select 语句的功能

根据 Where 子句的检索条件表达式，从 From 子句指定的数据表中找出满足条件的记录，再按 Select 子句选出记录中的字段值，把查询结果以表格的形式返回。

3）Select 语句的说明

Select 关键字后面跟随的是要检索的字段列表，并且指定字段的顺序。SQL 查询子句顺序为 Select、Into、From、Where、Group By、Having 和 Order By 等。其中，Select 子句和 From 子句是必需的，其余的子句均可省略，而 Having 子句只能和 Group By 子句搭配起来使用。From 子句返回初始结果集，Where 子句排除不满足搜索条件的行，Group By 子句将选定的行进行分组，Having 子句排除不满足分组聚合后搜索条件的行。

① From 子句是 Select 语句所必需的子句，用于标识从中检索数据的一个或多个数据表或视图。

② Where 子句用于设定检索条件以返回需要的记录。

③ Group By 子句用于将查询结果按指定的一个字段或多个字段的值进行分组统计，分组字段或表达式的值相等的被分为同一组。

④ Having 子句与 Group By 子句配合使用，用于对由 Group By 子句分组的结果进一步限定搜索条件。

⑤ Order By 子句用于将查询结果按指定的字段进行排序。排序包括升序和降序，其中 ASC 表示记录按升序排序，DESC 表示记录按降序排序，默认状态下，记录按升序方式排列。

2. 视图的含义及其优点

视图是一种常用的数据库对象，可以把它看做从一个或几个源表导出的虚表或存储在数据库中的查询，对于视图所引用的源表来说，视图的作用类似于筛选。定义视图的筛选可以来自当前或其他数据库的一个或多个表，或者其他视图。视图与数据表不同，数据库中只存放了视图的定义，即 SQL 语句，而不存放视图对应的数据，数据存放在源表中，当源表中的数据发生变化时，从视图中查询出的数据也会随之改变。对视图进行操作时，系统根据视图的定义去操作与视图相关联的数据表。

视图一经定义后，就可以像源表一样被查询和删除。视图为查看和存取数据提供了另外一种途径，对于查询完成的大多数操作，使用视图一样可以完成；使用视图还可以简化数据操作；当通过视图修改数据时，相应的源表的数据也会发生变化；同时，若源表的数据发生变化，则这种变化也可以自动地同步反映到视图中。

视图具有以下优点。

1）简化操作

视图大大简化了用户对数据的操作，如果一个查询非常复杂，跨越多个数据表，那么通过将这个复杂查询定义为视图，这样在每一次执行相同的查询时，只要一条简单的查询视图语句即可。可见视图向用户隐藏了表与表之间复杂的连接操作。

2）提高数据安全性

视图创建了一种可以控制的环境，为不同的用户定义不同的视图，使每个用户只能看到其有权看到的部分数据。那些没有必要的、敏感的或不适合的数据都从视图中排除了，用户只能查询和修改视图中显示的数据。

3）屏蔽数据库的复杂性

用户不必了解数据库中复杂的表结构，视图将数据库设计的复杂性和用户的使用方式屏蔽了。数据库管理员可以在视图中将那些难以理解的列替换成数据库用户容易理解和接受的名称，从而为用户使用提供了极大便利，并且数据库中表的更改也不会影响用户对数据库的使用。

4）数据即时更新

当视图所基于的数据表发生变化时，视图能够即时更新，提供了与数据表一致的数据。

5）便于数据共享

各用户不必都定义和存储自己所需的数据，可共享数据库的数据，即同样的数据只需存储一次。

3. 索引的含义及其类型

如果要在一本书中快速地查找所需的内容，可以利用目录中给出的章节页码快速地查找到其对应的内容，而不是一页一页地查找。数据库中的索引与书籍中的目录类似，也允许数据库应用程序利用索引迅速找到数据表中特定的数据，而不必扫描整个数据表。在图书中，目录是内容和相应页码的列表清单。在数据库中，索引就是数据表中数据和相应存储位置的列表。

索引是根据数据表中的一个字段或若干个字段按照一定顺序建立的与源表记录行之间的对应关系表。一个字段上的索引包含了该字段的所有值，和字段值形成了一一对应的关系 。在字段上创建了索引之后，查找数据时可以直接根据该字段上的索引查找对应记录行的位置，从而快速地找到数据。

索引是一种重要的数据对象，能够提高数据的查询效率，使用索引还可以确保列的唯一性，从而保证数据的完整性。

例如，表 4-1 所示的是图书信息表，在数据页中保存了图书信息，包含了 ISBN 编号、图书名称、作者和价格等信息，如果要查找 ISBN 编号为“9787111220827”的图书信息，必须在数据页中逐记录逐字段查找，查找扫描到第 8 条记录为止。

为了查找方便，按照图书的 ISBN 编号创建索引表，索引表如表 4-2 所示。索引表中包含了索引码和指针信息。利用索引表，查找到索引码 9787111220827 的指针值为 8。根据指针值，到数据表中快速找到 9787111220827 的图书信息，而不必扫描所有记录，从而提高查找的效率。

表 4-1　图书信息表

序号	ISBN 编号	图书名称	作者	价格
1	9787121201478	Oracle 11g 数据库应用、设计与管理	陈承欢	37.50
2	9787040393293	实用工具软件任务驱动式教程	陈承欢	26.10
3	9787040302363	网页美化与布局	陈承欢	38.50
4	9787115217806	UML 与 Rose 软件建模案例教程	陈承欢	25
5	9787115374035	跨平台的移动 Web 开发实战	陈承欢	29
6	9787121052347	数据库应用基础实例教程	陈承欢	26
7	9787302187363	程序设计导论	陈承欢	23
8	9787111220827	信息系统应用案例教程	陈承欢	20

表 4-2　ISBN 编号索引表

索引码	指针
9787040302363	3
9787040393293	2
9787111220827	8
9787115217806	4
9787115374035	5
9787121052347	6
9787121201478	1
9787302187363	7

在 MySQL 数据库中，可以在数据表中建立一个或多个索引，以提供多种存取路径，快速定位数据的存储位置。

MySQL 中主要的索引类型有以下几种。

1）普通索引

普通索引（Index）是最基本的索引类型，可以加快对数据的访问，该类索引没有唯一性限制，即索引字段允许存在重复值。创建普通索引的关键字是 Index。

2）唯一索引

唯一（Unique）索引的字段值要求唯一，不能出现重复值，创建唯一索引的关键字是 Unique。

3）主键索引

主键索引是专门为主键字段创建的索引，也属于唯一索引的一种，每个数据表只能有一个主键，创建主键索引时使用“Primary Key”关键字。

4）全文索引

MySQL 支持全文（Fulltext）索引，全文索引只能在 Varchar 或 Text 类型的字段上创建，并且只能在 MyISAM 表中创建。它可以通过 Create Table 命令创建，也可以通过 Alter Table 或 Create Index 命令创建。

由于索引是作用在字段上的，因此，索引可以由单个字段组成，也可以由多个字段组成，单个字段组成的索引称为单字段索引，多个字段组成的索引称为组合索引。

4．SQL 的语言类型及常用的语句

SQL 的语言类型及常用的语句如表 4-3 所示。

表 4-3　SQL 的语言类型及常用的语句

语言类型	功能描述	常用语句
数据定义语言	用于创建、修改和删除数据库对象，这些数据库对象主要包括：数据库、数据表、视图、索引、函数、存储过程、触发器等	Create 语句用于创建对象，Alter 语句用于修改对象，Drop 语句用于删除对象
数据操纵语言	用于操纵和管理数据表和视图，包括查询、插入、更新和删除数据表中的数据	Select 语句用于查询表或视图中的数据，Insert 语句用于向表或视图中插入数据，Update 语句用于更新表或视图中的数据，Delete 语句用于删除表或视图中的数据
数据控制语言	用于设置或者更改数据库用户的权限	Grant（授予）用于授予用户某个权限，Revoke（撤销）用于撤销用户的某个权限

4.1 创建单表基本查询

【任务 4-1】使用 Navicat 图形管理工具实现查询操作

【任务描述】

在【Navicat for MySQL】图形化环境中创建、运行查询，查询“用户表”中所有的记录，要求将该表各个字段的别名设置为“用户编号”、“用户名”和“密码”。

【任务实施】

（1）启动图形管理工具【Navicat for MySQL】，打开连接 better，打开数据库“book”。

（2）单击【Navicat for MySQL】工具栏中的【查询】按钮，显示查询对象。

（3）单击【新建查询】按钮，显示【查询编辑器】和【查询创建工具】选项卡，如图 4-1 所示。

在【查询创建工具】选项卡中，左侧为数据库中的数据表列表，右下方提供了查询语句的模板，如图 4-2 所示。

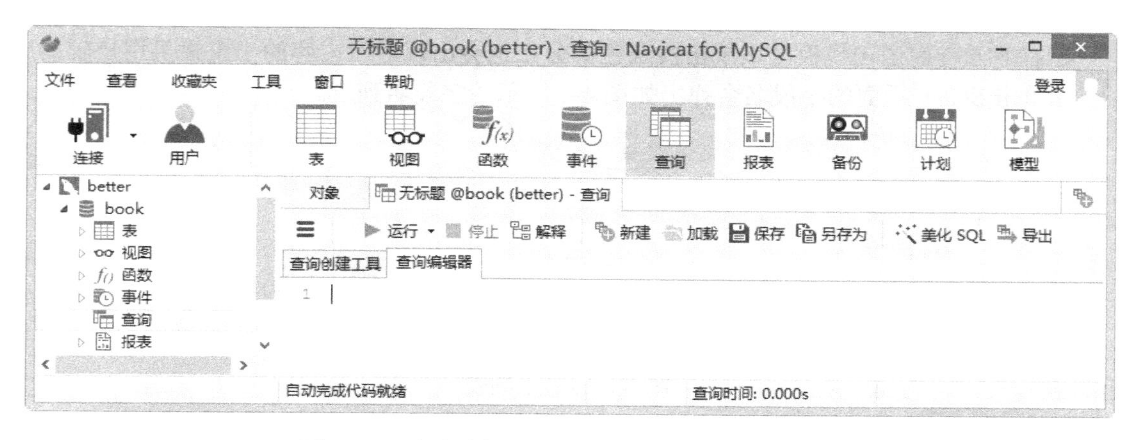

图 4-1　【查询编辑器】和【查询创建工具】选项卡

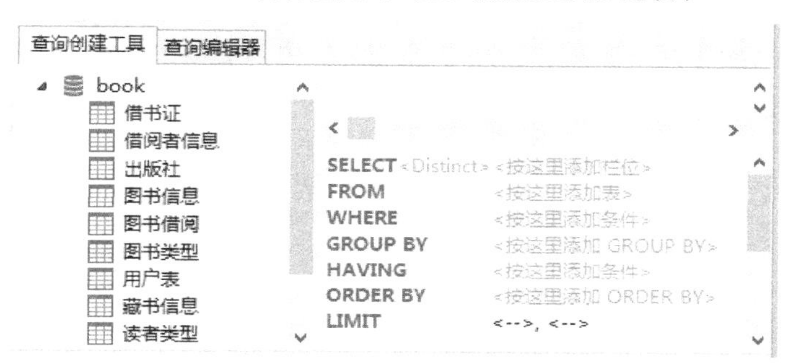

图 4-2　【查询创建工具】选项卡

（4）选择创建查询的数据表及其字段。在【查询创建工具】左侧数据表列表中双击数据表“用户表”，在右上方弹出“用户表”数据表供字段选择，这里分别选择“ListNum”、“Name”和“UserPassword”，同时在下方查询语句模板区域自动生成了对应的SQL语句，如图4-3所示。

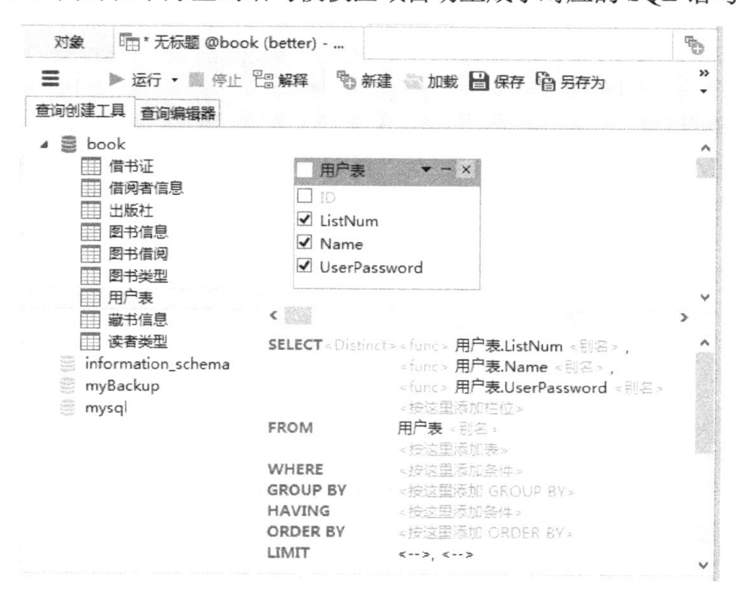

图 4-3　在【查询创建工具】中选择查询的数据表和字段

在右下方查询语句模板区域单击浅灰色部分，也会出现对应内容的小窗格供用户辅助选择，如单击 Select 后面的字段名会弹出如图 4-4 所示的字段名列表。

图 4-4　字段名列表

（5）在查询语句模板区域设置别名。由于“用户表”的字段名为英文名，如果需要设置中文名，则可以在查询语句模板区域单击“<别名>”位置，在弹出的文本框中输入中文别名，然后单击【确定】按钮关闭文本框，这里分别输入“用户编号”、“用户名”和“密码”。查询“用户表”的 SQL 语句如图 4-5 所示。

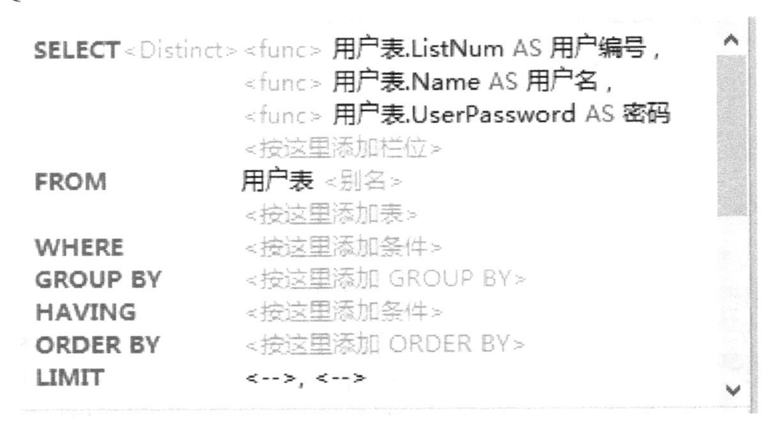

图 4-5　查询“用户表”的 SQL 语句

（6）保存创建的查询。在工具栏中单击【保存】按钮 保存，打开【查询名】对话框，在该对话框的“输入查询名”文本框中输入“查询 0401”，如图 4-6 所示，单击“确定”按钮保存刚才创建的查询。

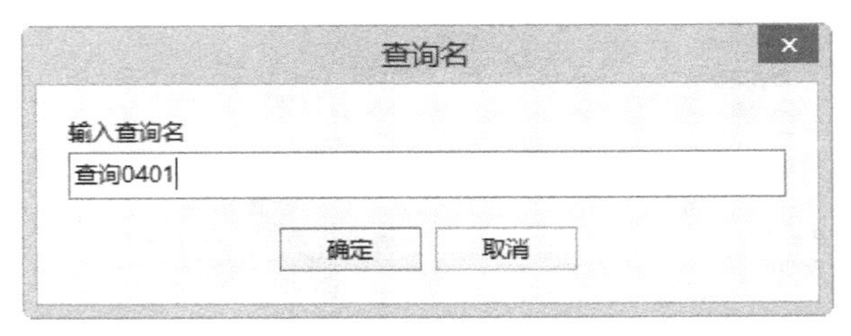

图 4-6　【查询名】对话框

（7）在【查询编辑器】中查看 SQL 语句。在工具栏中单击【解释】按钮 解释，选择【查询编辑器】选项卡，并可以查看 SQL 语句，如图 4-7 所示。

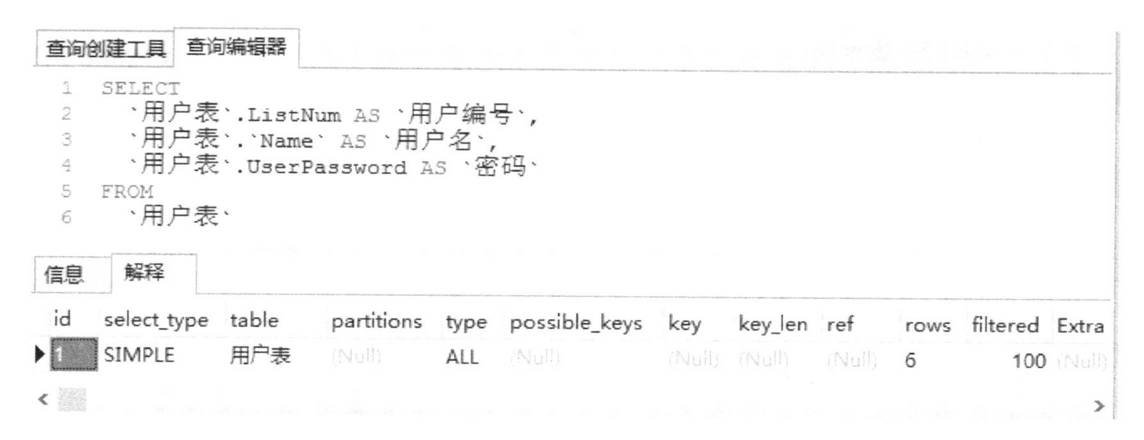

图 4-7　在“查询编辑器”中查看 SQL 语句

（8）运行查询。在工具栏中单击【运行】按钮▶运行，执行查询。

【任务 4-2】 查询时选择与设置列

Select 语句使用通配符“*”选择数据表中所有的字段，使用“All”选择所有记录，“All”一般省略不写。Select 关键字与第一个字段名之间使用半角空格分隔，可以使用多个半角空格，其效果等效于一个空格。SQL 语句中各部分之间必须使用空格分隔，SQL 语句中的空格必须是半角空格，如果输入全角空格，则会出现错误提示信息。

注 意

SQL 查询语句中尽量避免使用“*”表示输出所有的字段，其原因是使用“*”输出所有的字段，不利于代码的维护，该语句并没有表明，哪些字段正在实际使用，这样当数据库的模式发生改变时，不容易知道已编写的代码将会怎样改变。所以明确地指出要在查询中使用的字段可以增加代码的可读性，并且代码更易维护。当对表的结构不太清楚时，或要快速查看表中的记录时，使用“*”表示输出所有列是很方便的。

使用 Select 语句查询时，返回结果中的列标题与表或视图中的列名相同。查询时可以使用“As”关键字来为查询中的字段或表达式指定标题名称，这些名称既可以用来改善查询输出的外观，又可以用来为一般情况下没有标题名称的表达式分配名称，称为别名。使用 As 为字段或表达式分配标题名称，只是改变输出结果中的列标题的名称，对该列显示的内容没有影响。使用 As 为字段和表达式分配标题名称相当于实际的列名，是可以再被其他的 SQL 语句使用的。

在查询中经常需要对查询结果数据进行再次计算处理，在 MySQL 中允许直接在 Select 子句中对列进行计算。运算符主要包括+（加）、-（减）、×（乘）、/（除）等。计算列并不存在于数据表中，它是通过对某些列的数据进行计算得到的。

Select 语句中 Select 关键字后面可以使用表达式作为检索对象，表达式可以出现在检索的字段列表的任何位置，如果表达式是数学表达式，则显示的结果是数学表达式的计算结果。要求计算每一种图书的总金额，可以使用表达式“价格*数量”来计算，并且使用“金额”作为输出结果的列标题。如果没有为计算列指定列名，则返回的结果是看不到列标题的。

【任务 4-2-1】 查询所有字段

 【任务描述】

查询“读者类型”数据表所有的字段。

 【任务实施】

首先打开 Windows 命令行窗口，登录 MySQL 服务器，然后使用“Use book；”语句选择数据库 book。

查询对应的 SQL 语句如下：

```
select * from 读者类型 ;
```

查询的运行结果如图 4-8 所示。

读者类型编号	读者类型名称	限借数量	限借期限	续借次数	借书证有效期	超期日罚金
1	系统管理员	30	360	5	5	1
2	图书管理员	20	180	5	5	1
3	特殊读者	30	360	5	5	1
4	一般读者	20	180	3	3	1
5	教师	30	360	5	5	1
6	学生	10	180	2	3	1

6 rows in set (0.00 sec)

图 4-8 【任务 4-2-1】查询的运行结果

【任务 4-2-2】 查询指定字段

要查询指定的字段时，只需要在 Select 子句后面输入相应的字段名，就可以把指定的字段值从数据表中检索出来。当目标字段不只一个时，使用半角逗号“,”隔开。

 【任务描述】

查询“读者类型”数据表中所有的记录，查询结果只包含“读者类型名称”、“限借数量”和“限借期限”3 列数据。

 【任务实施】

查询对应的 SQL 语句如下：

```
select 读者类型名称, 限借数量, 限借期限 from 读者类型;
```

查询的运行结果如图 4-9 所示。

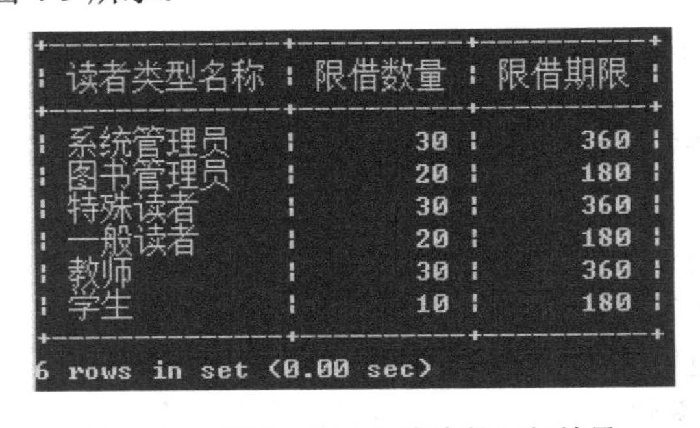

读者类型名称	限借数量	限借期限
系统管理员	30	360
图书管理员	20	180
特殊读者	30	360
一般读者	20	180
教师	30	360
学生	10	180

6 rows in set (0.00 sec)

图 4-9 【任务 4-2-2】查询的运行结果

【任务 4-2-3】 查询经过计算后的字段

 【任务描述】

从“藏书信息”数据表中查询图书借出数量，查询结果包含“ISBN 编号”、“总藏书量”、

“馆内剩余”和“借出数量”。其中，“借出数量”为计算字段，计算公式为“总藏书量-馆内剩余”。

【任务实施】

查询对应的 SQL 语句如下：

```
Select ISBN 编号,总藏书量,馆内剩余,总藏书量-馆内剩余 As 借出数量
From 藏书信息 ;
```

查询的运行结果如图 4-10 所示。

ISBN编号	总藏书量	馆内剩余	借出数量
9787501163723	50	32	18
9787207058594	10	8	2
978753573880X	10	6	4
9787543836165	20	15	5
9787100034159	20	12	8
9787562136300	10	6	4
9787010184249	30	18	12
9787030112520	10	10	0

图 4-10 【任务 4-2-3】查询的运行结果

【任务 4-2-4】 查询数据时使用别名

【任务描述】

查询“图书信息”数据表中的全部图书，查询结果只包含“ISBN 编号”、“图书名称”和“出版社 ID”3 列数据，要求这 3 个字段输出时分别以“ISBN”、“bookName”和“publishingHouse”英文名称作为其标题。

【任务实施】

查询对应的 SQL 语句如下：

```
Select ISBN 编号 As ISBN,图书名称 As bookName,出版社 ID As publishingHouse From 图书信息 ;
```

查询的运行结果如图 4-11 所示。

ISBN	bookName	publishingHouse
9787121201478	Oracle 11g数据库应用、设计与管理	4
9787040393293	实用工具软件任务驱动式教程	1
9787040302363	网页美化与布局	1
9787115217806	UML与Rose软件建模案例教程	2
9787115374035	跨平台的移动Web开发实战	2
9787121052347	数据库应用基础实例教程	4

图 4-11 【任务 4-2-4】查询的运行结果

【任务 4-3】 查询时选择行

Where 子句后面是一个逻辑表达式表示的条件，用来限制 Select 语句检索的记录，即查询结果中的记录都应该是满足该条件的记录。使用 Where 子句并不会影响所要检索的字段，Select 语句要检索的字段由 Select 关键字后面的字段列表决定。数据表中所有的字段都可以出现在 Where 子句的表达式中，不管它是否出现在要检索的字段列表中。

Where 子句后面的逻辑表达式中可以使用以下各种运算符。

（1）比较运算符（=、<>、!=、、<、>、<=、>=、<=>等）。

对于比较运算符“=”就是比较两个值是否相等，若相等，则表达式的计算结果为“逻辑真”。当比较运算符连接的数据类型不是数字时，要用单引号把比较运算符后面的数据引起来，并且运算符两边表达式的数据类型必须保持一致。

（2）逻辑运算符（And 或&&、Or 或||、Not 或!、Xor）。

逻辑与 And 表示多个条件都为真时才返回结果，逻辑或 Or 表示多个条件中有一个条件为真就返回结果，逻辑非 Not 表示当表达式不成立时才返回结果。

（3）模糊匹配运算符（Like、Not Like）。

在 Where 子句中，使用字符匹配符 Like 或 Not Like 可以把表达式与字符串进行比较，从而实现模糊查询。所谓模糊查询就是查找数据表中与用户输入关键字相近或相似的记录信息。模糊匹配通常与通配符一起使用，使用通配符时必须将字符串和通配符都用单引号引起来。MySQL 提供了如表 4-4 所示的通配符。

表 4-4　模糊匹配的通配符

通　配　符	含　　义	示　　例
%	表示 0～n 个任意字符	'XY%'：匹配以 XY 开始的任意字符串。'%X'：匹配以 X 结束的任意字符。'X%Y'：匹配包含 XY 的任意字符串
_	表示单个任意字符	'_X'：匹配以 X 结束的 2 个字符的字符串

（4）范围运算符（Between、Not Between、In、Not In）。

Where 子句中可以使用范围运算符指定查询范围，当要查询的条件是某个值的范围时，可以使用 Between 关键字。

在 Where 子句中，使用 In 关键字可以方便地限制检查数据的范围，灵活使用 In 关键字，可以使用简洁的语句实现结构复杂的查询。使用 In 关键字可以确定表达式的取值是否属于某一值列表，当与值表中的任一个匹配时，即返回 True，否则返回 False。同样，如果查询表达式不属于某一值列表时可使用 Not In 关键字。

（5）空值比较运算符（Is Null、Is Not Null）。

（6）子查询比较运算符（All、Any、Some）。

Where 子句后面的逻辑表达式中可以包含数字、货币、字符/字符串、日期/时间等类型的字段和常量。对于日期时间类型的常量必须使用单引号（''）作为标记，如'1/1/2016'；对于字符/字符串类型的常量（即字符串）必须使用单引号（''）作为标记，如'电子工业出版社'。

【任务 4-3-1】　使用 Where 条件筛选记录

【任务描述】

（1）从“图书信息”数据表中检索作者为“陈承欢”的图书信息。

（2）从“图书信息”数据表中检索 2015 年之后出版的图书信息。

以上两项查询的结果只需包含“ISBN 编号”、“图书名称”、“作者”、“出版日期”4 个字段。

【任务实施】

第 1 项任务对应的 SQL 查询语句如下：

```
Select ISBN 编号,图书名称,作者,出版日期 From 图书信息 Where 作者='陈承欢';
```

第2项任务对应的SQL查询语句如下：

```
Select ISBN 编号,图书名称,作者,出版日期 From 图书信息
                    Where Year(出版日期)>2015 ;
```

查询语句中的函数Year()返回指定日期的“年”部分的整数。

【任务4-3-2】 查询结果不重复

由于“图书信息”数据表中“图书类型”字段包括了大量的重复值，一种图书类型包含多种图书，为了剔除查询结果中的重复记录，值相同的记录只返回其中的第一条记录，可以使用Distinct关键字实现本查询要求。使用Distinct关键字时，如果表中存在多个为Null的记录，则它们将作为重复值处理。

【任务描述】

从“图书信息”数据表中检索所有图书的图书类型，并消去重复记录。

【任务实施】

查询对应的SQL语句如下：

```
Select Distinct 图书类型 From 图书信息 ;
```

查询的运行结果如图4-12所示。

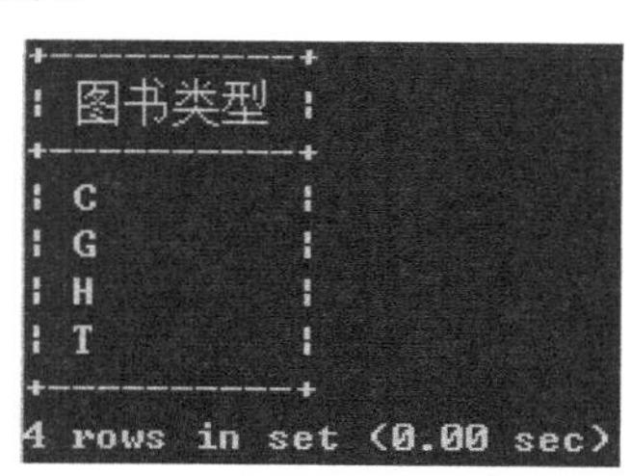

```
+----------+
| 图书类型 |
+----------+
| C        |
| G        |
| H        |
| T        |
+----------+
4 rows in set (0.00 sec)
```

图4-12　【任务4-3-2】查询的运行结果

由于“图书信息”数据表中只有4种不同类型的图书，所以该查询语句只返回4条记录。

【任务4-3-3】 使用Limit关键字查询限定数量的记录

查询数据时，可能会查询出很多的记录，而用户需要的记录可能只是很少的一部分，这样就需要限制查询结果的数量。Limit是MySQL中的一个特殊关键字，它可以用来指定查询结果从哪一条记录开始显示，也可以指定一共显示多少条记录。Limit关键字有两种使用方式。

（1）不指定初始位置：Limit关键字不指定初始位置时，记录从第1条记录开始显示，显示记录的数量由Limit关键字指定，其语法格式如下：

```
Limit <记录数量>
```

其中，“记录数量”参数表示显示记录的数量。如果指定的“记录数量”的值小于数据表的总记录数，将会从第1条记录开始，显示指定数量的记录。如果指定的“记录数量”的值大于数据表的总记录数，则会直接显示数据表中的所有记录。

（2）指定初始位置：Limit关键字可以指定从哪一条记录开始显示，并且可以指定显示多少条记录。其语法格式如下：

```
Limit <初始位置> , <记录数量>
```

其中，“初始位置”参数指定从哪一条记录开始显示，“记录数量”参数表示显示记录的数量。第1条记录的位置是0，第2条记录的位置是1，后面记录的顺序号依次类推。“Limit 0,2”与“Limit 2”的参数含义是等价的，都是显示前两条记录。

【任务描述】

（1）从“图书信息”数据表中检索前 5 种图书的数据。

（2）从“图书信息”数据表中检索第 2 种～第 4 种图书的数据。

以上两项查询的结果只需包含“ISBN 编号”、“图书名称”2 个字段。

【任务实施】

（1）从“图书信息”数据表中检索前 5 种图书的数据对应的 SQL 语句如下：

```
Select  ISBN 编号, 图书名称  From 图书信息  Limit 5;
```

查询的运行结果如图 4-13 所示。

```
+---------------+----------------------------------+
| ISBN编号      | 图书名称                         |
+---------------+----------------------------------+
| 9787121201478 | Oracle 11g数据库应用、设计与管理 |
| 9787040393293 | 实用工具软件任务驱动式教程       |
| 9787040302363 | 网页美化与布局                   |
| 9787115217806 | UML与Rosc软件建模案例教程        |
| 9787115374035 | 跨平台的移动Web开发实战          |
+---------------+----------------------------------+
5 rows in set (0.00 sec)
```

图 4-13　查询“图书信息”数据表中前 5 种图书的数据

（2）从“图书信息”数据表中检索第 2 种～第 4 种图书的数据对应的 SQL 语句如下：

```
Select  ISBN 编号, 图书名称  From 图书信息  Limit 1 , 3 ;
```

查询的运行结果如图 4-14 所示。

```
+---------------+----------------------------+
| ISBN编号      | 图书名称                   |
+---------------+----------------------------+
| 9787040393293 | 实用工具软件任务驱动式教程 |
| 9787040302363 | 网页美化与布局             |
| 9787115217806 | UML与Rosc软件建模案例教程  |
+---------------+----------------------------+
3 rows in set (0.00 sec)
```

图 4-14　查询“图书信息”数据表中第 2 种～第 4 种图书的数据

由于记录的开始位置处“0”表示第 1 条记录，所以第 2 种图书的位置序号为“1”。

【任务 4-3-4】 使用聚合函数查询

聚合函数对一组数据值进行计算并返回单一值，所以也被称为组合函数。Select 子句中可以使用聚合函数进行计算，计算结果作为新列出现在查询结果集中。在聚合运算的表达式中，可以包括字段名、常量以及由运算符连接起来的函数。常用的聚合函数如表 4-5 所示。

表 4-5　常用的聚合函数

函 数 名	功　能	函 数 名	功　能
Count(*)	统计数据表中的总记录数	Count	统计满足条件的记录数
Avg	计算各个字段值的平均值	Sum	计算所有字段值的总和
Max	计算表达式的最大值	Min	计算表达式的最小值

在使用聚合函数时，Count、Sum、Avg 可以使用 Distinct 关键字，以保证计算时不包含重复的行。

【任务描述】

（1）从“图书信息”数据表中查询价格在“20 元”至“45 元”的图书种数。

（2）从“藏书信息”数据表中查询图书的藏书总数量。

（3）从“藏书信息”数据表中查询无重复的藏书位置的数量。

（4）从“图书信息”数据表中查询图书的最高价、最低价和平均价格。

【任务实施】

（1）第 1 项任务查询对应的 SQL 语句如下：

```
Select COUNT(*) As 图书种数 From 图书信息 Where 价格 Between 20 And 45 ;
```

查询语句中使用 COUNT(*)统计数据表中符合条件的记录数。

查询的运行结果如图 4-15 所示。

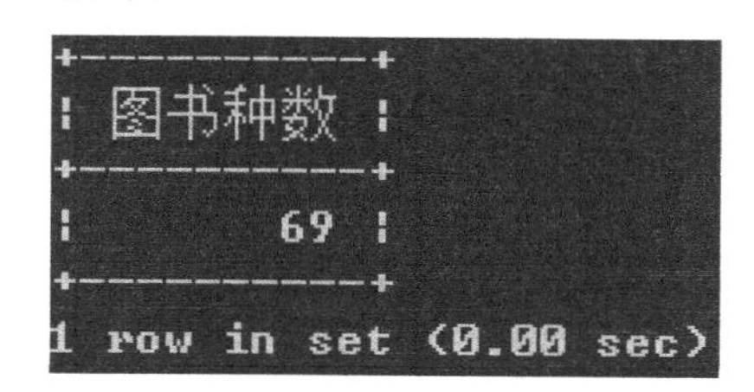

图 4-15　从“图书信息”数据表中查询价格在“20 元”至“45 元”的图书种数

（2）第 2 项任务查询对应的 SQL 语句如下：

```
Select SUM(总藏书量) As 藏书总数量 From 藏书信息 ;
```

查询语句利用函数 SUM(总藏书量)计算藏书总数量。

查询的运行结果如图 4-16 所示。

图 4-16　从“藏书信息”数据表中查询图书的藏书总数量

（3）第 3 项任务查询对应的 SQL 语句如下：

```
Select Count(Distinct(藏书位置)) As 藏书位置数量 From 藏书信息 ;
```

查询语句中利用函数 Count()计算数据表特定字段中值的数量，还利用 Distinct 关键字控制计算结果不包含重复的行。

查询的运行结果如图 4-17 所示。

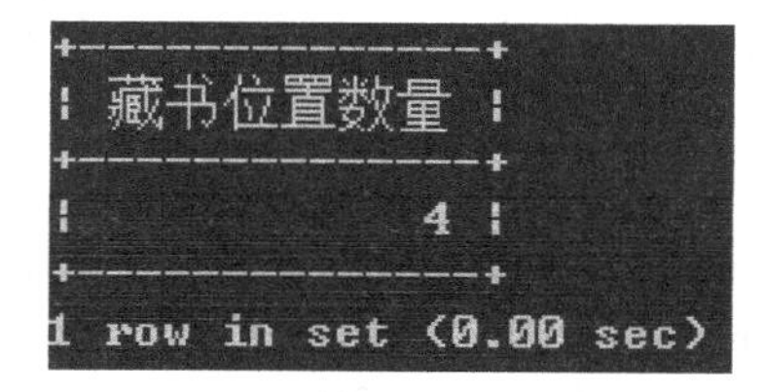

图 4-17　从“藏书信息”数据表中查询无重复的藏书位置的数量

（4）第 4 项任务查询对应的 SQL 语句如下：

```
Select MAX(价格) As 最高价, MIN(价格) As 最低价, AVG(价格) As 平均价
  From 图书信息 ;
```

查询语句中利用 MAX()函数计算最高价，利用 MIN()函数计算最低价，利用 AVG()函数计算平均价格。

查询的运行结果如图 4-18 所示。

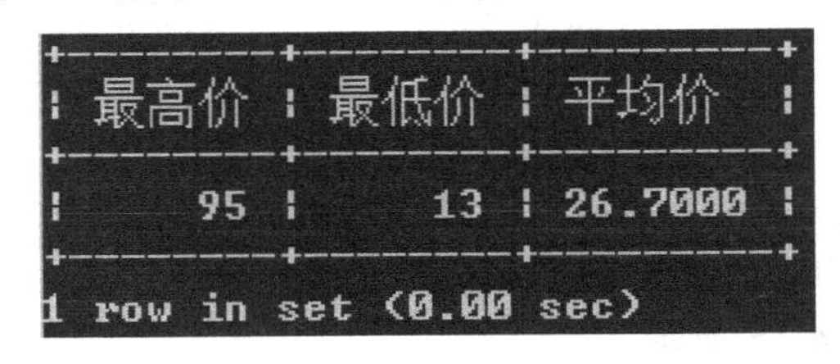

```
+--------+--------+---------+
| 最高价 | 最低价 | 平均价  |
+--------+--------+---------+
|     95 |     13 | 26.7000 |
+--------+--------+---------+
1 row in set (0.00 sec)
```

图 4-18　从“图书信息”数据表中查询图书的最高价、最低价和平均价格

【任务 4-3-5】 使用 And 创建多条件查询

【任务描述】

从“图书信息”数据表中检索作者为“陈承欢”，并且出版日期在“2015”年之后的图书信息，查询结果要求只需包含“ISBN 编号”、“图书名称”、“作者”和“出版日期”4 个字段。

【任务实施】

查询对应的 SQL 语句如下：

```
Select ISBN 编号,图书名称,作者,出版日期 From 图书信息
       Where 作者='陈承欢' And Year(出版日期)>2015 ;
```

该查询语句必须两个简单查询条件同时成立时才返回结果。

【任务 4-3-6】 使用 Or 创建多条件查询

【任务描述】

从“图书信息”数据表中检索作者为“陈承欢”或者出版日期在“2016-9-1”之后的图书信息，查询结果要求只需包含“ISBN 编号”、“图书名称”、“作者”和“出版日期”4 个字段。

【任务实施】

查询对应的 SQL 语句如下：

```
Select ISBN 编号,图书名称,作者,出版日期 From 图书信息
       Where 作者='陈承欢' Or 出版日期>'2016-9-1' ;
```

该查询语句的两个简单查询条件有一个成立或者两个都成立时才返回结果。

【任务 4-3-7】 使用 Between And 创建范围查询

【任务描述】

从“图书信息”数据表中检索出版日期为“2015-10-1”～“2016-2-1”的图书信息，查询结果要求只需包含“ISBN 编号”、“图书名称”和“出版日期”3 个字段。

【任务实施】

查询对应的 SQL 语句如下：

```
Select ISBN 编号,图书名称,出版日期 From 图书信息 Where 出版日期
       Between '2015-10-1' And '2016-2-1' ;
```

查询条件中的表达式“出版日期 Between '2015-10-1' And '2016-2-1'”也可以用表达式“出版日期 >='2015-10-1' And 出版日期<='2016-2-1'”来代替。

使用日期作为范围条件时，应使用半角单引号引起来，使用的日期格式一般是“年-月-日”。

查询的运行结果如图 4-19 所示。

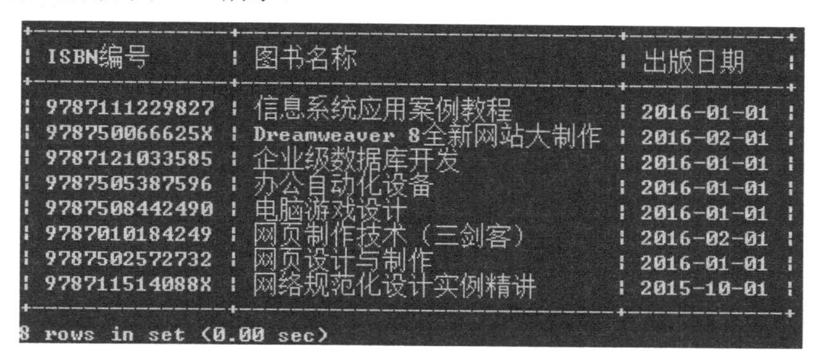

ISBN编号	图书名称	出版日期
9787111229827	信息系统应用案例教程	2016-01-01
978750066625X	Dreamweaver 8全新网站大制作	2016-02-01
9787121033585	企业级数据库开发	2016-01-01
9787505387596	办公自动化设备	2016-01-01
9787508442490	电脑游戏设计	2016-01-01
9787010184249	网页制作技术（三剑客）	2016-02-01
9787502572732	网页设计与制作	2016-01-01
978711514088X	网络规范化设计实例精讲	2015-10-01

8 rows in set (0.00 sec)

图 4-19 【任务 4-3-7】查询的运行结果

【任务 4-3-8】 使用 In 关键字创建查询

【任务描述】

从“图书信息”数据表中检索出“陈承欢”、“陈启安”、“陈海林”三位作者编写的图书信息，查询结果要求只需包含“ISBN 编号”、“图书名称”和“作者”3 个字段。

【任务实施】

查询对应的 SQL 语句如下：

```
Select ISBN 编号,图书名称,作者 From 图书信息 Where 作者
    In ('陈承欢','陈启安','陈海林') ;
```

查询条件中的表达式“作者 In ('陈承欢','陈启安','陈海林')”也可以用表达式“(作者='陈承欢') Or (作者='陈启安') Or (作者='陈海林')”代替，但使用 In 关键字时表达式简单且可读性更好。在 Where 子句中使用 In 关键字时，如果值列表有多个，则使用半角逗号分隔，并且值列表中不允许出现 Null 值。

【任务 4-3-9】 使用 Like 创建字符匹配查询

【任务描述】

（1）从“图书信息”数据表中检索出作者姓“陈”的图书信息。

（2）从“图书信息”数据表中检索出作者姓名只有 3 个汉字并且姓“李”的图书信息。

查询结果要求只需包含“ISBN 编号”、“图书名称”和“作者”3 个字段。

【任务实施】

第 1 项任务对应的 SQL 查询语句如下：

```
Select ISBN 编号,图书名称,作者 From 图书信息 Where 作者 Like '陈%' ;
```

该查询语句的查询条件表示匹配“作者”字段第 1 个字是“陈”，长度为任意个字符。

第 2 项任务对应的 SQL 查询语句如下：

```
Select ISBN 编号,图书名称,作者 From 图书信息 Where 作者 Like '李__' ;
```

作者姓名为 3 个汉字应使用 3 个“_”通配符，由于要求查询结果包含姓“李”的作者，所以第 1 个字符使用汉字“李”，后面只需要 2 个“_”通配符即可。

【任务 4-3-10】 创建搜索空值的查询

 【任务描述】

从“图书信息”数据表中检索“版次”不为空的图书信息，查询结果只包括“ISBN 编号”、“图书名称”、“版次”3 个字段。

 【任务实施】

在 Where 子句中使用 Is Null 条件可以查询数据表中为 Null 的值，使用 Is Not Null 可以查询数据表中不为 Null 的值。

查询对应的 SQL 语句如下：

```
Select ISBN 编号,图书名称,版次 From 图书信息 Where 版次 Is Not Null ;
```

【任务 4-4】 对查询结果进行排序

从数据表中查询数据，结果是按照数据被添加到数据表时的顺序显示的，在实际编程时，需要按照指定的字段进行排序显示，这就需要对查询结果进行排序。

使用 Order By 子句可以对查询结果集的相应列进行排序，排序方式分为升序和降序，ASC 关键字表示升序，DESC 关键字表示降序，默认情况下为 ASC，即按升序排列。Order By 子句可以同时对多个列进行排序，当有多个排序列时，每个排序列之间用半角逗号分隔，而且每个排序列后可以跟一个排序方式关键字。多列进行排序时，会先按第 1 列进行排序，再使用第 2 列对前面的排序结果中相同的值进行排序。

使用 Order By 子句查询时，若存在 Null 值，则按照升序排序时含 Null 值的记录在最后显示，按照降序排序时则在最前面显示。

 【任务描述】

（1）从“图书信息”数据表中检索价格在 30 元以上的图书信息，要求按价格的升序输出。

（2）从“图书信息”数据表中检索 2016-9-1 以后出版的图书信息，要求按作者姓名降序输出。

（3）从“图书信息”数据表中检索所有的图书信息，要求按出版日期升序输出，出版日期相同的按价格降序输出。

查询结果只包括“ISBN 编号”、“图书名称”、“作者”、“价格”和“出版日期”5 个字段。

【任务实施】

第 1 项任务对应的 SQL 查询语句如下：

```
Select ISBN 编号,图书名称,作者,价格,出版日期 From 图书信息
        Where 价格>30 Order By 价格 ;
```

该 Order By 子句省略了排序关键字，表示按升序排列，即价格低的图书排在前面，价格高的图书排在后面。

第 2 项任务对应的 SQL 查询语句如下：

```
Select ISBN 编号,图书名称,作者,价格,出版日期 From 图书信息 Where 出版日期> '2016-9-1' Order
By 作者 DESC ;
```

该 Order By 子句中排序关键字为 DESC，即按作者姓名拼音字母降序排列，如“向传杰”排在“王付华”之前。

第 3 项任务对应的 SQL 查询语句如下：

```
Select ISBN 编号,图书名称,作者,价格,出版日期 From 图书信息 Order By 出版日期 ASC,价格
DESC ;
```

该 Order By 子句中第 1 个排序关键字为 ASC，第 2 个排序关键字为 DESC，表示先按“出版日期”升序排列，即出版日期早的排在前面，出版日期晚的排在后面，当出版日期相同时，价格高的排在前面，价格低的排在后面。

【任务 4-5】 查询时数据的分组与汇总

一般情况下，使用统计函数返回的是所有行数据的统计结果，如果需要按某一列数据值进行分类，在分类的基础上再进行查询，就要使用 Group By 子句。如果要对分组或聚合指定查询条件，则可以使用 Having 子句，该子句用于限定对统计组的查询，一般与 Group By 子句一起使用，对分组数据进行过滤。

【任务描述】

（1）在“图书信息”数据表中统计各个出版社出版的图书的平均定价和图书种数。

（2）在“图书信息”数据表中查询图书平均定价高于 20 元，并且图书种数在 6 种以上的出版社，查询结果按平均定价降序排列。

【任务实施】

第 1 项任务对应的 SQL 查询语句如下：

```
Select 出版社 ID,AVG(价格) As 平均定价,COUNT(*) As 图书种数 From 图书信息
       Group By 出版社 ID ;
```

该查询语句先对图书按出版社进行分组，然后计算各组的平均价格并统计各组的图书种数。

第 2 项任务对应的 SQL 查询语句如下：

```
Select 出版社 ID,AVG(价格) As 平均定价,COUNT(*) As 图书种数 From 图书信息
       Group By 出版社 ID  Having AVG(价格)>20 And COUNT(*)>6
       Order By 平均定价 DESC ;
```

从逻辑上来看，该查询语句的执行顺序如下。

（1）执行 From 图书信息，把图书信息数据表中的数据全部检索出来。

（2）对上一步中的数据按 Group By 出版社进行分组，计算每一组的平均价格和图书种数。

（3）执行 Having AVG(价格)>20 And COUNT(*)>6 子句，对上一步中的分组数据进行过滤，只有平均价格高于 20 元并且图书种数超过 6 的数据才能出现在最终的结果集中。

（4）对上一步获得的结果进行降序排列。

（5）按照 Select 子句指定列输出结果。

4.2 创建多表连接查询

前面主要介绍了在 1 张数据表中进行查询，在实际查询中，例如，查询图书的详细清单，包括图书名称、ISBN 编号、出版社名称、图书类型名称、价格和出版日期等信息，就需要在 3 张数据表之间进行查询，应使用连接查询实现。因为“图书信息”数据表中只有“出版社编号”和“图书类型代号”，不包括“出版社名称”和“图书类型名称”，“出版社名称”在“出版社”数据表中，“图书类型名称”在“图书类型”数据表中。

实现从两个或两个以上数据表中查询数据且结果集中出现的字段来自于两个或两个以上的数据表的检索操作称为连接查询。连接查询实际上是通过各个数据表之间的共同字段的相关性来查询数据的，首先要在这些数据表中建立连接，然后从数据表中查询数据。

连接的类型分为内连接、外连接和交叉连接。其中，外连接包括左外连接、右外连接和全外连接3种。

连接查询的格式有如下两种。

格式一：

```
Select <输出字段或表达式列表>
From <表 1> ，<表 2>
[Where <表 1.列名>  <连接操作符>  <表 2.列名>]
```

连接操作符可以是=、<>、!=、>、<、<=、>=，当操作符是“=”时表示等值连接。

格式二：

```
Select <输出字段或表达式列表>
From <表 1>  <连接类型>  <表 2>  [On (<连接条件>)]
```

连接类型用于指定所执行的连接类型，内连接为Inner Join，外连接为Out Join，交叉连接为Cross Join，左外连接为Left Join，右外连接为Right Join，完整外连接为Full Join。

在<输出字段或表达式列表>中使用多个数据表来源且有同名字段时，就必须明确定义字段所在的数据表名称。

交叉连接又称为笛卡儿积，返回的结果集的行数等于第1个数据表的行数乘以第2个数据表的行数。例如，“图书类型”数据表有23条记录，“图书信息”数据表有100条记录，那么交叉连接的结果集会有2300（23×100）条记录。交叉连接使用Cross Join关键字来创建。交叉连接只用于测试一个数据库的执行效率，在实际应用中使用机会较少。

【任务4-6】创建基本连接查询

基本连接操作就是在Select语句的字段名或表达式列表中引用多个数据表的字段，其From子句中用半角逗号“,”将多个数据表的名称分隔。使用基本连接操作时，一般使用主表中的主键字段与从表中的外键字段保持一致，以保持数据的参照完整性。

【任务描述】

（1）在数据库book中，从“图书信息”和“出版社”两个数据表中查询“电子工业出版社”所出版图书的详细信息。要求查询结果中包含ISBN编号、图书名称、出版社名称、出版日期等字段。

（2）在数据库book中，从“藏书信息”、“图书信息”和“出版社”3个数据表中查询总藏书数量超过20本的图书的详细信息。要求查询结果中包含图书编号、ISBN编号、图书名称、出版社名称、总藏书量等字段。

【任务实施】

1. 两个数据表之间的连接查询

第1项任务对应的SQL查询语句如下：

```
Select  图书信息.ISBN 编号, 图书信息.图书名称,
        出版社.出版社名称, 图书信息.出版日期
From    图书信息 , 出版社
Where   图书信息.出版社 ID = 出版社.出版社 ID
```

```
        And 出版社.出版社名称='电子工业出版社';
```

在上述的Select语句中，Select子句列表中的每个字段名前都指定了源表的名称，以确定每个字段的来源。在From子句中列出了两个源表的名称"图书信息"和"出版社"，使用半角逗号","隔开，Where子句中创建了一个等值连接。

为了简化SQL查询语句，增强可读性，在上述Select语句中使用As关键字为数据表指定别名，也可以省略As关键字。"图书信息"的别名为"b"，"出版社"的别名为"p"，使用别名的SQL查询语句如下所示，其查询结果与前一条查询语句完全相同。

```
Select  b.ISBN编号, b.图书名称, p.出版社名称, b.出版日期
From    图书信息 As b,出版社 As p
Where   b.出版社ID = p.出版社ID And p.出版社名称='电子工业出版社';
/*由于"图书信息"和"出版社"两个数据表没有同名字段，上述查询语句各个字段名之前的表名省略也可以，不会产生歧义，查询结果也相同。省略表名的查询语句如下所示*/
Select ISBN编号,图书名称,出版社名称,出版日期
From    图书信息 ，出版社
Where   图书信息.出版社ID = 出版社.出版社ID
        And 出版社名称='电子工业出版社';
```

为了增强SQL查询语句的可读性，避免产生歧义，多表查询时最好保留字段名称前面的表名。

2. 多表连接查询

在多个数据表之间创建连接查询与在两个数据表之间创建连接查询相似，只是在Where子句中需要使用And关键字连接两个连接条件。

第2项任务对应的SQL查询语句如下：

```
Select  藏书信息.图书编号, 藏书信息.ISBN编号, 图书信息.图书名称,
         出版社.出版社名称, 藏书信息.总藏书量
From    藏书信息 ，图书信息 ，出版社
Where   藏书信息.ISBN编号 = 图书信息.ISBN编号
        And 图书信息.出版社ID = 出版社.出版社ID  And 总藏书量>20 ;
```

在上述的Select语句中，From子句中列出了3个源表，Where子句中包含了2个等值连接条件和1个查询条件，当这两个连接条件都为True时，才返回结果。

如果只需查询"电子工业出版社"所出版总藏书数量超过20本图书的信息，则SQL查询语句如下：

```
Select  藏书信息.图书编号, 藏书信息.ISBN编号, 图书信息.图书名称,
        出版社.出版社名称, 藏书信息.总藏书量
From    藏书信息 ，图书信息 ，出版社
Where   藏书信息.ISBN编号 = 图书信息.ISBN编号
        And 图书信息.出版社ID = 出版社.出版社ID  And 总藏书量>20
        And 出版社.出版社名称='电子工业出版社' ;
```

Where子句中包含了两个等值连接条件和两个查询条件。

【任务4-7】 创建内连接查询

内连接是组合两个表的常用方法。内连接使用比较运算符进行多个源表之间数据的比较，并返回这些源表中与连接条件相匹配的数据行。一般使用Join或者Inner Join关键字实现内连接。内连接执行连接查询后，要从查询结果中删除在其他表中没有匹配行的所有记录，所以使用内连接可能不会显示数据表的所有记录。

内连接可以分为等值连接、非等值连接和自然连接。在连接条件中使用的比较操作符为“=”时，该连接操作称为等值连接。在连接条件中使用其他运算符（包括<、>、<=、>=、<>、Between 等）的内连接称为非等值连接。当等值连接中的连接字段相同，并且在 Select 语句中去除了重复字段时，该连接操作称为自然连接。

【任务描述】

（1）创建等值内连接查询。从“借书证”和“图书借阅”两个数据表中查询已办理了借书证，并且使用借书证借阅了图书的借阅者信息，要求查询结果显示姓名、借书证编号、图书编号、借出数量。

（2）创建非等值连接查询。从“图书信息”和“图书类型”两个数据表中查询 2014 年 1 月 1 日到 2016 年 1 月 1 日之间出版的、价格在 30 元以上的“工业技术”类型的图书信息，要求查询结果显示图书名称、价格、出版日期和图书类型名称 4 列数据。

【任务实施】

1. 创建等值内连接查询

第 1 项任务对应的 SQL 查询语句如下：

```
Select 借书证.姓名, 图书借阅.借书证编号, 图书借阅.图书编号, 图书借阅.借出数量
From   借书证   INNER JOIN   图书借阅
       ON   借书证.借书证编号 = 图书借阅.借书证编号 ;
```

有关借书证的数据存放在“借书证”数据表中，有关图书借阅的数据存放在“图书借阅”数据表中，本查询语句涉及“借书证”和“图书借阅”两个数据表，这两个表之间通过共同的字段“借书证编号”连接起来，所以 From 子句为“From 借书证 INNER JOIN 图书借阅 ON 借书证.借书证编号 = 图书借阅.借书证编号”。由于查询的字段来自不同的数据表，故在 Select 子句中需写明源表名。

2. 创建非等值连接查询

第 2 项任务对应的 SQL 查询语句如下：

```
Select 图书信息.图书名称,图书信息.出版日期,图书信息.价格,图书类型.图书类型名称
From    图书信息 INNER JOIN 图书类型
        On 图书信息.图书类型 = 图书类型.图书类型代号
        And 图书信息.出版日期 Between '2014-1-1' And '2016-1-1'
        And 图书信息.价格>30
        And 图书类型.图书类型名称='工业技术' ;
```

由于“出版日期”数据存放在“图书信息”数据表中，“图书类型名称”数据存放在“图书类型”数据表中，本查询需要涉及两个数据表，On 关键字后的连接条件使用了 Between 范围运算符和“>”运算符。

【任务 4-8】 创建外连接查询

在内连接中，只有在两个数据表中匹配的记录才能在结果集中出现。而在外连接中可以只限制一个数据表，而对另一数据不加限制（即所有的行都出现在结果集中）。参与外连接查询的数据表有主从表之分，主表的每行数据去匹配从表中的数据行，如果符合连接条件，则直接返回到查询结果中。如果主表中的行在从表中没有找到匹配的行，那么主表的行仍然保留，相应的，从表中的行被填入 Null 值并返回到查询结果中。

外连接分为左外连接、右外连接和全外连接。只包括左表的所有行，不包括右表的不匹

配行的外连接称为左外连接；只包括右表的所有行，不包括左表的不匹配行的外连接称为右外连接；既包括左表不匹配的行，又包括右表不匹配的行的连接称为全外连接。

【任务描述】

（1）创建左外连接查询。从“图书类型”和“图书信息”两个数据表中查询所有图书类型的图书信息，查询结果显示图书类型名称、图书名称和价格3列数据。

（2）创建右外连接查询。从“图书借阅”和“借书证”两个数据表中查询所有借书证的借书情况，查询结果显示借书证编号、姓名、图书编号和借出数量4列数据。

【任务实施】

1. 创建左外连接查询

在左外连接查询中左表就是主表，右表就是从表。左外连接返回关键字Left Join左边的表中所有的行，但是这些行必须符合查询条件。如果左表的某些数据行没有在右表中找到相应的匹配数据行，则结果集中右表的对应位置填入Null。

第1项任务对应的SQL查询语句如下：

```
Select  图书类型.图书类型名称, 图书信息.图书名称, 图书信息.价格
From    图书类型 left Join 图书信息
        ON 图书类型.图书类型代号 = 图书信息.图书类型 ;
```

在上面的Select语句中，“图书类型”数据表为主表，即左表，“图书信息”数据表为从表，即右表，On关键字后面是左外连接的条件。由于要查询所有的图书类型，所以所有图书类型都会出现在结果集中，同一种图书类型在“图书信息”表中有多条记录的，图书类型会重复出现多次。

2. 创建右外连接查询

在右外连接查询中右表就是主表，左表就是从表。右外连接返回关键字Right Join右边表中所有的行，但是这些行必须符合查询条件。右外连接是左外连接的反向，如果右表的某些数据行没有在左表中找到相应的匹配的数据行，则结果集中左表的对应位置填入Null。

第2项任务对应的SQL查询语句如下：

```
Select  图书借阅.图书编号, 图书借阅.借出数量, 借书证.借书证编号, 借书证.姓名
From    图书借阅 Right Join 借书证
        ON 图书借阅.借书证编号 = 借书证.借书证编号 ;
```

在上面的Select语句中，“借书证”是主表，“图书借阅”是从表，On关键字后面的是右外连接的条件。由于要查询所有借书证的借书情况，所以采用右外连接查询。

【任务4-9】使用Union语句创建多表联合查询

联合查询是指将多个不同的查询结果连接在一起组成一组数据的查询方式。联合查询使用Union关键字连接各个Select子句，联合查询不同于对两个数据表中的字段进行连接查询，而是组合两个数据表中的行。使用Union关键字进行联合查询时，应保证联合的数据表中具有相同数量的字段，并且对应的字段应具有相同的数据类型，或者可以自动将其转换为相同的数据类型。在自动转换数据类型时，对于数值类型，系统将低精度的数据类型转换为高精度的数据类型。

【任务描述】

图书管理数据库中的数据表“借阅者信息”中的数据主要包括教师和学生两大类，而在

教务管理数据库中已有“教师”数据表和“学生”数据表，其中，“教师”数据表包括4个字段，分别为职工编号、姓名、性别和部门名称，“学生”数据表也包括4个字段，分别为学号、姓名、性别和班级名称。使用联合查询将两个数据表的数据合并（教师数据在前，学生数据在后），联合查询时增加1个新列“借阅者类型”，其值分别为“教师”和“学生”，查询结果中“职工编号”和“学号”对应的字段名修改为“借阅者编号”。

【任务实施】

首先将Excel文件“reader04.xls”中的“教师”工作表和“学生”工作表中的数据导入到数据库book中，数据表名称分别为“教师”和“学生”。

对应的SQL查询语句如下：

```
Select 职工编号 As 借阅者编号,姓名,性别,部门名称,'教师' As 借阅者类型
    From 教师
    Union All Select 学号,姓名,性别,班级名称,'学生' From 学生 ;
```

使用Union运算符将两个或多个Select语句的结果组合成一个结果集时，可以使用关键字“All”，指定结果集中将包含所有行而不删除重复的行。如果省略All，则将从结果集中删除重复的行。使用Union联合查询时，结果集的字段名与Union运算符中第1个Select语句的结果集中的字段名相同，另一个Select语句的结果集的字段名将被忽略。

4.3 创建子查询/嵌套查询

在实际应用中，经常要用到多层查询，在SQL语句中，将一条Select语句作为另一条Select语句的一部分，这称为嵌套查询，也可以称为子查询。外层的Select语句称为外部查询，内层的Select语句称为内部查询。

嵌套查询是按照逻辑顺序由里向外执行的，即先处理内部查询，然后将结果作为外部查询的查询条件。SQL允许使用多层嵌套查询，即在子查询中还可以嵌套其他子查询。

【任务4-10】 创建单值嵌套查询

单值嵌套就是通过子查询返回一个单一的数据值。当子查询返回的结果是单个值时，可以使用比较运算符（包括<、>、<=、>=和<>等）参加相关表达式的运算。

【任务描述】

（1）查找图书《Oracle 11g数据库应用、设计与管理》是由哪一家出版社出版的。

（2）从“图书信息”数据表中查找价格最低并且出版日期最晚的图书信息。

【任务实施】

由于“图书信息”数据表中只存储了“图书名称”和“出版社ID”，没有存储“出版社名称”，有关出版社的数据存放在“出版社”数据表中。

首先分两步完成查询。

（1）从“图书信息”数据表中查询《Oracle 11g数据库应用、设计与管理》的对应出版社ID，并记下其值，查询语句如下：

```
Select 图书名称,出版社ID From 图书信息
      Where 图书名称='Oracle 11g数据库应用、设计与管理' ;
```

执行该查询语句，其查询结果如图4-20所示。由图可知，《Oracle 11g数据库应用、设计

与管理》的对应出版社ID为“4”。

图书名称	出版社ID
Oracle 11g数据库应用、设计与管理	4

图4-20　查询《Oracle 11g数据库应用、设计与管理》的对应出版社ID

（2）从“出版社”数据表中查询出版社ID为“4”的出版社名称，查询语句如下：

```
Select 出版社ID,出版社名称 From 出版社 Where 出版社ID='4';
```

执行该查询语句，第2次查询的结果如图4-21所示。由图可知，《Oracle 11g数据库应用、设计与管理》的对应出版社名称为“电子工业出版社”。

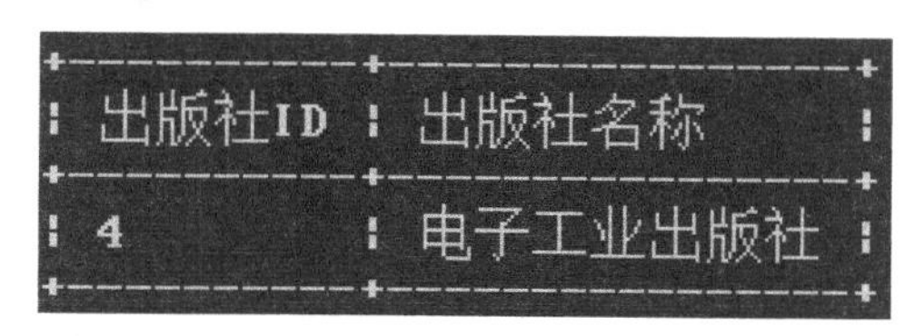

出版社ID	出版社名称
4	电子工业出版社

图4-21　查询《Oracle 11g数据库应用、设计与管理》的对应出版社名称

利用嵌套查询，将以上两个步骤的查询语句组合成一个查询语句，将步骤（1）的查询语句作为步骤（2）的查询语句的子查询，第1项任务对应的SQL查询语句如下：

```
Select 出版社ID,出版社名称 From 出版社
Where 出版社ID=(Select 出版社ID  From  图书信息
                Where 图书名称='Oracle 11g数据库应用、设计与管理');
```

第2项任务对应的SQL查询语句如下：

```
Select ISBN编号,图书名称,MAX(出版日期),价格 From 图书信息
    Where 价格=(Select MIN(价格) From 图书信息);
```

该查询语句包含了两层嵌套，内层的子查询“Select MIN(价格) From 图书信息”用于获取“图书信息”数据表中的最低价格数值，然后作为外层子查询的条件，获取价格最低图书的最晚出版日期的图书信息。

【任务4-11】使用In关键字创建子查询

子查询的返回结果是多个值的嵌套查询称为多值嵌套查询。多值嵌套查询经常使用In操作符，In操作符可以测试表达式的值是否与子查询返回结果集中的某一个值相等，如果列值与子查询的结果一致或存在与其匹配的数据行，则查询结果集中就包含该数据行。

【任务描述】

（1）查询所有借阅了图书的借书证信息。

（2）查询由“电子工业出版社”出版的已被借出的图书信息。

【任务实施】

第1项任务对应的SQL查询语句如下：

```
Select * From 借书证 Where 借书证编号 In(Select 借书证编号 From 图书借阅);
```

由于“图书借阅”数据表中存放了有关图书借阅的信息，若借书证借阅了图书，则此借

书证编号就会出现在“图书借阅”数据表中。利用嵌套查询，在“图书借阅”数据表中查询所有已经借阅了图书的借书证编号，然后通过借书证编号到“借书证”数据表中查询对应的借书证信息。

第 2 项任务对应的 SQL 查询语句如下：

```
Select ISBN 编号,图书名称,出版社 ID From 图书信息
    Where 出版社 ID=(Select 出版社 ID From 出版社
        Where 出版社名称='电子工业出版社')
            And ISBN 编号 In (Select ISBN 编号 From 藏书信息
                Where 图书编号 In(Select 图书编号 From 图书借阅));
```

由于出版社数据存放在“出版社”数据表中，图书数据存放在“图书信息”数据表中，利用两层嵌套查询获取由“电子工业出版社”出版的图书。利用 3 层嵌套查询获取已借出的图书，由于已借出图书的图书编号存放在“图书借阅”数据表中，使用内层子查询获取已借出图书的图书编号，中层子查询获取已借出图书的 ISBN 编号，外层获取已被借出并且是“电子工业出版社”出版的图书。

【任务 4-12】 使用 Exists 关键字创建子查询

使用“Exists”关键字创建子查询时，内层查询语句不返回查询的记录，而是返回一个逻辑值。如果内层查询语句查询到满足条件的记录，就返回一个逻辑真（True），否则返回一个逻辑假（False）。当内层查询返回的值为 True 时，外层查询语句将进行查询，返回符合条件的记录。当内层查询返回的值为 False 时，外层查询语句将不进行查询或查询不出任何记录。

“Exists”关键字还可以与 Not 结合使用，即“Not Exists”，其返回值与“Exists”正好相反。

【任务描述】

利用 Exists 关键字查询所有借阅了图书的借书证信息。

【任务实施】

对应的 SQL 查询语句如下：

```
Select * From 借书证 Where Exists(Select * From 图书借阅
                Where 图书借阅.借书证编号=借书证.借书证编号);
```

由于“图书借阅”数据表中存放了图书借阅的数据，若借书证借阅了图书，则该借书证编号就会出现在“图书借阅”数据表中。利用相关子查询，在“图书借阅”数据表中查询所有已借阅图书的借书证编号，然后根据借书证编号到“借书证”数据表中查询对应信息。上面的查询语句中使用了 Exists 关键字，如果子查询中能够返回数据行，即查询成功，则子查询外层的查询也能成功；如果子查询失败，那么外层的查询也会失败，这里 Exists 连接的子查询可以理解为外层查询的触发条件。

如使用 Not Exists，当子查询返回空行或查询失败时，外层查询成功；而子查询成功或返回非空时，则外层查询失败。例如，查询所有没有借阅图书的借书证信息的查询语句如下：

```
Select * From 借书证 Where Not Exists(Select * From 图书借阅
                Where 图书借阅.借书证编号=借书证.借书证编号);
```

【任务 4-13】 使用 Any 关键字创建子查询

Any 与 Some 关键字是同义词，表示满足其中任一条件。使用 Any 关键字时，表达式只要与子查询结果集中的某个值满足比较的关系时，就返回 True，否则返回 False。只要内层查询语句返回结果中的任何一个满足比较关系，就可以通过该条件来执行外层查询语句。Any 关键字通常与比较运算符一起使用，如“>Any”表示大于任何一个值，“=Any”表示等于任何一个值。

【任务描述】

使用 Any 关键字从“图书信息”数据表中查询价格不低于“电子工业出版社”所出版图书的最低价格的图书信息，查询结果包括“ISBN 编号”、“图书名称”、“出版社 ID”和“价格”4 个字段。

【任务实施】

对应的 SQL 查询语句如下：

```
Select ISBN 编号,图书名称,出版社 ID,价格  From  图书信息
        Where 价格>=Any(Select 价格 From 图书信息 Where 出版社 ID=4 );
```

【任务 4-14】 使用 All 关键字创建子查询

All 关键字表示满足所有条件，使用 All 关键字时，只有满足内层查询语句返回的所有结果，才可以执行外层查询语句。All 关键字经常与比较运算符一起使用，如“>All”表示大于所有值，“<All”表示小于所有值。

All 关键字与 Any 关键字的使用方式相同，但二者有很大的区别。使用 Any 关键字时，只要满足内层查询语句返回结果中的任何一个，就可通过该条件来执行外层查询语句。而 All 关键字正好相反，只有满足内层查询语句返回的所有查询结果，才可以执行外层查询语句。

【任务描述】

使用 All 关键字从“图书信息”数据表中查询价格比“电子工业出版社”所出版图书的价格都要高的图书信息，查询结果包括“ISBN 编号”、“图书名称”、“出版社 ID”和“价格”4 个字段。

【任务实施】

对应的 SQL 查询语句如下：

```
Select ISBN 编号,图书名称,出版社 ID,价格  From  图书信息
        Where 价格>All(Select 价格 From 图书信息 Where 出版社 ID=4 );
```

查询的运行结果如图 4-22 所示。

ISBN编号	图书名称	出版社ID	价格
9787100034159	牛津高阶英汉双解词典	101	95

1 row in set (0.00 sec)

图 4-22　使用 All 关键字创建子查询的查询结果

4.4 使用 Delete 语句删除数据表中的数据

删除数据表中记录的语法格式如下：

```
Delete From <表名> [Where <条件表达式>];
```

Delete 语句中如果没有 Where 子句，则表示无条件，会将数据表中的所有记录都删除。如果包含 Where 子句，则只会删除符合条件的记录，其他记录不会被删除。

【任务 4-15】 使用 Delete 语句删除数据表中的记录

【任务 4-15-1】 删除数据表中的部分记录

【任务描述】

在 book 数据库的“读者类型”数据表中删除“读者类型名称”为“系统管理员”的记录。

【任务实施】

删除数据表中符合条件的记录对应的 SQL 语句如下：

```
Delete From 读者类型 Where 读者类型名称='系统管理员';
```

使用“Select 读者类型编号,读者类型名称 From 读者类型 Order By 读者类型编号; ”语句查看数据表“读者类型”剩下的记录，如图 4-23 所示。

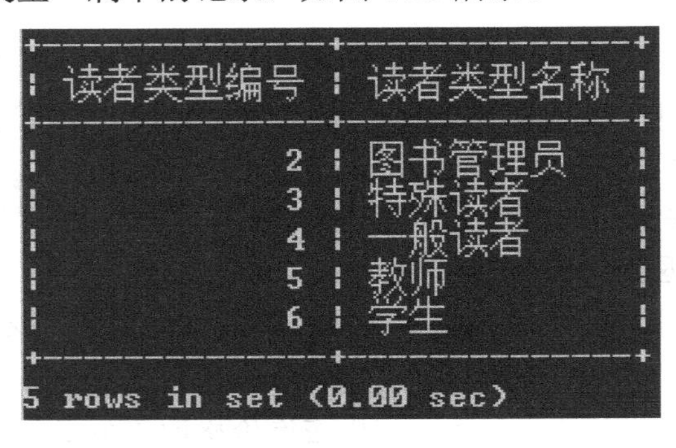

读者类型编号	读者类型名称
2	图书管理员
3	特殊读者
4	一般读者
5	教师
6	学生

5 rows in set (0.00 sec)

图 4-23 查看“读者类型”数据表中剩下的记录

【任务 4-15-2】 删除数据表中的所有记录

【任务描述】

删除 book 数据库“读者类型”数据表中的所有记录。

【任务实施】

删除数据表中所有记录对应的 SQL 语句如下：

```
Delete From 读者类型 ;
```

4.5 使用 Insert 语句向数据表中添加数据表

插入数据即向数据表中写入新的记录（数据表的一行数据称为一条记录）。插入的新记录必须完全遵守数据的完整性约束，所谓完整性约束指的是，字段是哪种数据类型，新记录对应的值就必须是这种数据类型，数据上有什么约束条件，新记录的值也必须满足这些约束条件。若不满足其中任何一条，都可能导致插入记录不成功。

在 MySQL 中，我们可以通过“Insert”语句来实现插入数据的功能。“Insert”语句有两种方式插入数据：插入特定的值，即所有的值都是在“Insert”语句中明确规定的；插入某查询的结果，结果指的是插入到数据表中的是那些值，“Insert”语句本身看不出来，完全由查询结果确定。

向数据表插入记录时应特别注意以下几点：

① 插入字符型（Char 和 Varchar）和日期时间型（Date 等）数值时，必须在值前后加半角单引号，只有数值型（Int、Float 等）的值前后不加单引号。

② 对于 Date 类型的数值，插入时，必须使用“YYYY-MM-DD”的格式，且日期数据必须用半角单引号引起来。

③ 若某字段不允许为空，且无默认值约束，则表示向数据表插入一条记录时，该字段必须写入值，默认插入不成功。若某字段不允许为空，但它有默认值约束，则插入记录时自动使用默认值代替。

④ 若某字段设置为主键约束，则插入记录时不允许出现重复数值。

1．插入一条记录

插入一条完整的记录可以理解为向数据表的所有字段插入数据，一般有以下两种方法可以实现。

1）不指定字段，按默认顺序插入数值

在 MySQL 中，按默认的数值顺序插入数据的语法格式如下：

```
Insert Into <表名> Values(<值 1> , <值 2> , … , <值 n>) ;
```

Values 后面所跟的数值列表必须和数据表的字段前后顺序一致、插入数据的个数与数据表中字段个数一致，且数据类型匹配。若某字段的值允许为空，且插入的记录该字段的值也为空或不确定，则必须在 Values 后面的对应位置写上 Null。

这种方法插入记录只指定数据表名，不指定具体的字段，按字段的默认顺序填写数据，然后插入记录，可以实现一次插入一条完整的记录，但不能实现插入一条不完整的记录。

2）指定字段名，按指定顺序插入数值

在 MySQL 中，按指定的顺序插入数据的语法格式如下：

```
Insert Into <表名> (<字段 1> , <字段 2> , … , <字段 n>)
          Values(<值 1>    , <值 2>    , … , <值 n>) ;
```

这种方法在数据表名的后面指定要插入的数据所对应的字段，并按指定顺序写入数据。该方法的 Insert 语句中的数据顺序与字段顺序必须完全一致，但字段的排列顺序与数据表中的字段排列顺序可以不一致。

这种方法既可以实现插入一条完整记录，也可以实现插入一条不完整的记录。如果部分字段的值为空，在插入语句中可以不写出字段名及 Null。

2．插入多条记录

在 MySQL 中，一次插入多条记录的语法格式如下：

```
Insert Into <表名> (<字段 1> , <字段 2> , … , <字段 n>) ,
             Values(<值 11>   , <值 12>   , … , <值 1n>) ,
                   (<值 21>   , <值 22>   , … , <值 2n>) ,
                   …
                   (<值 m1>   , <值 m2>   , … , <值 mn>) ;
```

这种方法将所插入的多条记录的数据按相同的顺序写到 Values 后面，每一条记录对应值使用半角括号“()”括起来，且使用半角逗号“,”分隔。注意，一条 Insert 语句只能配一个 Values 关键字，如果要写多条记录，则只需要在取值列表（即小括号中的数据）后面再跟另一条记录的取值列表即可。

3．插入查询语句的执行结果

将查询语句的执行结果数据插入到数据表中的语法格式如下：

```
Insert Into <表名>[<字段列表>]  <Select 语句>;
```

这种方法必须合理地设置查询语句的结果字段顺序，并保证查询的结果值和数据表的字段相匹配，否则会导致插入数据不成功。

【任务 4-16】 使用 Insert 语句向数据表中插入记录

【任务描述】

“读者类型”示例数据如表 4-6 所示。

表 4-6 “读者类型”的示例数据

读者类型编号	读者类型名称	限借数量	限借期限	续借次数	借书证有效期	超期日罚金
01	系统管理员	30	360	5	5	1.00
02	图书管理员	20	180	5	5	1.00
03	特殊读者	30	360	5	5	1.00
04	一般读者	20	180	3	3	1.00
05	教师	20	180	5	5	1.00
06	学生	10	180	2	3	0.50

（1）在 book 数据库的“读者类型”数据表中插入表 4-6 中的第 1 条记录。

（2）在 book 数据库的“读者类型”数据表中插入表 4-6 中的第 2 条～第 6 条记录。

（3）对“藏书信息”数据表中各个出版社的藏书数量和总金额进行统计，并存储到数据表“图书_total”中。

【任务实施】

1．一次插入 1 条完整记录

对应的 SQL 语句如下：

```
Insert Into  读者类型(读者类型编号,读者类型名称,限借数量,限借期限,
              续借次数,超期日罚金,借书证有效期)
              Values('01','系统管理员', 30 , 360, 5, 1.00, 5) ;
```

Insert 语句包括两个组成部分，前半部分（Insert Into 部分）显示的是要插入的字段名，后半部分（Values 部分）是要插入的具体数据，它们与前面的列一一对应，如果该列为空值，则可使用“Null”来表示，但如果该字段已设置了非空约束，则不插入 Null 值。如果 Insert 语句中指定的字段比数据表中字段数少，则 Values 部分的数据与 Insert Into 部分的字段对应即可。Insert 语句中的字段名个数和顺序如果与数据表完整一致，则语句中的字段名可以省略不写。

提 示

对于自动编号的标识列的值不能使用 Insert 语句插入数据。

2．一次插入多条完整记录

对应的 SQL 语句如下：

```
Insert Into 读者类型(读者类型编号,读者类型名称,限借数量,限借期限,
                     续借次数,超期日罚金,借书证有效期)
            Values('02','图书管理员',20,180,5,1,5 ),
                  ('03','特殊读者',30,360,5,1,5 ),
                  ('04','一般读者',20,180,3,1,3 ),
                  ('05','教师',20,360,5,1,5 ),
                  ('06','学生',10,180,2,0.5,3 )
```

在数据表中插入多行记录，将所有列的值按数据表中各列的顺序列出，不必在列表中多次指定字段名。

3．将一个数据表中的数据添加到另一个数据表中

创建一个数据表“图书_total”，对应的 SQL 语句如下：

```
Create Table 图书_total(出版社 varchar(50),数量 smallint,金额 float) ;
```

向数据表“图书_total”中插入查询语句的执行结果，对应的 SQL 语句如下：

```
Insert Into 图书_total
Select 出版社.出版社名称,
       SUM(藏书信息.总藏书量),
       SUM(藏书信息.总藏书量*图书信息.价格)
From   藏书信息,图书信息,出版社
Where  藏书信息.ISBN 编号=图书信息.ISBN 编号
       And 图书信息.出版社 ID=出版社.出版社 ID
Group By 出版社.出版社名称 ;
```

这里使用 Insert Into 语句将藏书数量和金额的统计结果插入到数据表“图书_total”中。由于“藏书信息”表中只有藏书数量而没有价格，而“图书信息”数据表中只有出版社 ID 而没有出版社名称，所以需要使用多表连接，统计各个出版社的藏书数量和金额。

4.6　使用 Update 语句更新数据表中的数据

数据表中已经存在的数据也可能需要修改，此时，我们可以只修改某个字段的值，而不用再去管其他数据。修改数据的操作可以看做把数据表先从行的方向上筛选出那些要修改的记录，然后将筛选出来的记录的某些字段的值进行修改。

修改数据用“Update”语句实现。其语法格式如下：

```
Update <表名>
       Set <字段名 1>=<值 1> [, <字段名 2>=<值 2> , … , <字段名 n>=<值 n> ]
       Where <条件表达式> ;
```

如果数据表中只有一个字段的值需要修改，则只需要在 Update 语句的 Set 子句后跟一个表达式“<字段名 1>=<值 1>”即可，如果需要修改多个字段的值，则需要在 Set 子句后跟多个表达式“<字段名>=<值>”，各个表达式之间使用半角逗号“,”分隔。如果所有记录的某字段的值都要修改，则不必加 Where 子句，即为无条件修改，代表修改所有记录的字段值。

【任务 4-17】 使用 Update 语句更新数据表中的数据

【任务描述】

（1）将“图书信息”数据表中 ISBN 编号为“9787121201478”的图书的“版次”修改为“3”。

（2）将“读者类型”数据表中除学生之外的读者的“超期日罚金”提高 1 元，“限借数量”减少 5 本。

（3）将“藏书信息”数据表中的前 5 本图书的“藏书位置”修改为“A-1-2”。

【任务实施】

1．修改符合条件的单个数据

对应的 SQL 语句如下：

```
Update  图书信息
        Set  版次=3
        Where ISBN 编号= '9787121201478' ;
```

2．修改符合条件的多个数据

对应的 SQL 语句如下：

```
Update  读者类型
      Set  限借数量=限借数量-5,超期日罚金=超期日罚金+1
      Where  读者类型名称<>'学生' ;
```

3．使用 Top 表达式更新多行数据

对应的 SQL 语句如下：

```
Update  藏书信息
      Set  藏书位置='A-1-2'   Limit 5 ;
```

4.7 创建与使用视图

视图在数据库中是作为一个对象来存储的。用户创建视图前，要保证自己已被数据库所有者授权可以使用 Create View 语句，并且有权操作视图所涉及的数据表或其他视图。

1．创建视图的语法格式

创建视图可以使用 Create View 语句，该语句完整的语法格式如下：

```
Create
     [ Or Replace ]
     [ <算法选项> ]
     [ <视图定义者> ]
     [ <安全性选项> ]
View <视图名> [ <字段名称列表> ]
As   <Select 语句>
     [ 检查选项 ]
```

说 明

① 创建视图语句的关键字包括 Create、View、As。

② 可选项“Or Replace”表示如果存在已有的同名视图，则覆盖同名视图。

③ 可选项“算法选项”的语法格式为 Algorithm = { Undefined | Merge | Temptable }。该选项指定视图的处理方式。

算法选项 Algorithm 有 3 个可选值——Undefined、Merge、Temptable。其中，Undefined 表示自动选择算法，一般会首选 Merge，因为 Merge 更有效率，而且 Temptable 也不支持更新操作；Merge 表示将视图的定义和查询视图的语句合并处理，使得视图定义的某一部分取代语句的对应部分，Merge 算法要求视图中的行和源表中的行具有一对一的关系，如果不具有该关系，必须使用临时表取而代之；Temptable 表示将视图查询的结果保存到临时表中，而后在该临时表的基础上执行查询视图的语句。如果没有 Algorithm 子句，则默认算法为 Undefined。

④ 可选项“视图定义者”的语法格式为 Definer = { User | Current_User }，如果没有 Definer 子句，视图的默认定义者为 Current_User，即为当前用户。当然，创建视图时也可以指定不同的用户作为创建者（或者称视图所有人）。

⑤ 可选项“安全性选项”的语法格式为 Sql Security { Definer | Invoker }。该选项指定视图查询数据时的安全验证方式。其中，Definer 表示在创建视图时验证是否有权限访问视图所引用的数据，只要创建视图的用户有权限，那么创建就可以成功，而且所有有权限查询该视图的用户也能够成功执行查询语句，而不管是否拥有该视图所引用对象的权限；Invoker 表示查询视图时，验证查询的用户是否拥有权限访问视图及视图所引用的对象，当然，创建时也会判断，如果创建的用户没有视图所引用表对象的访问权限，则创建会失败。

⑥ 视图名必须唯一，不能出现重名的视图。视图的命名必须遵循 MySQL 中标识符的命名规则，不能与数据表同名，且每个用户视图名必须是唯一的，即对不同用户，即使是定义相同的视图，也必须使用不同的名称。默认情况下，应在当前数据库中创建视图，如果想在给定数据库中明确创建视图，则创建时，应将视图名称指定为<数据库名>.<视图名>,

⑦ 可选项“字段名称列表”可以为视图的字段定义明确的名称，多个名称间由半角逗号“,”分隔，这里所列的字段名数目必须与后面的 Select 语句中检索的字段数相等。如果使用与源表或视图中相同的字段名，则可以省略该选项。

⑧ 用于创建视图的 Select 语句为必选项，可以在 Select 语句中查询多个数据表或视图。

⑨ 可选项“检查选项”的语法格式为[With [Cascaded | Local] Check Option。该选项指出在可更新视图上所进行的修改都要符合 Select 语句所指定的限制条件，这样可以确保数据修改后，仍可通过视图查看修改的数据。当视图是根据另一个视图定义时，参数 Cascaded 表示更新视图时要满足所有相关视图和数据表的条件，参数 Local 表示更新视图时满足该视图本身定义的条件即可。如果没有指定任一关键字，则默认值为 Cascaded。

2. 创建视图的注意事项

创建视图的注意事项如下。

（1）定义视图的用户必须对所参照的源表或视图有查询（即可执行 Select 语句）的权限，运行创建视图的语句需要用户具有创建视图（Crate View）的权限，当加了“Or Replace”选项时，还需要用户具有删除视图（Drop View）的权限。

（2）Select 语句不能包含 From 子句中的子查询。

（3）Select 语句不能引用系统或用户变量。

（4）Select 语句不能引用预处理语句参数。

（5）在存储子程序内，定义不能引用子程序参数或局部变量。

（6）在定义中引用的表或视图必须存在。但是，创建了 MySQL 视图后，能够舍弃定义引用的表或视图。要想检查视图定义是否存在这类问题，可使用 Check Table 语句。

（7）在定义中不能引用 Temporary 表，不能创建 Temporary 视图。

（8）在视图定义中命名的表必须已存在，当引用不是当前数据库的表或视图时，要在数据表或视图前加上数据库的名称。

（9）不能将默认值或触发器与视图关联在一起。

（10）在视图定义中允许使用 Order By，但是，如果从特定视图进行了选择，而该视图使用了具有自己的 Order By 的语句，则它将被忽略。

（11）不能在视图上建立任何索引，包括全文索引。

【任务 4-18】 使用 Create View 语句创建单源表视图

【任务描述】

创建一个名称为“view_电子社 0401”的视图，该视图包括“电子工业出版社”出版的所有图书信息，视图中包括数据表“图书信息”中的 ISBN 编号、图书名称、出版社 ID、图书类型等数据，已知“电子工业出版社”的字段“出版社 ID”的值为 4。

【任务实施】

1. 创建视图

创建视图对应的 SQL 语句如下：

```
Create   Or Replace
    View   view_电子社 0401
    As
        Select ISBN 编号,图书名称,出版社 ID,图书类型   From   图书信息
        Where   出版社 ID=4 ;
```

2. 查看视图的结构定义

查看视图的结构定义的语句如下：

```
Desc view_电子社 0401 ;
```

查看视图结构定义的结果如图 4-24 所示。

Field	Type	Null	Key	Default	Extra
ISBN编号	varchar(20)	NO		NULL	
图书名称	varchar(100)	NO		NULL	
出版社ID	int(11)	YES		NULL	
图书类型	varchar(2)	NO		NULL	

图 4-24　查看视图“view_电子社 0401”的结构定义

图 4-24 所示的视图的结构定义显示了视图的字段定义、数据类型、是否为空、是否为主/外键、默认值和其他信息。

3. 查看视图的记录数据

查看视图的记录数据的语句如下：

```
Select * From view_电子社 0401 ;
```

查看视图的记录数据的部分结果如图 4-25 所示。

ISBN编号	图书名称	出版社ID	图书类型
9787121201478	Oracle 11g数据库应用、设计与管理	4	T
9787121052347	数据库应用基础实例教程	4	T
9787505397990	数据库原理与应用	4	T
9787121033585	企业级数据库开发	4	T

图 4-25　查看视图的记录数据的部分结果

4．查看视图的基本信息

查看视图的基本信息的语句如下：

```
Show Table Status Like 'view_电子社 0401' ;
```

【任务 4-19】 使用 Navicat 图形管理工具创建多源表视图

多源表视图指的是视图的数据来源于两张或多张数据表，这种视图在实际应用中更多一些。

【任务描述】

创建一个名称为“view_电子社 0402”的视图，该视图包括“电子工业出版社”出版的所有图书信息，视图中包括数据表“图书信息”中的 ISBN 编号、图书名称、数据表“出版社”中的出版社名称、数据表“图书类型”中的图书类型名称等数据。

【任务实施】

（1）启动图形管理工具【Navicat for MySQL】，打开连接 better，打开数据库“book”。

（2）单击【Navicat for MySQL】窗口工具栏中的【视图】按钮，显示视图对象，如图 4-26 所示。

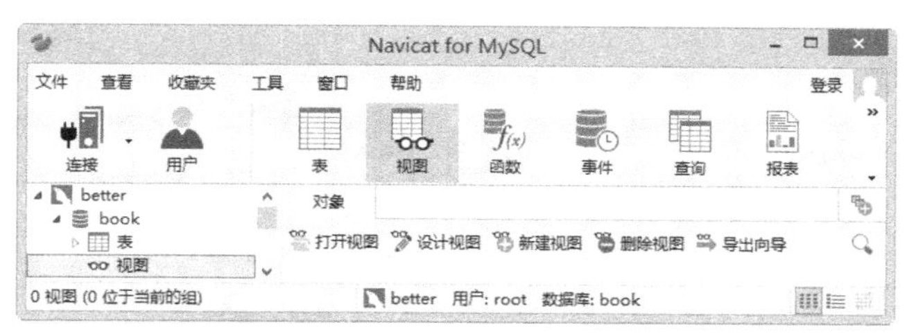

图 4-26　在【Navicat for MySQL】中显示“视图”对象

（3）单击【新建视图】按钮，显示【视图创建工具】、【定义】、【高级】和【SQL 预览】多个选项卡，如图 4-27 所示。

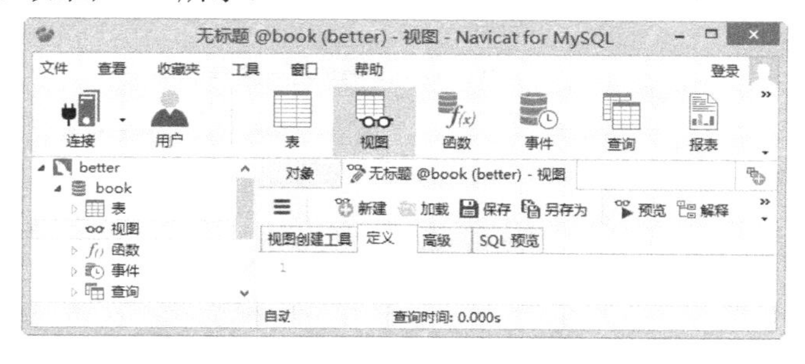

图 4-27　【Navicat for MySQL】中创建视图状态

在【视图创建工具】选项卡中，左侧为数据库中的数据表列表，右下方提供了查询语句的模板，如图 4-28 所示。

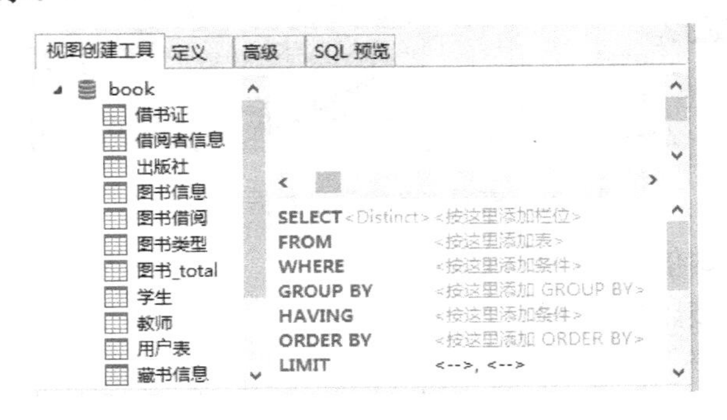

图 4-28 【视图创建工具】选项卡

（4）选择创建视图的数据表与创建关联关系。在【视图创建工具】左侧数据表列表中双击数据表“图书信息”、“出版社”和“图书类型”，在右上方弹出的“图书信息”、“出版社”和“图书类型”数据表中可选择字段。

在“出版社”字段列表中单击字段名“出版社 ID”，并按住左键将其拖动到“图书信息”数据表的“出版社 ID”字段位置，释放鼠标左键，即创建完成“出版社”与“图书信息”数据表之间的关联关系。

以同样的方法，创建“图书类型”与“图书信息”数据表之间的关联关系。

（5）从已选的数据表中选择所需的字段。这里分别从“图书信息”字段列表中选择“ISBN 编号”和“图书名称”，从“出版社”字段列表中选择“出版社名称”，从“图书类型”字段列表中选择“图书类型名称”，同时在下方查询语句模板区域自动生成了对应的 SQL 语句，如图 4-29 所示。

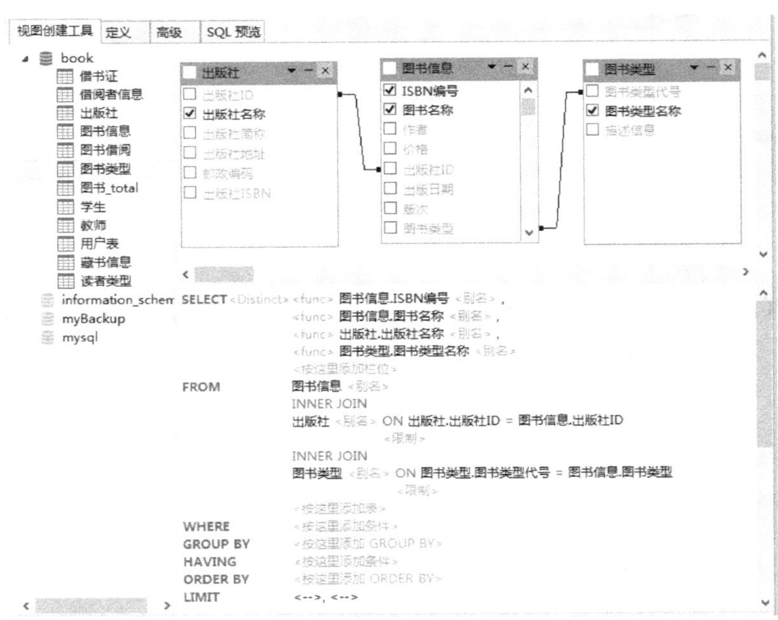

图 4-29 选择查询的数据表和字段

（6）设置查询条件。右击“<按这里添加条件>”，出现“<- ->=<- ->”的条件输入标识，单击“=”左侧的“<- ->”，在打开的对话框中选择【列表】选项卡，然后在【列表】选项卡字段列表中选择字段“出版社.出版社名称”，如图 4-30 所示，单击【确定】按钮即可。

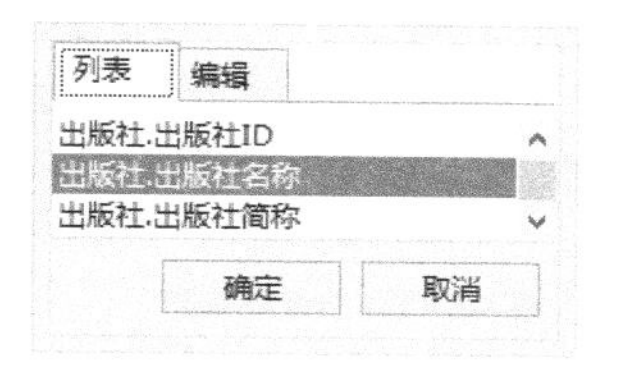

图 4-30　在字段列表中选择所需的字段名

单击“=”右侧的“<- ->”，在打开的对话框的【编辑】文本框中输入“'电子工业出版社'”，如图 4-31 所示，单击【确定】按钮即可。

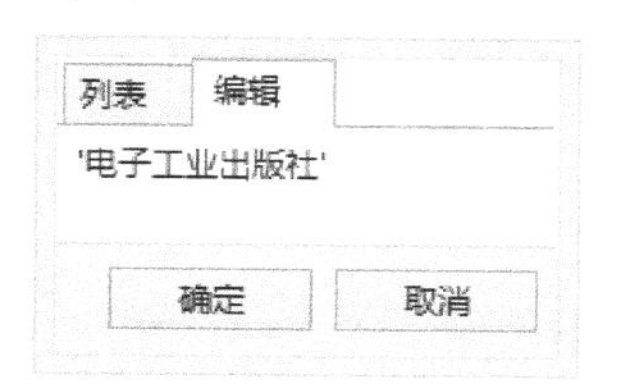

图 4-31　在【编辑】文本框中输入“'电子工业出版社'”

设置好字段、数据表及关联条件、Where 条件的查询语句如图 4-32 所示。

```
SELECT <Distinct> <func> 图书信息.ISBN编号 <别名> ,
                  <func> 图书信息.图书名称 <别名> ,
                  <func> 出版社.出版社名称 <别名> ,
                  <func> 图书类型.图书类型名称 <别名>
                  <按这里添加栏位>
FROM              图书信息 <别名>
                  INNER JOIN
                  出版社 <别名> ON 出版社.出版社ID = 图书信息.出版社ID
                          <限制>
                  INNER JOIN
                  图书类型 <别名> ON 图书类型.图书类型代号 = 图书信息.图书类型
                          <限制>
                  <按这里添加表>
WHERE             出版社.出版社名称 = '电子工业出版社'
                  <按这里添加条件>
GROUP BY          <按这里添加 GROUP BY>
HAVING            <按这里添加条件>
ORDER BY          <按这里添加 ORDER BY>
```

图 4-32　创建视图“view_电子社 0402”的 Select 语句

在“视图”工具栏中单击【保存】按钮 保存，在打开的【视图名】对话框中输入视图名“view_电子社 0402”，如图 4-33 所示，单击【确定】按钮保存创建的视图。

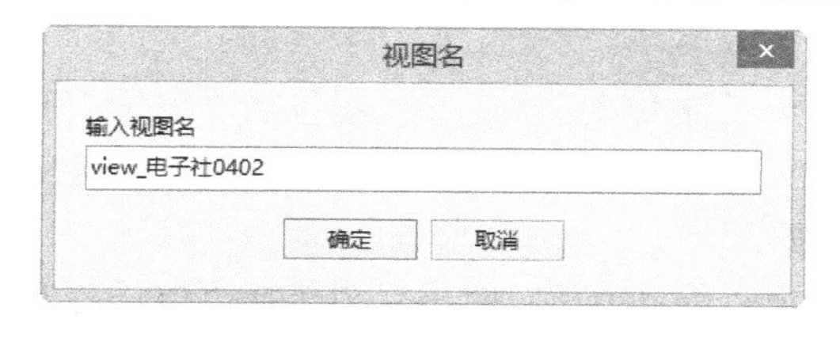

图 4-33　【视图名】对话框

选择【高级】选项卡，查看高级选项设置，如图 4-34 所示，“算法”为“Undefined”，即

MySQL 自动选择算法，“定义者”为“root@localhost”，“安全性”为“Definer”，“检查选项”这里未设置。

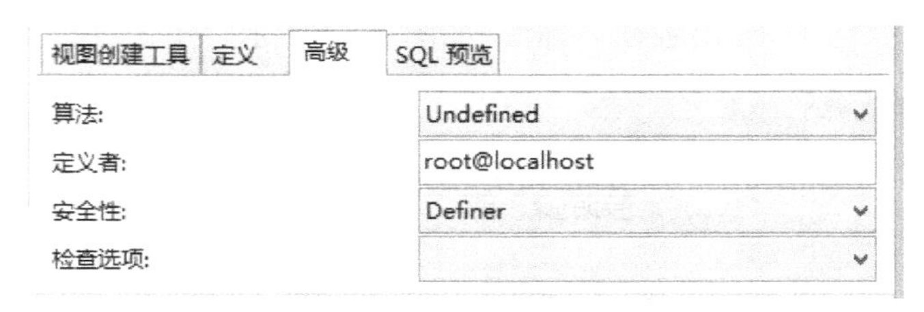

图 4-34　查看视图的高级选项

在“视图”工具栏中单击【预览】按钮，选择【定义】选项卡，查看视图对应的 Select 语句和结果，如图 4-35 所示。

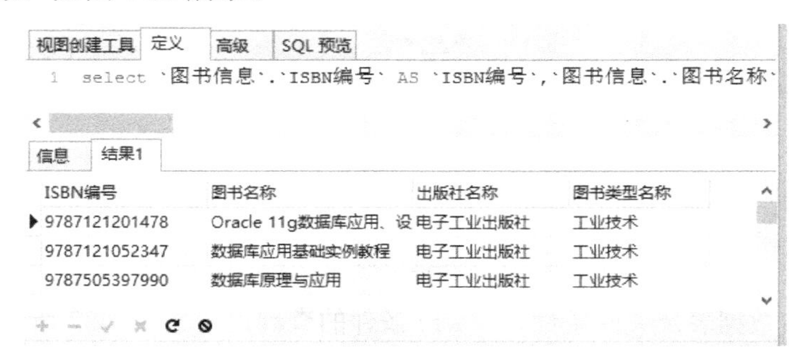

图 4-35　查看视图对应的 Select 语句和结果

【任务 4-20】 修改视图

当视图不符合使用需求时，可以使用 Alter View 语句对其进行修改，视图的修改与创建相似，其语法格式如下：

```
Alter
    [ <算法选项> ]
    [ <视图定义者> ]
    [ <安全性选项> ]
View <视图名> [ <视图的字段名称列表> ]
As   <Select 语句>
    [ 检查选项 ]
```

Alter View 语句的语法与 Create View 语句类似，相关参数的作用和含义详见前面介绍的 Create View 语句。

【任务描述】

（1）修改视图“view_电子社 0401”，使该视图包括“电子工业出版社”出版的价格高于 30 元的所有图书信息，视图中包括数据表“图书信息”中的 ISBN 编号、图书名称、价格、出版社 ID、图书类型等数据。

（2）修改视图“view_电子社 0402”，使该视图包括“电子工业出版社”出版的价格高于 30 元的所有图书信息，视图中包括数据表“图书信息”中的 ISBN 编号、图书名称，数据表“出版社”中的出版社名称，数据表“图书类型”中的图书类型名称等数据。

【任务实施】

1. 修改视图“view_电子社 0401”

使用 Alter View 语句修改视图“view_电子社 0401”的语句如下：

```
Alter
      Algorithm=Undefined
      Definer=root@localhost
      Sql Security Definer
View View_电子社 0401 As
      Select
            图书信息.ISBN 编号 ，图书信息.图书名称 ，图书信息.价格 ，
            图书信息.出版社 ID， 图书信息.图书类型
            From 图书信息
            Where  (图书信息.出版社 id = 4)   And   图书信息.价格 > 30 ;
```

查看视图的记录数据的语句如下：

```
Select * From view_电子社 0401 ;
```

查看视图的记录数据的全部结果，如图 4-36 所示。

ISBN编号	图书名称	价格	出版社ID	图书类型
9787121201478	Oracle 11g数据库应用、设计与管理	38	4	T
9787505388967	Visual Basic.NET控件应用实例	48	4	T
9787505390368	数据恢复技术	39	4	T
9787505365485	Photoshop6特效制作	58	4	T

图 4-36　视图“view_电子社 0401”修改后的结果

2. 修改视图“view_电子社 0402”

使用 Alter View 语句修改视图“view_电子社 0402”的语句如下：

```
Alter
      Algorithm=Undefined
      Definer=root@localhost
      Sql Security Definer
View View_电子社 0402 As
      Select
            图书信息.ISBN 编号 ，图书信息.图书名称 ，图书信息.价格，
            出版社.出版社名称 ，图书类型.图书类型名称
      From  图书信息  Join  出版社  On  出版社.出版社 ID =  图书信息.出版社 ID
            Join  图书类型  On  图书类型.图书类型代号  =  图书信息.图书类型
      Where  出版社.出版社名称  ='电子工业出版社'   And    图书信息.价格 > 30 ;
```

查看视图的记录数据的语句如下：

```
Select * From view_电子社 0402 ;
```

查看视图的记录数据的全部结果，如图 4-37 所示。

ISBN编号	图书名称	价格	出版社名称	图书类型名称
9787121201478	Oracle 11g数据库应用、设计与管理	38	电子工业出版社	工业技术
9787505388967	Visual Basic.NET控件应用实例	48	电子工业出版社	工业技术
9787505390368	数据恢复技术	39	电子工业出版社	工业技术
9787505365485	Photoshop6特效制作	58	电子工业出版社	工业技术

图 4-37　视图“view_电子社 0402”修改后的结果

【任务 4-21】利用视图查询与更新数据表中的数据

更新视图是指通过视图来插入（Insert）、更新（Update）和删除（Delete）数据表中的数据。因为视图是一个虚拟表，所以其中没有数据。通过视图更新时，都是转换到源表中来更新的。更新视图时，只能更新权限范围内的可以更新的数据，超出权限范围时无法更新。

【任务描述】

（1）创建一个名称为“view_读者类型0403”的视图，该视图包括所有读者类型的信息。

（2）利用视图“view_读者类型0403”查询“限借数量”不低于30的读者类型信息。

（3）利用视图“view_读者类型0403”新增一种读者类型，读者类型编号为“7”，读者类型名称为“测试类型”，限借数量为“10”，限借期限为“180”，续借次数为“2”，借书证有效期为“3”，超期日罚金为“1”。

（4）利用视图“view_读者类型0403”修改前一步新的读者类型，将限借数量修改为“20”，限借期限修改为“360”。

（5）利用视图“view_读者类型0403”删除前面新的读者类型“测试类型”。

【任务实施】

1. 创建视图

创建视图“view_读者类型0403”的对应语句如下：

```
Alter
    Algorithm=Undefined
    Definer=root@localhost
    Sql Security Definer
View view_读者类型 0403 As
    Select
        读者类型编号,读者类型名称,限借数量,限借期限,
        续借次数,借书证有效期,超期日罚金
    From  读者类型 ;
```

2. 利用视图查询数据

利用视图查询读者类型信息的对应语句如下：

```
Select * From view_读者类型 0403 Where  限借数量>=30 ;
```

3. 利用视图向数据表中插入记录

利用视图向数据表中插入记录的对应语句如下：

```
Insert Into view_读者类型 0403 Values(7,'测试类型', 10, 180, 2,3,1) ;
```

说 明

当视图所依赖的源表有多个时，不能向该视图插入数据。

4. 利用视图修改数据表中的数据

利用视图修改数据表中的数据的对应语句如下：

```
Update view_读者类型 0403 Set  限借数量=20 , 限借期限=360
Where  读者类型名称="测试类型" ;
```

说 明

如果一个视图依赖于多个源表，则一次修改该视图只能变动一个源表的数据。

5．利用视图删除数据表中的数据

利用视图数据表中的数据的对应语句如下：

```
Delete From view_读者类型 0403 Where  读者类型名称="测试类型" ;
```

说 明

对于依赖于多个源表的视图，不能使用 Delete 语句删除多个源表中的数据。

【任务 4-22】 删除视图

删除视图是指删除数据库中已存在的视图，删除视图时，只能删除视图的定义，不会删除源表中的数据。在 MySQL 中，使用“Drop View”语句来删除视图时，用户必须拥有 Drop 权限。

删除视图的语法格式如下：

```
Drop View [ if exists ] <视图名列表> [ Restrict | Cascade ] ;
```

使用“Drop View”语句一次可以删除多个视图，各个视图名使用半角逗号“，”分隔。如果使用“if exists”选项，当视图不存在时，不会出现错误提示信息。

【任务描述】

删除任务 4-21 中创建的视图“view_读者类型 0403”。

【任务实施】

删除视图“view_读者类型 0403”的语句如下：

```
Drop View view_读者类型 0403 ;
```

4.8 创建与使用索引

1．创建索引的方法

1）创建数据表时创建索引

创建数据表时可以直接创建索引，这种方式最方便，其语法格式如下：

```
Create Table <表名>
  (
     <字段名> <数据类型> [ <完整性约束条件> ],
     …
     [ Unique | Fulltext | Spatial ]
     Index | Key [ <索引名> ] ( <字段名> [<长度 n>] [ Asc | Desc ] )
  );
```

2）在已经存在的数据表中创建索引

在已经存在的数据表中，可以直接为数据表中的一个或几个字段创建索引，其语法格式如下：

```
Create [ Unique | Fulltext | Spatial ] Index <索引名>
        On   <表名>( <字段名> [<长度 n>] [ Asc | Desc ] ) ;
```

3）使用 Alter Table 语句创建索引

在已经存在的数据表中，可能使用“Alter Table”语句直接在数据表中的一个或几个字段上创建索引，其语法格式如下：

```
Alter Table <表名>  Add [ Unique | Fulltext | Spatial ]
        Index <索引名>( <字段名> [<长度 n>] [ Asc | Desc ] );
```

说 明

① 索引类型：Unique 表示创建的是唯一索引，Fulltext 表示创建的是全文索引，Spatial 表示创建的是空间索引。

② 索引名必须符合 MySQL 的标识符命名规范，一个数据表中的索引名称必须是唯一的。

③ 字段名表示创建索引的字段，长度表示使用字段的前 n 个字符创建索引，这可使索引文件大大减小，从而节省磁盘空间。Text 和 Blob 字段必须使用前缀索引。

④ Asc 表示索引按升序排列，默认为 Asc。Desc 表示索引按降序排列。

⑤ 可以在一个索引的定义上包含多个字段，这些字段中间使用半角逗号“,”分隔，但它们属于同一个数据表。

2．查看索引的命令

索引创建完成后，可以利用 SQL 语句查看已经存在的索引，查看索引语句的语法格式如下：

```
Show Index From <表名> ;
```

3．删除索引的方法

删除索引可以使用 Drop 语句，也可以使用 Alter 语句。

（1）使用 Drop 语句删除索引的语法格式如下：

```
Drop Index <索引名> On <表名> ;
```

（2）使用 Alter 语句删除索引的语法格式如下：

```
Alter Table <表名> Drop Index <索引名> ;
```

删除主键索引语句的语法格式如下：

```
Alter Table <表名> Drop Primary Key ;
```

由于一张数据表只有一个主键，所以可以利用以上语句直接删除主键，而没有必要写明主键名称。

【任务 4-23】 创建与删除索引

【任务描述】

（1）创建“职工”数据表，该表的结构数据如表 4-7 所示，记录数据如表 4-8 所示，并在该数据表的“职工编号”字段上创建主键，在“姓名”字段上创建唯一索引。

表 4-7 “职工”数据表的结构数据

字段名称	数据类型	字段长度	是否允许 Null 值
职工编号	Varchar	20	否
姓名	Varchar	20	否

续表

字段名称	数据类型	字段长度	是否允许Null值
性别	Char	1	是
部门名称	Varchar	20	是

表4-8 “职工”数据表的记录数据

职工编号	姓名	性别	部门名称
A4488	金鑫	男	网络中心
A4492	贺飞儿	女	图书馆
A4496	丁一	男	图书馆
A4497	夏天	女	图书馆
A4498	白雪	男	图书馆
A4499	阳光	男	图书馆
A4491	将鹏飞	女	计算机系
A4495	白晓鸥	男	计算机系
A4500	文静	女	计算机系
A4501	熊薇	女	计算机系
A4502	李彩梅	女	计算机系
A4503	粟彬	男	计算机系
A4504	孟昭红	男	计算机系
A4505	朱竹云	男	计算机系
A4506	冷风姣	女	计算机系
A4507	蒋娟	女	计算机系

（2）使用Show Index命令查看“职工”数据表中的索引。

（3）使用Drop命令删除“职工”数据表中的唯一索引，使用Alter命令删除“职工”数据表中的主键约束。

（4）使用Create Index语句在“职工”数据表的“职工编号”字段上创建唯一索引，在“姓名”字段上创建普通索引。

（5）删除“职工”数据表中已有的索引。

（6）使用Alter Table语句在“职工”数据表的“职工编号”字段上创建主键，在“姓名”字段上创建唯一索引。

【任务实施】

1．创建“职工”数据表

创建“职工”数据表的语句如下：

```
Create Table 职工
(
  职工编号 Varchar(20) Primary Key Not Null,
  姓名 Varchar(20) Unique Not Null,
  性别 Char(1) Null,
  部门名称 Varchar(20) Null
);
```

2. 向“职工”数据表中插入记录数据

由于表 4-8 所示的职工数据在“教师”数据表中已有同样的数据，所以向“职工”数据表中插入记录数据的语句如下：

```
Insert Into 职工 Select * From 教师 ;
```

3. 查看“职工”数据表中的索引

查看“职工”数据表中已经存在的索引的语句如下：

```
Show Index From 职工 ;
```

查看“职工”数据表中已经存在的索引的结果如图 4-38 所示。

Table	Non_unique	Key_name	Seq_in_index	Column_name	Collation	Cardinality	Sub_part	Packed	Null	Index_type
职工	0	PRIMARY	1	职工编号	A	16	NULL	NULL		BTREE
职工	0	姓名	1	姓名	A	16	NULL	NULL		BTREE

图 4-38 查看“职工”数据表中已经存在的索引的结果

图 4-38 中的部分列所表示的含义如下。

① Table：数据表的名称。

② Non_unique：如果索引允许包含重复值，则为 1；如果不允许包含重复值，则为 0。

③ Key_name：索引名称。

④ Seq_in_index：索引中的字段序号。

⑤ Column_name：索引所在的字段名。

⑥ Collation：A 表示升序。

⑦ Cardinality：索引中唯一值的数目估算值。

⑧ Index_type：索引类型，最常见的是 Btree 类型。

4. 删除“职工”数据表中已有索引

使用 Drop 命令删除“职工”数据表中的唯一索引的语句如下：

```
Drop Index 姓名 On 职工 ;
```

再一次使用“Show Index From 职工 ;”语句查看“职工”数据表中的索引，可以发现“姓名”唯一索引被删除了。

使用 Alter 命令删除“职工”数据表中的主键约束的语句如下：

```
Alter Table 职工 Drop Primary Key ;
```

再一次使用“Show Index From 职工 ;”语句查看“职工”数据表中的索引，可以发现该数据表中已经不存在索引设置。

5. 使用 Create Index 语句创建索引

使用 Create Index 语句在“职工”数据表的“职工编号”字段上创建唯一索引的语句如下：

```
Create Unique Index IX_职工编号 On 职工( 职工编号 Desc );
```

使用 Create Index 语句在“职工”数据表的“姓名”字段上创建普通索引的语法如下：

```
Create Index IX_姓名 On 职工( 姓名 Asc );
```

使用“Show Index From 职工 ;”查看“职工”数据表中的索引。

6. 删除“职工”数据表中已有索引

分别采用不同的方法删除“职工”数据表中已有索引的语句如下：

```
Drop Index IX_职工编号 On 职工 ;
Alter Table 职工 Drop Index IX_姓名 ;
```

再一次使用“Show Index From 职工 ;”语句查看“职工”数据表中的索引，可以发现该数据表中已经不存在索引设置。

7．使用Alter Table语句创建索引

使用Alter Table语句在“职工”数据表的“职工编号”字段上创建主键的语句如下：

```
Alter Table 职工 Add Primary Key (职工编号(20)) ;
```

使用Alter Table语句在“姓名”字段上创建唯一索引的语句如下：

```
Alter Table 职工 Add Unique Index IX_姓名( 姓名(20) ) ;
```

使用“Show Index From 职工 ;”语句可以查看“职工”数据表中已创建的索引。

（1）SQL查询子句顺序为Select、Into、From、Where、Group By、Having和Order By等。其中，（　　）子句和（　　）子句是必需的，其余的子句均可省略，而Having子句只能和（　　）子句搭配起来使用。

（2）SQL查询语句的Order By子句用于将查询结果按指定的字段进行排序。排序包括升序和降序，其中ASC表示记录按（　　）序排列，DESC表示记录按（　　）序排列，默认状态下，记录按（　　）序方式排列。

（3）视图与数据表不同，数据库中只存放了视图的（　　），即（　　），而不存放视图对应的数据，数据存放在（　　）中。

（4）使用视图还可以简化数据操作，当通过视图修改数据时，相应的（　　）的数据也会发生变化；同时，若源表的数据发生变化，则这种变化也可以自动地同步反映到（　　）中。

（5）索引是一种重要的数据对象，能够提高数据的（　　），使用索引还可以确保列的唯一性，从而保证数据的（　　）。

（6）在SQL查询语句的Where子句中，使用字符匹配符（　　）或（　　）可以把表达式与字符串进行比较，从而实现模糊查询。

（7）SQL查询语句的Where子句中可以使用范围运算符指定查询范围，当要查询的条件是某个值的范围时，可以使用（　　）或（　　）关键字。

（8）SQL查询语句可以使用（　　）关键字，指定查询结果从哪一条记录开始显示、一共显示多少条记录。

（9）内连接是组合两个数据表的常用方法。内连接使用（　　）运算符进行多个源表之间数据的比较，并返回这些源表中与连接条件相匹配的数据行。一般使用（　　）或者（　　）关键字实现内连接。

（10）联合查询是指（　　）的查询方式。联合查询使用（　　）关键字连接各个Select子句。

单元 5

以程序方式处理 MySQL 数据表的数据

MySQL 提供了 Begin…End、If…Then…Else、Case、While、Repeat、Loop 等多个特殊关键字，这些关键字用于控制 SQL 语句、语句块、存储过程以及用户定义函数的执行顺序。如果不使用控制语句，则各个 SQL 语句按其出现的先后顺序分别执行。

存储过程（Stored Procedure）是一组为了完成特定功能的 SQL 语句集，通过存储过程可以将经常使用的 SQL 语句封装起来，这样可以避免重复编写相同的 SQL 语句，使用存储过程可以大大增强 SQL 的功能和灵活性，可以完成复杂的判断和运算，能够提高数据库的访问速度。为了满足用户特殊情况下的需要，MySQL 允许用户自定义函数，补充和扩展系统支持的内置函数，用户自定义函数可以实现模块化程序设计，并且执行速度更快。为了方便用户对结果集中单独的数据行进行访问，MySQL 提供了一种特殊的访问机制：游标。为了保证数据的完整性和强制使用业务规则，MySQL 除了提供约束之外，还提供了另外一种机制：触发器（Trigger）。使用事务可以将一组相关的数据操作捆绑成一个整体，一起执行或一起取消。

1. MySQL 的变量

变量是指在程序运行过程中其值可以改变的量，变量名不能与 MySQL 中的命令或已有的函数名称相同。

1）用户变量

用户可以在表达式中使用自己定义的变量，这样的变量称为用户变量。用户可以先在用户变量中保存值，然后在以后的语句中引用该值，这样可以将值从一条语句传递到另一条语句，用户变量在整个会话期有效。

用户变量在使用前必须定义和初始化，如果使用没有初始化的变量，则其值为 Null。用户变量与当前连接有关，也就是说，一个客户端定义的变量不能被其他客户端使用。当客户端退出时，该客户端连接的所有变量将自动释放。

定义和初始化一个用户变量可以使用 Set 语句，其语句格式如下：

```
Set  @<变量名 1>=<表达式 1> [ , @<变量名 2>=<表达式 2> , … ] ;
```

定义和初始化用户变量的规则如下。

① 用户变量以“@”开始，形式为“@变量名”，以便将用户变量和字段名予以区别。变量名必须符合 MySQL 标识符的命名规则，即变量可以是当前字符集的字符、数字、“.”、

“_”和“$”，如果变量名中需要包含一些特殊字符（如空格、#等），则可以使用半角双引号或半角单引号将整个变量名引起来。

② <表达式>的值是要给变量赋的值，可以是常量、变量或表达式。

③ 用户变量的数据类型是根据其所赋予值的数据类型自动定义的，例如:

```
Set  @name="admin" ;
```

此时变量 name 的数据类型也为字符类型。如果重新给变量 name 赋值，例如：

```
Set  @name=2 ;
```

此时变量 name 的数据类型为整型，即变量 name 的数据类型随所赋的值而改变。

④ 定义用户变量时变量的值可以是一个表达式，例如：

```
Set  @name=@name +3 ;
```

⑤ 在一条定义语句中，可以同时定义多个变量，中间使用半角逗号分隔，例如：

```
Set  @name , @number , @sex ;
```

⑥ 对于 Set 语句，可以使用“=”或“:=”作为赋值符，给每个用户变量赋值，被赋值的类型可以为整型、小数、字符串或 Null。

可以用其他 SQL 语句代替 Set 语句为用户变量赋值，在这种情况下，赋值符必须为“:=”，而不使用“=”，因为在非 Set 语句中“=”被视为比较运算符。

⑦ 可以使用查询结果给用户变量赋值，例如：

```
Set @name=(Select 姓名 From 学生 Where 学号='201607320160' ) ;
```

⑧ 在一个用户变量被定义后，它可以以一种特殊形式的表达式用于其他 SQL 语句，变量名前面也必须加上符号@。

例如，使用 Select 语句查询前面所定义的变量 name 的值：

```
Select @name ;
```

该语句的执行结果如图 5-1 所示。

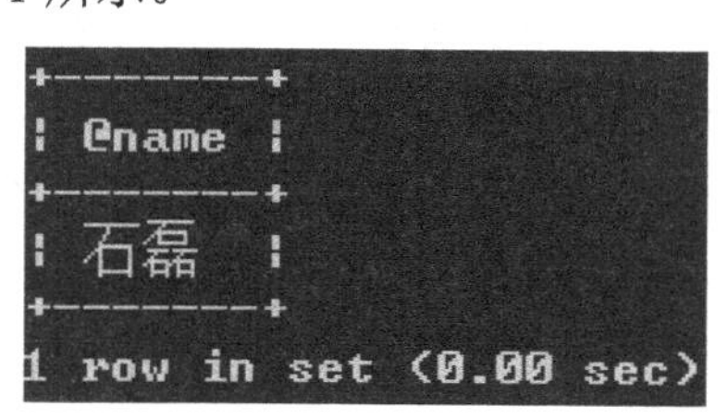

@name
石磊

1 row in set (0.00 sec)

图 5-1　语句“Select @name ;”的执行结果

例如，从“学生”数据表中查询姓名为用户变量 name 中所存储值的学生信息，语句如下：

```
Select * From 学生 Where 姓名=@name ;
```

该语句的执行结果如图 5-2 所示。

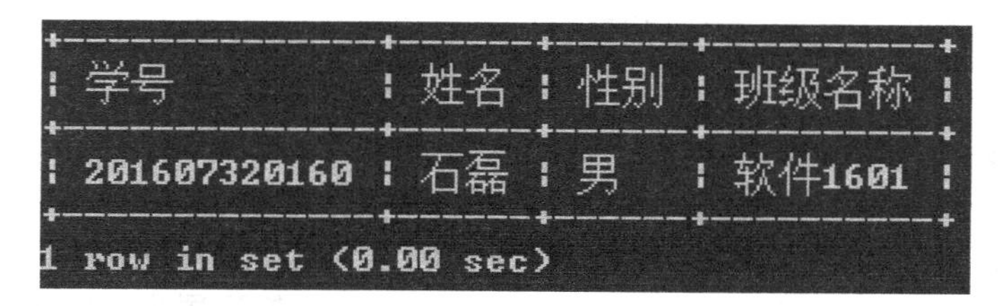

学号	姓名	性别	班级名称
201607320160	石磊	男	软件1601

1 row in set (0.00 sec)

图 5-2　语句“Select * From 学生 Where 姓名=@name ;”的执行结果

由于在 Select 语句中，表达式的值要发送到客户端后才能进行计算，这说明在 Having、

Group By 或 Order By 子句中，不能使用包含用户变量的表达式。

2）系统变量

MySQL 有一些特定的设置，当 MySQL 数据库服务器启动的时候，这些设置被读取出来决定下一步骤，这些设置就是系统变量，系统变量在 MySQL 服务器启动时就被引入并初始化为默认值。

系统变量一般以“@@”为前缀，如@@Version 返回 MySQL 的版本。但某些特定的系统变量可以省略“@@”符号，如 Current_Date（系统日期）、Current_Time（系统时间）、Current_Timestamp（系统日期和时间）和 Current_User（当前用户名）。

查看这些系统变量的值的语句如下：

```
Select @@Version , Current_Date , Current_Time , Current_Timestamp , Current_User ;
```

该语句的执行结果如图 5-3 所示。

```
+------------+--------------+--------------+---------------------+----------------+
| @@Version  | Current_Date | Current_Time | Current_Timestamp   | Current_User   |
+------------+--------------+--------------+---------------------+----------------+
| 5.7.11-log | 2016-04-06   | 15:36:49     | 2016-04-06 15:36:49 | root@localhost |
+------------+--------------+--------------+---------------------+----------------+
```

图 5-3 查看多个系统变量值的语句的执行结果

在 MySQL 中，有些系统变量的值是不可改变的，如 Version 和系统日期。而有些系统变量可以使用 Set 语句来修改。

更改系统变量值的语法格式如下：

```
Set  <系统变量名>=<表达式>
   |  [ Global | Session ]   <系统变量名>=<表达式>
   |  @@ [ Global.|Session.]<系统变量名>=<表达式>   ;
```

系统变量可以分为全局系统变量和会话系统变量两种类型。在为系统变量设定新值的语句中，使用 Global 或“@@global.”关键字的是全局系统变量，使用 Session 和“@@session.”关键字的是会话系统变量。Session 和@@session 还有一个同义词 Local 和“@@local.”。如果在使用系统变量时不指定关键字，则默认为会话系统变量。只有具有 super 权限才可以设置全局变量。

显示所有系统变量的语句为 Show Variables ;。

显示所有全局系统变量的语句为 Show Global Variables ;。

显示所有会话系统变量的语句为 Show Session Variables ;。

要显示与样式匹配的变量名称或名称列表，需使用 Like 子句和通配符“%”，例如，Show Variables Like 'character%' ;。

（1）全局系统变量：当 MySQL 启动的时候，全局系统变量就被初始化了，并且应用于每个启动的会话。全局系统变量对所有客户端有效，其值能应用于当前连接，也能应用于其他连接，直到服务器重新启动为止。

（2）会话系统变量：会话系统变量对当前连接的客户端有效，只适用于当前的会话。会话系统变量的值是可以改变的，但是其新值仅适用于正在运行的会话，不适用于其他会话。

例如，对于当前会话，把系统变量 SQL_Select_Limit 的值设置为 10。该变量决定了 Select 语句的结果集中返回的最大行数。对应的语句如下：

```
Set @@Session.SQL_Select_Limit=10 ;
Select @@Session.SQL_Select_Limit ;
```

语句的执行结果如图 5-4 所示。

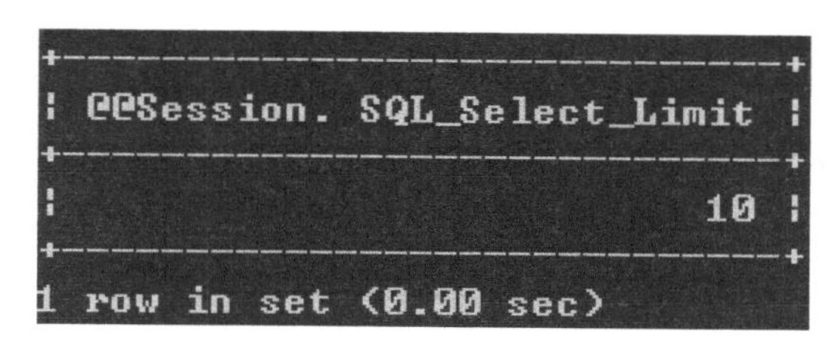

图 5-4　显示会话系统变量的值

这里，在系统变量的名称前面使用了关键字 Session（Local 与 Session 可以通用），明确地表示会话变量 SQL_Select_Limit 和 Set 语句指定的值保持一致。但是，同名的全局系统变量的值仍然不变。同样，如果改变了全局系统变量的值，则同名的会话系统变量的值也保持不变。

MySQL 中大多数系统变量有默认值，当数据库服务器启动时，就使用这些默认值。如果要将一个系统变量的值设置为 MySQL 的默认值，则可以使用 Default 关键字。

例如，将系统变量 SQL_Select_Limit 的值恢复为 MySQL 的默认值的语句如下：

```
Set @@Session.SQL_Select_Limit=Default ;
```

3）局部变量

局部变量是可以保存单个特定类型数据值的变量，其有效作用范围为存储过程和自定义函数的 Begin 到 End 语句块之间，在 Begin…End 语句块运行完之后，局部变量就消失了，其他语句块中不可以使用该局部变量，但 Begin…End 语句块内所有语句都可以使用。

MySQL 中局部变量必须先定义后使用。使用 Declare 语句声明局部变量，定义局部变量的语法格式如下：

```
Declare <变量名称>  <数据类型>  [ Default <默认值> ] ;
```

Default 子句给变量指定一个默认值，如果不指定，则默认为 Null。

局部变量名称必须符合 MySQL 标识符的命名规则，在局部变量前面不使用@符号。该定义语句无法单独执行，只能在存储过程和自定义函数中使用。

例如，Declare name varchar(30) ;。

可以使用 1 个语句同时声明多个变量，变量之间使用半角逗号分隔。

```
Declare name varchar(20) , number int , sex char(1)  ;
```

可以使用 Set 语句为局部变量赋值，Set 语句也是 SQL 本身的一部分，其语法格式如下：

```
Set  <局部变量名>=<表达式> ;
```

例如：

```
Set  name='安微' , number=2 , sex='男' ;
```

注 意

局部变量在赋值之前必须使用 Declare 关键字声明。

也可以使用 Select…Into 语句将获取的字段值赋给局部变量，并且返回的结果只能有一条记录值，其语法格式如下：

```
Select <字段名> [, …]  Into <局部变量名> [,…]  [From 子句] [Where 子句] ;
```

例如：

```
Select  Sum(借出数量)  Into  number  From  图书借阅 ;
```

使用 Select 语句给变量赋值时，如果省略了 From 子句和 Where 子句，就等同于 Set 语句赋值。如果有 From 子句和 Where 子句，并且 Select 语句返回多个值，则只将返回的最后一个值赋给局部变量。

2. MySQL 的运算符与表达式

1）运算符

运算符是一种符号，用来指定要在一个或多个表达式中执行的操作，MySQL 中运算符主要有如下类型。

（1）算术运算符：算术运算符用于对两个表达式执行数学运算，这两个表达式可以是任何数值类型。

MySQL 中的算术运算符有：+（加）、-（减）、*（乘）、/（除）、%（取模）。

“+”运算符用于获得一个或多个值的和，“-”运算符用于从一个值中减去另一个值。“+”和“-”运算符还可用于对日期时间值进行算术运算，如计算年龄。“*”运算符用于获得两个或多个值的乘积。“/”运算符用于获得一个值除以另一个值的商，并且除数不能为零。“%”运算符用来获得一个或多个除法运算的余数，并且除数不能为零。

进行算术运算时，用字符串表示的数字可以自动转换为数值类型，当执行转换时，如果字符串的前几个字符或全部字符是数字，那么它被转换为对应数字的值，否则被转换为零。

（2）赋值运算符：等号（=）是 MySQL 中的赋值运算符，可以用于将表达式的值赋给一个变量。

（3）比较运算符：比较运算符（又称为关系运算符）用于对两个表达式进行比较，可以用于比较数字和字符串，数字作为浮点值进行比较，字符串以不区分大小写的方式进行比较（除非使用特殊的 Binary 关键字），如大写字母'A'和小写字母'a'比较，其结果相等。

比较的结果为 1（True）或 0（False），即表达式成立结果为 1，表达式不成立结果为 0。

MySQL 中的比较运算符有：=（等于）、>（大于）、<（小于）、>=（大于等于）、<=（小于等于）、<>（不等于）、!=（不等于）、<=>（相等或都等于空）。

（4）逻辑运算符：逻辑运算符用于对某些条件进行测试，以获得其真假情况。逻辑运算符和比较运算符一样，运行结果是 1（True）或 0（False）。

MySQL 中的逻辑运算符有：And（如果两个表达式都为 True，并且不是 Null，则结果为 True，否则结果为 False）、Or（如果两个表达式中的任何一个为 True，并且不是 Null，则结果为 True，否则结果为 False）、Not（对任何其他运算符的结果取反，True 变为 False，False 变为 True）、Xor（如果表达式一个为 True，而另一个为 False，并且不是 Null，则结果为 True，否则结果为 False）。

（5）位运算符：位运算符用于对两个表达式执行二进制位操作，这两个表达式可以是整型或与整型兼容的数据类型（如字符型，但不能为 image 类型）。

MySQL 中的位运算符有：&（位与）、|（位或）、^（位异或）、~（位取反）、>>（位右移）、<<（位左移）。

（6）一元运算符：一元运算符只对一个表达式执行操作，该表达式可以是数值类型中的任何一种数据类型。MySQL 中的一元运算符有：+（正）、-（负）和~（位取反）。

除了以上运算符，MySQL 还提供了其他运算符，如 All、Any、Some、Between、In、Is Null、Is Not Null、Like 等运算符，这些运算符在前面单元中已介绍过，这里不再赘述。

2）表达式

表达式是常量、变量、字段值、运算符和函数的组合，MySQL 可以对表达式求值以获取结果，一个表达式通常可以得到一个值。与常量和变量一样，表达式的值也具有某种数据类型，可能的数据类型有字符类型、数值类型、日期时间类型等。这样，根据表达式值的类型，表达式可分为字符型表达式、数值表达式和日期表达式。

3）运算符的优先级

当一个复杂的表达式有多个运算符时，运算符优先级决定了执行运算的先后次序。执行的次序有时会影响所得到的运算结果。MySQL 运算符优先级如表 5-1 所示，在一个表达式中按先高（优先级数字小的）后低（优先级数字大的）的顺序进行运算。

表 5-1　MySQL 运算符优先级

优先级	运算符	优先级	运算符
1	+（正）、-（负）、~（位取反）	6	Not
2	*、/、%	7	And
3	+（加）、-（减）	8	Or、All、Any、Some、Between、In、Like
4	=（相等）、<>、!=、<、<=、>、>=、<=>	9	=（赋值）
5	&（位与）、|（位或）、^（位异或）		

当一个表达式中的两个运算符有相同的优先级时，根据它们在表达式中的位置，一般而言，一元运算符按从右到左（即右结合性）的顺序运算，二元运算符按从左到右（即左结合性）的顺序运算。

表达式中可以使用括号改变运算符的优先级，先对括号内的表达式求值，再对括号外的运算符进行运算。如果表达式中有嵌套的括号，则先对嵌套最深的表达式求值，再对外层括号中的表达式求值。

3．MySQL 的控制语句

1）Begin…End 语句

MySQL 中 Begin…End 语句用于将多个 SQL 语句组合为一个语句块，相当于一个单一语句，达到一起执行的目的。

Begin…End 语句的语法格式如下：

```
Begin
    <语句 1>;
    <语句 2>;
    …
End
```

MySQL 中允许嵌套使用 Begin…End 语句。

2）If…Then…Else 语句

If…Then…Else 语句用于进行条件判断，实现程序的选择结构。根据是否满足条件，将执行不同的语句，其语法格式如下：

```
If  <条件表达式 1>  Then  <语句块 1>
[ Elseif  <条件表达式 2>  Then  <语句块 2> ]
[ Else  <语句块 3> ]
End If;
```

其中，语句块可以是单条语句或多条 SQL 语句。

If 语句的执行过程如下：如果条件表达式的值为 True，则执行对应的语句块；如果所有的条件表达式的值为 False，并且有 Else 子句，则执行 Else 子句对应的语句块。在 If…Then…Else 语句中允许嵌套使用 If…Else 语句。

3）Case 语句

Case 语句用于计算列表并返回多个可能结果表达式中的一个，可用于实现程序的多分支结构，虽然使用 If…Then…Else 语句也能够实现多分支结构，但是使用 Case 语句的程序可读性更强，一条 Case 语句经常可以充当一条 If…Then…Else 语句。

MySQL 中，Case 语句有以下两种形式。

（1）简单 Case 语句：简单 Case 语句用于将某个表达式与一组简单表达式进行比较以确定其返回值，其语法格式如下：

```
Case  <输入表达式>
      When  <表达式 1>  Then  <SQL 语句 1>
      When  <表达式 2>  Then  <SQL 语句 2>
      ……
      [  Else  <其他 SQL 语句>  ]
End  Case ;
```

简单 Case 语句的执行过程如下：将“输入表达式”与各个 When 子句后面的“表达式”进行比较，如果相等，则执行对应的“SQL 语句”，然后跳出 Case 语句，不再执行后面的 When 子句；如果 When 子句中没有与“输入表达式”相等的“表达式”，如果指定了 Else 子句，则执行 Else 子句后面的“其他 SQL 语句”。如果没有指定 Else 子句，则没有执行 Case 语句内任何一条 SQL 语句。

（2）搜索 Case 语句：搜索 Case 语句用于计算一组逻辑表达式以确定返回结果，其语法格式如下：

```
Case
      When  <逻辑表达式 1>  Then  <SQL 语句 1>
      When  <逻辑表达式 2>  Then  <SQL 语句 2>
      ……
      [  Else  <其他 SQL 语句>  ]
End Case ;
```

搜索 Case 语句的执行过程如下：先计算第 1 个 When 子句后面的“逻辑表达式 1”的值，如果值为 True，则 Case 语句执行对应的“SQL 语句”；如果为 False，则按顺序计算 When 子句后面的“逻辑表达式”的值，且执行计算结果为 True 的第 1 个“逻辑表达式”对应的“SQL 语句”。在所有的“逻辑表达式”的值都为 False 的情况下，如果指定了 Else 子句，则执行 Else 子句后面的“其他 SQL 语句”。如果没有指定 Else 子句，则不执行 Case 语句内任何一条 SQL 语句。

4）While 循环语句

While 循环语句用于实现循环结构，是有条件控制的循环语句，当满足某种条件时执行循环体内的语句。

While 语句的语法格式如下：

```
[ 开始标注：]
While  <逻辑表达式>  Do
    <语句块>
```

```
End While [结束标注] ;
```

While 循环语句的执行过程如下：首先判断逻辑表达式的值是否为 True，为 True 则执行“语句块”中的语句，然后再次进行判断，为 True 则继续循环，为 False 则结束循环。“开始标识：”和“结束标注”是 While 语句的标注，除非“开始标识：”存在，否则“结束标注”不能出现，并且如果两者都出现，则它们的名称必须是相同的。“开始标注：”和“结束标注”通常可以省略。

5）Repeat 循环语句

Repeat 循环语句是有条件控制的循环语句，当满足特定条件时，就会跳出循环语句。

Repeat 语句的语法格式如下：

```
[ 开始标注：]
Repeat   <语句块>
Until   <逻辑表达式>
End Repeat [结束标注] ;
```

Repeat 循环语句的执行过程如下：首先执行语句块中的语句，然后判断逻辑表达式的值是否为 True，为 True 则停止循环，为 False 则继续循环。Repeat 语句也可以被标注。Repeat 语句与 While 语句的区别在于：Repeat 语句先执行语句，再进行条件判断；而 While 语句先进行条件判断，条件为 True 时才执行语句。

6）Loop 循环语句

Loop 语句可以使某些语句重复执行，实现一些简单的循环。但是 Loop 语句本身没有停止循环的机制，必须遇到 Leave 语句才能停止循环。

Loop 语句的语法格式如下：

```
[ 开始标注：]
Loop   <语句块>
End Loop [结束标注]  ;
```

Loop 语句允许某特定语句或语句块重复执行，实现一些简单的循环结构。在循环体内的语句一直重复执行直到循环被强迫终止，终止通常使用 Leave 语句。

7）Leave 语句

Leave 语句主要用于跳出循环控制，经常和循环一起使用，其语法格式如下：

```
Leave <标注名> ;
```

使用 Leave 语句可以退出被标注的循环语句，标注名是自定义的。

8）Iterate 语句

Iterate 语句用于跳出本次循环，然后直接进入下一次循环，其语法格式如下：

```
Iterate   <标注名> ;
```

Iterate 语句与 Leave 语句都是用来跳出循环语句的，但两者的功能不一样，其中 Leave 语句用来跳出整个循环，然后执行循环语句后面的语句；而 Iterate 语句是跳出本次循环，然后进行下一次循环。

4．MySQL 系统定义的内置函数

MySQL 中包含 100 多个内置函数，从数学函数到比较函数等，系统定义的内置函数如表 5-2 所示，这些函数的功能和用法请参考 MySQL 的帮助系统，这里不再具体介绍。

表 5-2 MySQL 系统定义的内置函数

函数类型	函数名
聚合函数	Ascii()、Char()、Left()、Right()、Trim()、Ltrim()、Rtrim()、Rpad()、Lpad()、Replace()、Concat()、Substring()、Strcmp()
数学函数	Greatest()、Least()、Floor()、Geiling()、Round()、Truncate()、Abs()、Sign()、Sqrt()、Pow()、Sin()、Cos()、Tan()、Asin()、Acos()、Atan()、Bin()、Otc()、Hex()
日期时间函数	Now()、Curtime()、Curdate()、Year()、Month()、Monthname()、Dayofyear()、Dayofweek()、Dayofmonth()、Dayname()、Week()、Yearweek()、Hour()、Minute()、Second()、Date_add()、Date_sub()
系统信息函数	Database()、Benchmark()、Charset()、Connection_ID()、Found_rows()、Get_lock()、Is_free_lock、Last_Insert()、Master_pos_wait()、Release_lock()、User()、System_user()、Version()
类型转换函数	Cast()
格式化函数	Format()、Date_format()、Time_format()、Inet_ntoa()、Inet_aton()
控制流函数	Ifnull()、Nullif()、If()
加密函数	Aes_encrypt()、Aes_decrypt()、Encode()、Decode()、Encrypt()、Password()

5. MySQL 的存储过程

1）存储过程的概念

存储过程是一段为了完成特定功能的程序，通过存储过程可以将经常使用的 SQL 语句封装起来，这样可以避免重复编写相同的 SQL 语句，存储过程可以由声明式 SQL 语句（如 Create、Update、Select 等）和过程式 SQL 语句（如 If…Then…Else 语句组成。另外，存储过程一般是经过编译后存储在数据库中的，所以执行存储过程要比执行存储过程中封装的 SQL 语句效率更高。存储过程还可以接收输入参数、输出参数等，可以返回单个或多个结果集。存储过程可以由程序、触发器或者另一个存储过程来调用，从而激活它，实现代码段中的 SQL 语句。

MySQL 中使用存储过程主要有以下优点。

① 执行速度快：存储过程比普通 SQL 语句功能更强大，而且能够实现功能性编程。当存储过程执行成功后会被存储在数据库服务器中，并允许客户端直接调用，而且存储过程可以提高 SQL 语句的执行效率。

② 封装复杂的操作：存储过程中允许包含一条或多条 SQL 语句，利用这些 SQL 语句完成一个或者多个逻辑功能，对于调用者来说，存储过程封装了 SQL 语句，调用者无需考虑逻辑功能的具体实现过程，只是调用即可。

③ 有很强的灵活性：存储过程可以用流程控制语句编写，可以完成较复杂的判断和运算。

④ 使数据独立：程序可以调用存储过程，来替代执行多条 SQL 语句。在这种情况下，存储过程把数据同用户隔离开来，其优点是当数据表的结构改变时，调用者不用修改程序，只需要重新编写存储过程即可。

⑤ 提高安全性：存储过程可被作为一种安全机制来充分利用，系统管理员通过限制存储过程的访问权限，从而实现相应数据的访问权限限制，避免了非授权用户对数据的访问，保证了数据的安全。

⑥ 提高性能：复杂的功能往往需要多条 SQL 语句才能实现，同时客户端需要多次连接并发送 SQL 语句到服务器才能完成该功能。如果利用存储过程，则可以将这些 SQL 语句放入存储过程中，当存储过程被成功编译后，就存储在数据库服务器中，以后客户端可以直接

调用，这样所有的SQL语句将在服务器中执行。

⑦ 存储过程能减少网络流量：针对同一个数据库对象的操作，如果这一操作所涉及的SQL语句被组织成存储过程，那么当在客户机上调用该存储过程时，网络中传送的只是该调用语句，从而大大降低了网络负载。

2）Delimiter 命令

Delimiter 命令用于更改MySQL语句的结束符，如将默认结束符“;”更改为“$$”，避免与SQL语句默认结束符相冲突。其语法格式如下：

```
Delimiter  <自定义的结束符>
```

例如，Delimiter $$。

用户自定义的结束符可以是一些特殊的符号，如“$$”、“##”、“//”等，但应避免使用反斜杠“\”字符，因为“\”是MySQL的转义字符。

恢复使用MySQL的默认结束符“;”的命令如下：

```
Delimiter ;
```

3）创建存储过程

创建存储过程的语法格式如下：

```
Create Procedure  <存储过程名>( [ <参数列表> ] )
    [ <存储过程的特征设置> ]
     <存储过程体>
```

说　明

① 存储过程名应符合MySQL的命名规则，尽量避免使用与MySQL的内置函数相同的名称，否则会产生错误。通常存储过程默认在当前数据库中创建，如果需要在特定的数据库中创建，则要在存储过程名前面加上数据库的名称，其格式为<数据库名>.<存储过程名>。

② 存储过程可以不使用参数，也可以带一个或多个参数。当存储过程无参数时，存储过程名称后面的括号不可省略。如果有多个参数，则各个参数之间使用半角逗号分隔。参数的定义格式如下：

```
[  In | Out | InOut  ]  <参数名>  <参数类型>
```

MySQL的存储过程支持3种类型的参数：输入类型参数、输出类型参数和输入/输出类型参数，关键字分别使用In、Out、InOut，默认的参数类型为In。输入参数使数据可以传递给存储过程；存储过程使用输出类型参数，把存储过程内部的数据传递给调用者；输入/输出参数既可以充当输入参数，又可以充当输出参数，既可以把数据传入到存储过程中，又可以把存储过程中的数据传递给调用者。存储过程的参数名不要使用数据表中的字段名，否则SQL语句会将参数看做字段名，从而引发不可预知的结果。

③ 存储过程的特征设置的格式如下：

```
   Language SQL
 | [ Not ]  Deterministic
 | { Contains SQL  |  No SQL  |  Reads SQL Data  |  Modifies SQL Data }
 | SQL Security  {  Definer  |  Invoker  }
 | Comment  <注释信息内容>
```

各参数的含义说明如下。

Language SQL：表明编写该存储的语言为 SQL。目前，MySQL 存储过程还不能使用其他编程语言来编写，该选项可以不指定。

Deterministic：使存储过程对同样的输入参数产生相同的结果。

Not Deterministic：为默认设置，对同样的输入参数会产生不确定的结果。

Contains SQL：表示存储过程包含 SQL 语句，但不包含读或写数据的语句。如果没有明确指定存储过程的特征，则默认为 Contains SQL，即表示存储过程不包含读或写数据的语句。

No SQL：表示存储过程不包含 SQL 语句。

Reads SQL Data：表示存储过程包含读数据的语句，但不包含写数据的语句。

Modifies SQL Data：表示存储过程包含写数据的语句。

SQL Security：用来指定谁有权限来执行，Definer 表示只有该存储过程的定义者才能执行，Invoker 表示拥有权限的调用者可以执行。默认情况下，系统指定为 Definer。

Comment <注释信息内容>：注释信息，可以用来描述存储过程。

④ 存储过程体是存储过程的主体部分，其内容包含了可执行的 SQL 语句，这些语句总是以 Begin 开始，以 End 结束。当然，当存储过程中只有一条 SQL 语句时可以省略 Begin…End 语句。

存储过程体中可以使用所有类型的 SQL 语句，包括 DLL、DCL 和 DML 语句。当然，过程式语句也是允许的，也包括变量的定义和赋值语句。

4）查看存储过程

查看存储过程状态的语法格式如下：

```
Show Procedure Status [ Like  <存储过程名的模式字符> ] ;
```

例如：

```
Show Procedure Status Like "proc%" ;
```

其中，%为通配字符，"proc%"表示所有名称以 proc 开头的存储过程。

查看存储过程定义的语法格式如下：

```
Show Create Procedure <存储过程名> ;
```

例如：

```
Show Create Procedure proc0501 ;
```

MySQL 中存储过程的信息存储在 information_schema 数据库下的 Routines 表中，可以通过查询该数据表的记录来查询存储过程的信息，如从 Routines 表中查询名称为 proc0501 存储过程的信息的语句如下：

```
Select * From information_schema.Routines Where Routine_name="proc0501" ;
```

其中，Routine_name 字段中存储的是存储过程的名称，由于 Routines 表也存储了函数的信息，如果存储过程和自定义函数名称相同，则需要同时指定 Routine_Type 字段表明查询的是存储过程（值为 Procedure）还是函数（值为 Function）。

5）调用存储过程

存储过程创建完成后，可以在程序、触发器或者其他存储过程中被调用。其语法格式如下：

```
Call <存储过程名>( [ <参数列表> ] ) ;
```

如果需要调用某个特定数据库的存储过程，则需要在存储过程名前面加上该数据库的名称。如果定义存储过程时使用了参数，则调用该存储过程时，也要使用参数，并且参数个数和顺序对应相同。

6）修改存储过程

可以使用 Alter Procedure 语句修改存储过程，其语法格式如下：

```
Alter Procedure <存储过程名>  [ <存储过程的特征设置> ] ;
```

存储过程的特征设置与创建存储过程类似，这里不再赘述。

例如，修改存储过程 proc0501 的定义，将其读写权限修改为 Modifies SQL Data，并指调用者可以执行的语句如下：

```
Alter Procedure proc0501 Modifies SQL Data SQL Security Invoker ;
```

如果要修改存储过程的存储过程体内容，则可以先删除该存储过程，再重新定义。

7）删除存储过程

在命令行中删除存储过程的语法格式如下：

```
Drop Procedure  [ if exists ] <存储过程名> ;
```

其中，if exist 子句可以防止存储过程不存在时出现警告信息。

注 意

在删除存储过程之前，必须确认该存储过程没有任何依赖关系，否则导致其他与之关联的存储过程无法执行。

6. MySQL 的自定义函数

为了满足用户特殊情况下的需要，MySQL 允许用户自定义函数，补充和扩展系统支持的内置函数，用户自定义函数可以实现模块化程序设计，并且执行速度更快。

1）自定义函数概述

MySQL 的自定义函数与存储过程相似，都是由 SQL 语句和过程式语句组成的代码片断，并且可以在应用程序中调用。然而，它们也有以下区别。

① 自定义函数不能拥有输出参数，因为函数本身就有返回值。

② 不能使用 Call 语句调用函数。

③ 函数必须包含一条 Return 语句，而存储过程不允许使用该语句。

2）自定义函数的定义

创建自定义函数的语法格式如下：

```
Create Function <函数名>( [<输入参数名>  <参数类型> [ , … ] )
        Returns <函数返回值类型>
        [ <函数的特征设置> ]
        <函数体>
```

说 明

① 定义函数时，函数名不能与 MySQL 的关键字、内置函数、已有的存储过程、已有的自定义函数同名。

② 自定义函数可以有输入参数，也可没有输入参数，可以带一个输入参数，也可以带多个输入参数，参数必须规定参数名和类型。

③ 自定义函数必须有返回值，Returns 后面就是设置函数的返回值类型。

④ 自定义函数的函数体可以包含流程控制语句、游标等，但必须包含 Retrun 语句，返回函数的值。

⑤ 函数的特征设置与存储过程类似，这里不再赘述。

3）查看自定义函数

查看自定义函数状态的语法格式如下：

```
Show Function Status [ Like  <函数名的模式字符> ] ;
```

例如：

```
Show Procedure Status Like "func%" ;
```

其中，%为通配字符，"func%"表示所有名称以 func 开头的函数。

查看自定义函数的语法格式如下：

```
Show Create Function <函数名> ;
```

例如：

```
Show Create Function func0501 ;
```

4）调用自定义函数

自定义函数创建成功后，就可以调用了，其调用方法与调用 MySQL 的内置函数是一样的，调用自定义函数的语法格式如下：

```
Select 函数名称([实参]) ;
```

5）修改自定义函数

修改函数是指修改已定义好的自定义函数，其语法格式如下：

```
Alter Function <自定义函数名> [ <函数的特征设置> ]  ;
```

例如，修改自定义函数 func0501 的定义，将读写权限修改为“Reads SQL Data”的语句如下：

```
Alter Function func0501 Reads SQL Data ;
```

如果要修改自定义函数的函数体内容，则可以采用先删除后重新定义的方法。

6）删除自定义函数

删除自定义函数的语法格式如下：

```
Drop Function  [ if exists ] <自定义函数名> ;
```

例如，删除自定义函数 func0501 的语句如下：

```
Drop Function func0501 ;
```

7. MySQL 的游标

为了方便用户对结果集中单条记录行进行访问，MySQL 提供了一种特殊的访问机制：游标。游标主要包括游标结果集和游标位置两部分。其中，游标结果集是指由定义游标的 Select 语句所返回的记录集合；游标相当于指向这个结果集中某一行的指针。

查询语句可能查询出多条记录，在存储过程和函数中使用游标来逐条读取查询结果集中的记录。游标的使用包括声明游标、打开游标、使用游标和关闭游标。游标一定要在存储过程或函数中使用，不能单独在查询中使用。

1）声明游标

MySQL 中，声明游标的语法格式如下：

```
Declare  <游标名>  Cursor  For  <Select 语句>
```

游标名称必须符合 MySQL 标识符的命名规则，Select 语句返回一行或多行记录数据，但不能使用Into子句。该语句声明一个游标，也可以在存储过程中定义多个游标，但是一个语句块中的每个游标都有自己唯一的名称。

2）打开游标

声明游标后，要使用游标从中提取数据，就必须先打开游标，在MySQL中，使用Open语句打开游标，其语法格式如下：

```
Open  <游标名> ;
```

在程序中，一个游标可以打开多次，由于其他的用户或程序本身已经更新了数据表，所以每次打开的结果可能不同。

3）读取游标

游标打开后，可以使用“Fetch…Into”语句从中读取数据，其语法格式如下：

```
Fetch <游标名> Into <变量名 1> [, <变量名 2> , …] ;
```

Fetch语句将游标指向的一行记录的一个或多个数据赋给一个变量或多个变量，子句中变量的数目必须等于声明游标时Select子句中字段的数目。变量名必须在声明游标之前就定义完成。

4）关闭游标

游标使用完以后要及时关闭，其语法格式如下：

```
Close <游标名> ;
```

8．MySQL的触发器

为了保证数据的完整性和强制使用业务规则，MySQL除了提供约束之外，还提供了另外一种机制：触发器。

1）触发器概述

触发器是一种特殊的存储过程，它与数据表紧密相连，可以看做数据表定义的一部分，用于数据表实施完整性约束。触发器建立在触发事件上，如对数据表执行Insert、Update或者Delete等操作时，MySQL就会自动执行建立在这些操作上的触发器。在触发器中包含了一系列用于定义业务规则的SQL语句，用来强制用户实现这些规则，从而确保数据的完整性。

存储过程可以使用Call命令调用，触发器的调用和存储过程不一样，触发器只能由数据库的特定事件来触发，并且不能接收参数。当满足触发器的触发条件时，数据库系统就会执行触发器中定义的程序语句。

2）创建触发器

MySQL中创建触发器的语法格式如下：

```
Create Trigger <触发器名>  Before | After <触发事件>
        On <表名> For Each Row <执行语句> ;
```

说 明

① 触发器名称在当前数据库中必须具有唯一性，如果需要在指定的数据库中创建触发器，则在触发器名称前应加上数据库的名称。

② Before | After以表示触发器在激活它的语句之前触发还是之后触发。

③ 触发事件指明了激活触发程序的语句类型，通常为Insert（新插入记录时激活触发器）、Update（更改记录数据时激活触发器）、Delete（从数据表中删除记录时激活触发器）。

④ 表名表示与触发器相关的数据表名称，在该数据表上发生触发事件才会激活触发器。注意，同一个数据表不能拥有两个具有相同触发时刻和事件的触发器。例如，对于同一个数据表，不能有两个 Before Update 触发器，但可以有一个 Before Update 触发器和一个 Before Insert 触发器，或一个 Before Update 触发器和一个 After Update 触发器。

⑤ For Each Row 指定对于受触发事件影响的每一行，都要激活触发器的动作。例如，使用一条语句向一个数据表中添加多条记录时，触发器会对每一行执行相应触发器动作。

⑥ 执行语句为触发器激活时将要执行的语句，如果要执行多条语句，则可以使用 Begin…End 复合语句，这样就能使用存储过程中允许的语句了。

注 意

触发器不能返回任何结果到客户端，为了阻止从触发器返回结果，不要在触发器定义中包含 Select 语句。同样，也不能调用将数据返回客户端的存储过程。

MySQL 触发器中的 SQL 语句可以关联数据表中的任意字段，但不能直接使用字段名称，这样做系统会无法识别，因为激活触发器的语句可能已经修改、删除或添加了新字段名，而字段的原名称同时存在。因此必须使用“New.<字段名>”或“Old.<字段名>”标识字段，“New.<字段名>”用来引用新记录的一个字段，“Old.<字段名>”用来引用更新或删除该字段之前原有的字段。对于 Insert 语句，只有 New 可以使用；对于 Delete 语句，只有 Old 才可以使用；对于 Update 语句，New 和 Old 都可以使用。

3）查看触发器

查看触发器是指查看数据库中已存在的触发器的定义、状态和语法信息等，可以使用语句来查看已经创建的触发器。

① 使用 Show Triggers 查看触发器。

② 使用 Select 语句查看 Triggers 数据表中的触发器信息，其语法格式如下：

```
Select * From Information_Schema.Triggers Where Trigger_Name=<触发器名> ;
```

4）删除触发器

删除触发器的语法格式如下：

```
Drop Trigger [ <数据库名>.]<触发器名>
```

如果省略了数据库名，则表示在当前数据库中删除指定的触发器。

9．MySQL 的事务及其控制语句

使用事务可以将一组相关的数据操作捆绑成一个不可分割的整体，一起执行或一起取消。事务是单个的工作单元，在事务中可以包含多条操作语句。如果对事务执行提交，则该事务中进行的所有操作均会提交，成为数据库中的永久组成部分。如果事务中的一条语句遇到错误不能执行而被取消或回滚，则事务中的所有操作均被清除，数据恢复到事务执行前的状态。

事务主要有 4 个特性，可以简称为 ACID 特性。

（1）原子性（Atomicity）：事务必须是不可分割的原子工作单元，对于其数据修改，要么全都执行，要么全都不执行。

（2）一致性（Consistency）：事务在完成时，使所有的数据都保持一致状态。在相关数据库中，所有规则都必须应用于事务的修改，以保持所有数据的完整性。事务结束时，所有的内部数据结构都必须是正确的。

（3）隔离性（Isolation）：由并发事务所做的修改必须与任何其他并发事务所做的修改隔离。

（4）持久性（Durability）：事务完成之后，它对于系统的影响是永久的。

MySQL 主要提供了如下事务控制语句。

（1）开始事务：Start Transaction 语句和 Begin Work 语句用于显式地启动一个事务。其语法格式如下：

```
Start Transaction | Begin Work
```

（2）结束事务：Commit 语句标志一个成功执行的事务结束，用于提交事务，将事务所做的数据修改保存到数据库中。其语法格式如下：

```
Commit [Work] [And [No] Chain ] [ [No] Release ]
```

其中，可选项 And Chain 子句会在当前事务结束时，立刻启动一个新事务，并且新事务与刚结束的事务有相同的隔离等级。Release 子句在终止了当前事务后，会让服务器断开当前客户端的连接。包含 No 关键字可以抑制 Chain 或 Release 完成。

（3）撤销事务：Rollback 语句用于撤销事务所做的修改，并结束当前事务。其语法格式如下：

```
Rollback [Work] [And [No] Chain ] [ [No] Release ]
```

（4）设置保存点：Savepoint 语句用于在事务内设置保存点。其语法格式如下：

```
Savepoint <保存点名称>
```

（5）回滚事务：Rollback To 语句将事务回滚到事务的起点或事务内的某个保存点，用于取消事务对数据的修改。Rollback To Savepoint 语句会向已命名的保存点回滚一个事务。如果在保存点被设置后，当前事务对数据进行了修改，则这些更改会在回滚中被撤销。其语法格式如下：

```
Rollback [Work] To Savepoint <保存点名称>
```

当事务回滚到某个保存点后，在该保存点之后设置的保存点将被删除。

Rollback Savepoint 语句会从当前事务的一组保存点中删除已命名的保存点。其语法格式如下：

```
Rollback Savepoint <保存点名称>
```

10. MySQL 的注释符

MySQL 注释符有以下 3 种：

① #…。

② -- …（注意--后面有一个空格）。

③ /*…*/。

5.1 编辑与执行多条 SQL 语句

【任务 5-1】 在命令行中定义用户变量与执行多条 SQL 语句

【任务描述】

在命令行中编辑与执行多条 SQL 语句，实现以下功能。

（1）为用户变量 name 赋值“电子工业出版社”。

（2）从数据表“出版社”中查询“电子工业出版社”的“出版社 ID”字段的值，并且将该值存储在用户变量 id 中。

（3）从数据表“图书信息”中查询“电子工业出版社”的图书种类，并且图书种类存储在用户变量 num 中。

（4）显示用户变量 name、id 和 num 的值。

【任务实施】

（1）打开 Windows 命令行窗口，成功登录 MySQL 服务器。

（2）在命令提示符后输入以下语句：

```
Use book ;
Set  @name="电子工业出版社" ;          --  给变量 name 赋值
Set  @id=(Select  出版社 ID From  出版社  Where  出版社名称= "电子工业出版社") ;
Set  @num=(Select Count(*) From  图书信息  Where  出版社 ID=@id) ;
Select @name , @id , @num ;
```

语句“Select @name , @id , @num ;”的输出结果如图 5-5 所示。

@name	@id	@num
电子工业出版社	4	15

图 5-5 语句“Select @name , @id , @num ;”的输出结果

5.2 创建与使用存储过程

【任务 5-2】 在命令行中创建存储过程并查看指定出版社出版的图书种类

【任务描述】

在命令行中创建存储过程 proc0501，其功能是从“图书信息”数据表中查看电子工业出版社出版的图书种类。

【任务实施】

打开 Windows 命令行窗口，登录 MySQL 服务器。

（1）在命令行中创建存储过程 proc0501。成功登录 MySQL 服务器，在命令提示符后输入以下语句。

```
Delimiter $$
Use book ;
Create Procedure proc0501()
Begin
    Declare name varchar(40) ;
    Declare id int ;
    Declare num int ;
    Set  name="电子工业出版社" ;          --  给变量 name 赋值
    Set id=(Select 出版社 ID From  出版社  Where 出版社名称= name) ;
    Select Count(*)  Into num From 图书信息 Where 出版社 ID=id ;
    Select name , id , num ;
End $$
Delimiter ;
```

存储过程创建成功后，会显示如下提示信息：

```
Query OK, 0 rows affected (0.00 sec)
```

（2）在命令行中查看存储过程。

在命令提示符后输入以下语句查看存储过程 proc0501。

```
Show Procedure Status Like "proc0501" ;
```

部分结果如图 5-6 所示。

Db	Name	Type	Definer	Modified	Created	Security_type
book	proc0501	PROCEDURE	root@localhost	2016-04-10 08:13:18	2016-04-10 08:13:18	DEFINER

图 5-6　查看存储过程 proc0501 的部分结果

（3）在命令行中调用存储过程 proc0501。

在命令提示符后输入以下语句调用存储过程 proc0501。

```
Call proc0501 ;
```

调用存储过程 proc0501 的结果如图 5-7 所示。

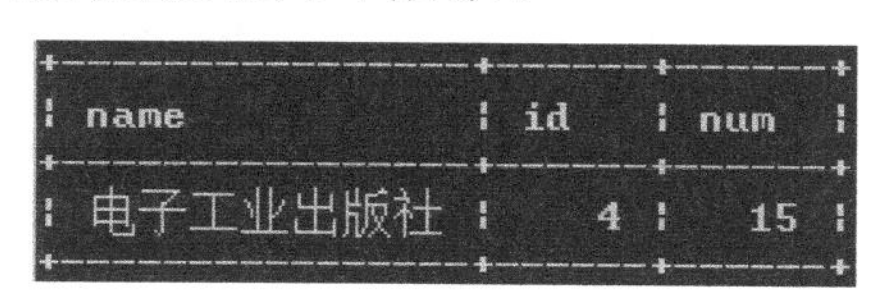

name	id	num
电子工业出版社	4	15

图 5-7　调用存储过程 proc0501 的结果

【任务 5-3】在命令行中创建有输入参数的存储过程

【任务描述】

任务 5-2 出版社名称存储在局部变量 name 中，该存储过程只能查询一个出版社所出版的图书种类，如果需要查询不同出版社所出版的图书种类，则可以将出版社名称作为存储过程的输入参数，通过输入参数传入不同的出版社名称，从而查询不同出版社的图书种类。

在命令行窗口中创建包含输入参数的存储过程 proc0502，其功能是根据输入参数 strName 的值（存储“出版社名称”）从“图书信息”数据表中查看对应出版社出版的图书种类。

【任务实施】

（1）在命令行中创建存储过程 proc0502。在命令提示符后输入以下各语句。

```
Delimiter $$
Create Procedure proc0502( In strName varchar(50) )
Begin
    Declare id int ;
    Declare num int ;
    If (strName Is Not Null) Then
        Set id=(Select 出版社 ID From  出版社 Where 出版社名称=strName) ;
        Select Count(*) Into num From 图书信息 Where 出版社 ID=id ;
    End If ;
    Select strName , id , num ;
End $$
Delimiter ;
```

SQL 语句输入过程及结果如图 5-8 所示。

```
mysql> Delimiter $$
mysql> Create Procedure proc0502( In strName varchar(50) )
    -> Begin
    ->     Declare id int ;
    ->     Declare num int ;
    ->     If (strName Is Not Null) Then
    ->         Set id=(Select 出版社ID From  出版社 Where 出版社名称=strName) ;
    ->         Select Count(*)  Into num From 图书信息 Where 出版社ID=id ;
    ->     End If ;
    ->     Select  strName , id , num ;
    -> End $$
Query OK, 0 rows affected (0.00 sec)
```

图 5-8　存储过程 proc0502 中 SQL 语句的输入过程及结果

（2）在命令行中调用存储过程 proc0502。在命令提示符后输入以下语句调用存储过程 proc0502。

```
call proc0502("电子工业出版社") ;
```

调用存储过程 proc0502 的结果如图 5-9 所示。

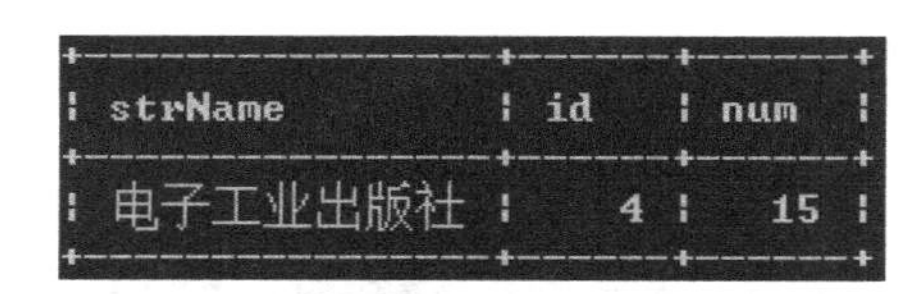

strName	id	num
电子工业出版社	4	15

图 5-9　调用存储过程 proc0502 的结果

【任务 5-4】在 Navicat 图形界面中创建有输入参数的存储过程

【任务描述】

在 Navicat 图形界面中创建包含输入参数的存储过程 proc0503，其功能是根据输入参数 strName 的值（存储“出版社名称”）从“图书信息”数据表中查看对应出版社出版的图书种类。

【任务实施】

1. 查看数据库“book”中已有的存储过程

启动 Navicat，在主界面左侧“连接”列表中，双击打开连接“better”，双击打开数据库“book”，然后在工具栏中单击【函数】按钮，此时可以看到数据库“book”中已有的存储过程，如图 5-10 所示。

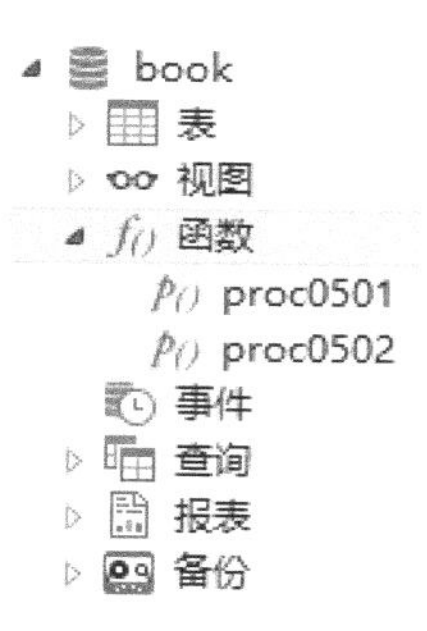

图 5-10　查看数据库“book”中已有的存储过程

2. 新建存储过程

在【对象】区域的工具栏中单击【新建函数】按钮，打开【函数导向】对话框，选择要创建的例程类型，如图 5-11 所示，在该界面中单击【过程】按钮。

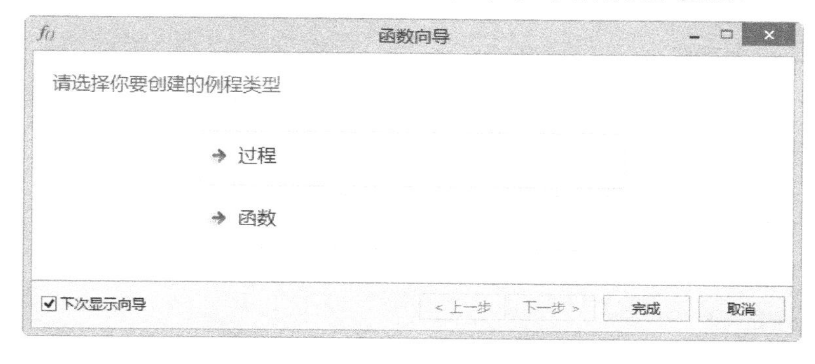

图 5-11　选择要创建的例程类型

单击【下一步】按钮，输入这个例程的参数，在“模式”文本框后单击按钮，在弹出的下拉列表中选择模式类型“IN”，如图 5-12 所示。

图 5-12　参数类型列表

在“名”文本框中输入“strName”，在“类型”文本框中输入“varchar(50)”，如图 5-13 所示。

单击【完成】按钮，打开存储过程的定义窗口，其初始状态如图 5-14 所示。

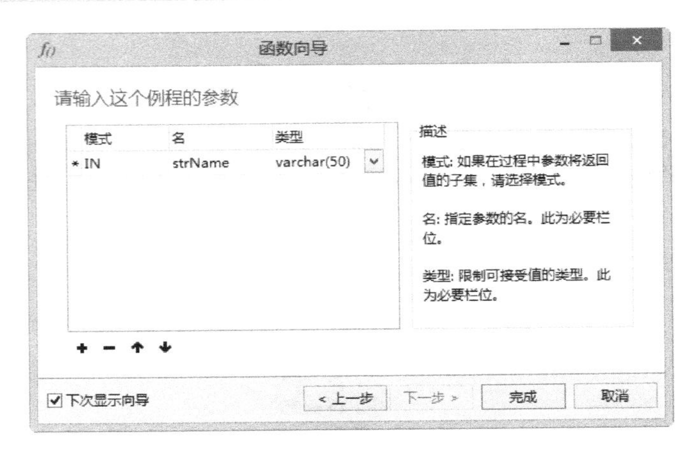

图 5-13　设置存储过程的参数

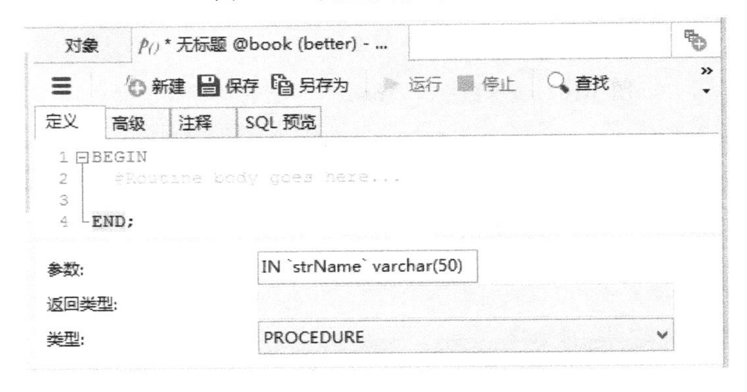

图 5-14　存储过程定义窗口的初始状态

在存储过程的定义窗口中输入如下所示的 SQL 语句。

```
Begin
    Declare id int ;
    Declare num int ;
    If (strName Is Not Null) Then
        Set id=(Select 出版社 ID From 出版社 Where 出版社名称=strName) ;
        Select Count(*) Into num From 图书信息 Where 出版社 ID=id ;
    End If ;
    Select strName , id , num ;
End
```

SQL 语句编辑完成后，单击工具栏中的【保存】按钮保存，在打开的【过程名】对话框中输入存储过程名“proc0503”，如图 5-15 所示，单击【确定】按钮，保存新建的存储过程并关闭【过程名】对话框。

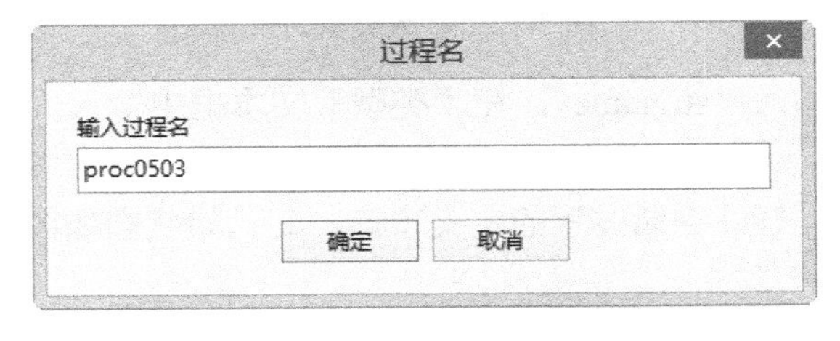

图 5-15　【过程名】对话框

3．运行存储过程

在工具栏中单击【运行】按钮▶运行，打开【参数】对话框，在该对话框的“输入参数”文本框中输入“"电子工业出版社"”，如图 5-16 所示。

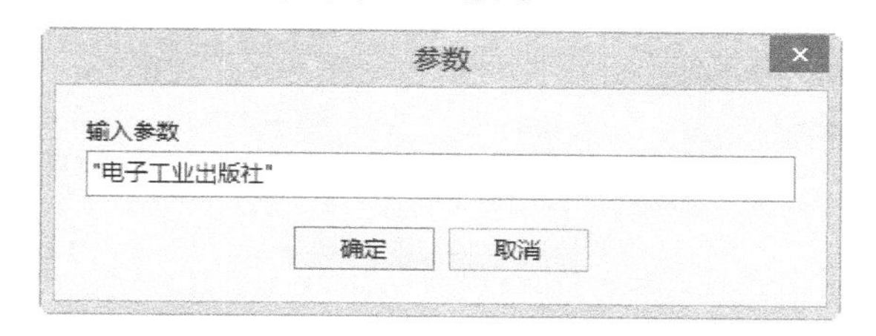

图 5-16　【参数】对话框

注 意

由于参数 strName 的数据类型为 varchar，则输入参数值必须带半角引号，否则会出现错误。

在【参数】对话框中单击【确定】按钮，打开【过程】窗口并显示运行结果，如图 5-17 所示。

图 5-17　存储过程 proc0503 的运行结果

【任务 5-5】在 Navicat 图形界面中创建有输入和输出参数的存储过程

【任务描述】

在 Navicat 图形界面中创建包含输入参数的存储过程 proc0504，其功能是根据输入参数 strName 的值（存储“出版社名称”），从“图书信息”数据表中查看对应出版社出版的图书种类，将图书种类存储在输出参数 intNum 中。

【任务实施】

1．新建存储过程

在 Navicat 主窗口的【对象】区域的工具栏中单击【新建函数】按钮 新建函数，打开【函数导向】对话框，选择要创建的例程类型，如图 5-11 所示，在该界面中单击【过程】按钮。

单击【下一步】按钮，输入这个例程的参数，在“模式”文本框后单击按钮⌄，在弹出的下拉列表中选择模式类型“IN”，如图 5-18 所示。在“名”文本框中输入“strName”，在“类型”文本框中输入“varchar(50)”。

单击左下角的【添加】按钮+，添加一个参数行，在“模式”文本框中选择或输入模式类型“OUT”，在“名”文本框中输入“intNum”，在“类型”文本框中输入“int”，如图 5-18 所示。

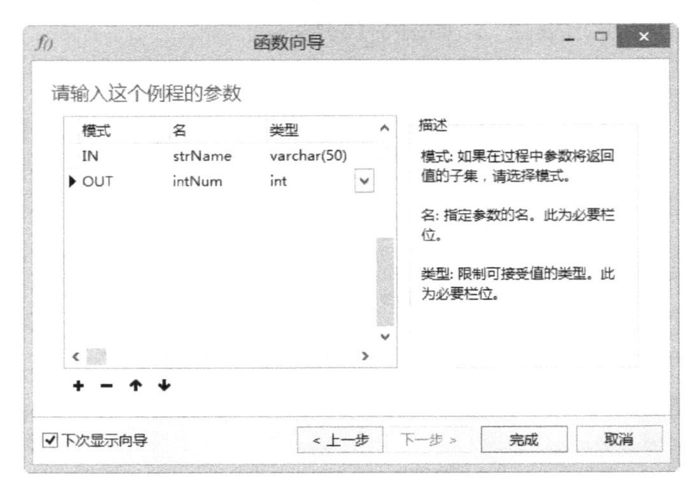

图 5-18　输入这个例程的参数

单击【完成】按钮，打开存储过程的定义窗口，然后在存储过程的定义窗口中输入如下所示的 SQL 语句。

```
Begin
    Declare id int ;
    If (strName Is Not Null) Then
        Set id=(Select 出版社 ID From 出版社 Where 出版社名称=strName) ;
        Select Count(*) Into intNum From 图书信息 Where 出版社 ID=id ;
    End If ;
    Select strName as 出版社名称 , id as 出版社 ID , intNum as 图书种数 ;
End
```

SQL 语句编辑完成后，单击工具栏中的【保存】按钮 保存，在打开的【过程名】对话框中输入存储过程名“proc0504”，单击【确定】按钮，保存新建的存储过程并关闭【过程名】对话框。

2. 运行存储过程

在工具栏中单击【运行】按钮 运行，打开【参数】对话框，在该对话框的“输入参数”文本框中输入“"电子工业出版社"”和接收输出参数值的用户变量名“@number”，如图 5-19 所示。

图 5-19　【参数】对话框

> **注 意**
>
> 由于存储过程 proc0504 中包含了输入参数和输出参数，在“输入参数”文本框中必须输入参数的值，也必须输入接收输出参数值的用户变量名。输入参数值必须带半角引号，用户变量名使用@打头，两者之间使用半角逗号分隔，否则会出现错误。

在【参数】对话框中单击【确定】按钮，打开【过程】窗口并显示运行结果，如图 5-20 所示。

图 5-20　存储过程 proc0504 的运行结果

3．调用存储过程

在命令提示符后输入“use book”，打开数据库 book，然后输入以下语句调用存储过程 proc0504。

```
Call proc0504('电子工业出版社' , @number ) ;
```

调用存储过程 proc0504 的结果如图 5-21 所示。

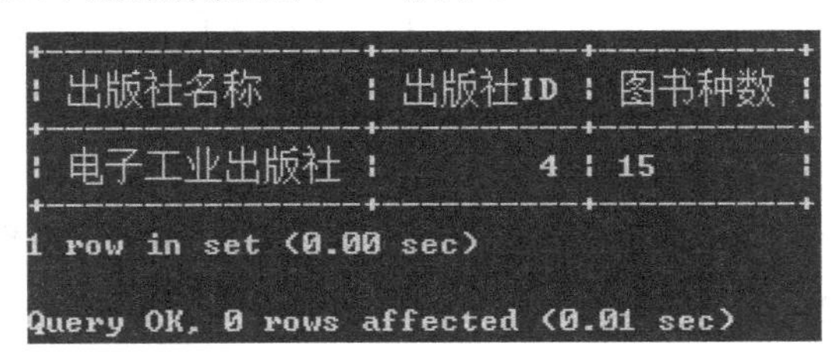

图 5-21　调用存储过程 proc0504 的结果

查看用户变量 number 的结果如图 5-22 所示。

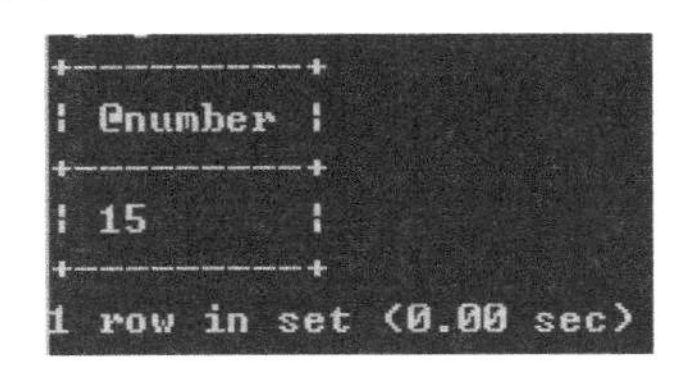

图 5-22　查看用户变量 number 的结果

【任务 5-6】 在 Navicat 图形界面中创建有 InOut 参数的存储过程

【任务描述】

在 Navicat 图形界面中创建包含 InOut 参数的存储过程 proc0505，其功能是根据参数 strName 的值（存储“出版社名称”）从“图书信息”数据表中查看对应出版社出版的价格最高的图书名称，将图书名称存储在参数 strName 中。

【任务实施】

1. 新建存储过程

在 Navicat 主窗口的【对象】区域的工具栏中单击【新建函数】按钮 新建函数 ，打开【函数导向】窗口，选择要创建的例程类型，如图 5-11 所示，在该界面中单击【过程】按钮。

单击【下一步】按钮，输入这个例程的参数，在【模式】文本框后单击按钮 ，在弹出的下拉列表中选择模式类型“INOUT”，在“名”文本框中输入“strName”，在“类型”文本框中输入“varchar(100)”。

单击【完成】按钮，打开存储过程的定义窗口，然后在存储过程的定义窗口中输入如下所示的 SQL 语句。

```
Begin
    Declare id int ;
    Declare maxPrice decimal ;
    If (strName Is Not Null) Then
        Set id=(Select 出版社 ID From 出版社 Where 出版社名称=strName) ;
        Select Max(价格) Into maxPrice From 图书信息 Where 出版社 ID=id ;
        Select 图书名称 Into strName From 图书信息 Where 价格= maxPrice
                                                         And 出版社 ID=id;
    End If ;
    Select strName as 图书名称 , id as 出版社 ID , maxPrice as 价格;
End
```

SQL 语句编辑完成后，单击工具栏中的【保存】按钮 保存 ，在打开的【过程名】对话框中输入存储过程名“proc0505”，单击【确定】按钮，保存新建的存储过程并关闭【过程名】对话框。

说 明

如果需要修改存储过程的代码，只需在 Navicat 主窗口中打开存储过程对应的定义窗口，直接修改代码，然后保存即可。

2. 调用存储过程

在命令提示符后输入“use book”，打开数据库 book，然后输入以下语句调用存储过程 proc0505。

```
delimiter ##
set @name="电子工业出版社";
-> call proc0505(@name);
-> ##
```

调用存储过程 proc0505 的结果如图 5-23 所示。

```
Query OK, 0 rows affected (0.00 sec)

+---------------------+--------+------+
| 图书名称            | 出版社ID | 价格 |
+---------------------+--------+------+
| Photoshop6特效制作  |      4 |   58 |
+---------------------+--------+------+
1 row in set (0.00 sec)
```

图 5-23 调用存储过程 proc0505 的结果

查看用户变量 name 的结果如图 5-24 所示。

图 5-24　查看用户变量 name 的结果

3．运行存储过程

创建另一个存储过程 proc050501，在该存储过程中调用存储过程 proc0505，代码如下：

```
Begin
      set @name="电子工业出版社";
      call proc0505(@name);
End
```

运行存储过程 proc0505 的结果如图 5-25 所示。

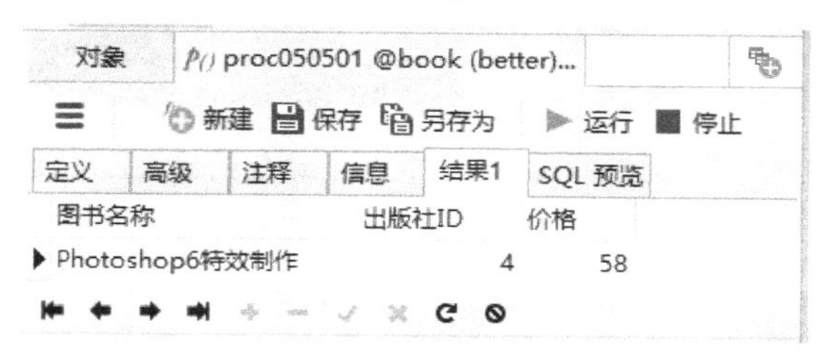

图 5-25　运行存储过程 proc0505 的结果

【任务 5-7】在命令行中创建应用游标的存储过程

【任务描述】

在命令行中创建应用游标的存储过程 proc0506，其功能是逐行浏览“读者类型”数据表的前 5 条记录。

【任务实施】

1．创建存储过程

在命令提示符后输入以下各语句：

```
Delimiter $$
Create Procedure proc0506()
Begin
   Declare strName varchar(30);
   Declare intNum int ;
   Declare number int ;
   Declare cursorNum Cursor For Select 读者类型名称,限借数量 From 读者类型 ;
   Set number=1 ;
   Open cursorNum ;
   While number<6 Do
         Fetch cursorNum Into strName , intNum ;
         Select strName , intNum ;
         set number=number+1 ;
   End While ;
   Close cursorNum ;
```

```
End $$
Delimiter ;
```

SQL 语句输入过程及结果如图 5-26 所示。

```
mysql> Delimiter $$
mysql> Create Procedure proc0506()
    -> Begin
    ->   Declare strName varchar(30);
    ->   Declare intNum int ;
    ->   Declare number int ;
    ->   Declare cursorNum Cursor For Select 读者类型名称,限借数量 From 读者类型 ;
    ->   Set number=1 ;
    ->   Open cursorNum ;
    ->   While number<6 Do
    ->       Fetch cursorNum Into strName , intNum ;
    ->       Select strName , intNum ;
    ->       set number=number+1 ;
    ->   End While ;
    ->   Close cursorNum ;
    -> End $$
Query OK, 0 rows affected (0.00 sec)

mysql> Delimiter ;
```

图 5-26　存储过程 proc0506 中 SQL 语句的输入过程及结果

2．调用存储过程

在命令提示符后输入以下语句调用存储过程 proc0506。

```
call proc0506() ;
```

调用存储过程 proc0506 的部分结果如图 5-27 所示。

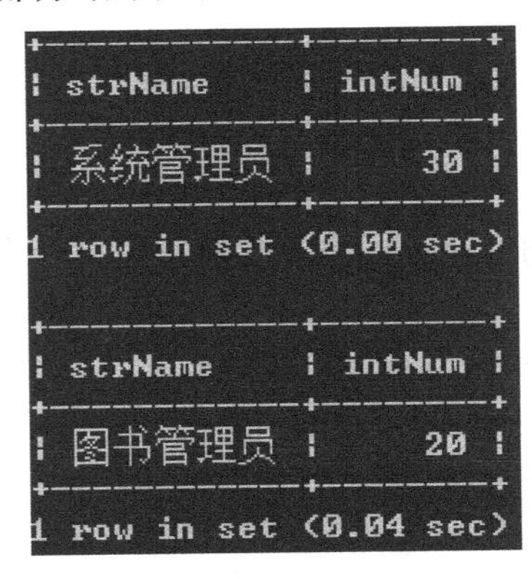

图 5-27　调用存储过程 proc0506 的部分结果

5.3 创建与使用自定义函数

【任务 5-8】 在命令行中创建自定义函数 getBookTypeName

【任务描述】

在命令行中创建一个自定义函数 getBookTypeName，该函数的功能是从“图书类型”数据表中根据指定的“图书类型代号”获取“图书类型名称”。

【任务实施】

1．创建自定义函数 getBookTypeName

在命令提示符后输入以下各语句：

```
Delimiter $$
Create Function getBookTypeName( strCode varchar(2) )
Returns Varchar(50)
Begin
  Declare strName varchar(50) ;
  If (strCode Is Not Null) Then
  Select 图书类型名称 into strName From 图书类型 Where 图书类型代号= strCode ;
  End If ;
  Return strName ;
End $$
Delimiter ;
```

SQL 语句输入过程及结果如图 5-28 所示。

```
mysql> Delimiter $$
mysql> Create Function getBookTypeName( strCode varchar(2) )
    -> Returns Varchar(50)
    -> Begin
    ->   Declare strName varchar(50) ;
    ->   If (strCode Is Not Null) Then
    ->   Select 图书类型名称 into strName From 图书类型 Where 图书类型代号= strCode ;
    ->   End If ;
    ->   Return strName ;
    -> End $$
Query OK, 0 rows affected (0.00 sec)

mysql> Delimiter ;
```

图 5-28　自定义函数 getBookTypeName 中 SQL 语句的输入过程及结果

2．调用自定义函数 getBookTypeName

在命令提示符后输入以下语句调用自定义函数 getBookTypeName。

```
Select getBookTypeName("T") ;
```

调用自定义函数 getBookTypeName 的结果如图 5-29 所示。

```
+----------------------+
| getBookTypeName("T") |
+----------------------+
| 工业技术             |
+----------------------+
1 row in set (0.00 sec)
```

图 5-29　调用自定义函数 getBookTypeName 的结果

【任务 5-9】 在 Navicat 图形界面中创建带参数的函数 getBookNum

【任务描述】

创建一个自定义函数 getBookNum，该函数的功能是从“图书信息”数据表中根据指定的“出版社名称”获取对应的图书种数。

【任务实施】

1．新建自定义函数

在【对象】区域的工具栏中单击【新建函数】按钮（新建函数），打开【函数导向】对话框，选择要创建的例程类型，在该界面中单击【函数】按钮。

单击【下一步】按钮，输入这个例程的参数，在“名”文本框中输入“strName”，在“类型”文本框中输入“varchar(50)”，如图 5-30 所示。

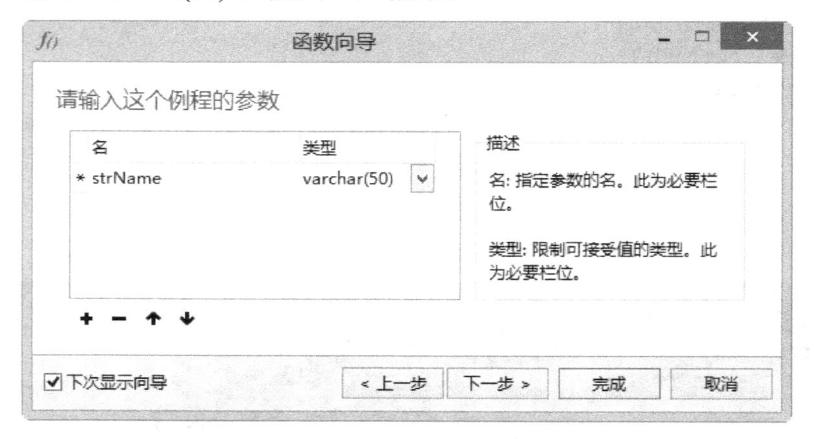

图 5-30　设置函数的参数

单击【下一步】按钮，选择这个返回类型的属性，在“返回类型”列表框中选择“int”选项，如图 5-31 所示。

图 5-31　选择返回类型的属性

单击【完成】按钮，打开函数的定义窗口，其初始状态如图 5-32 所示。

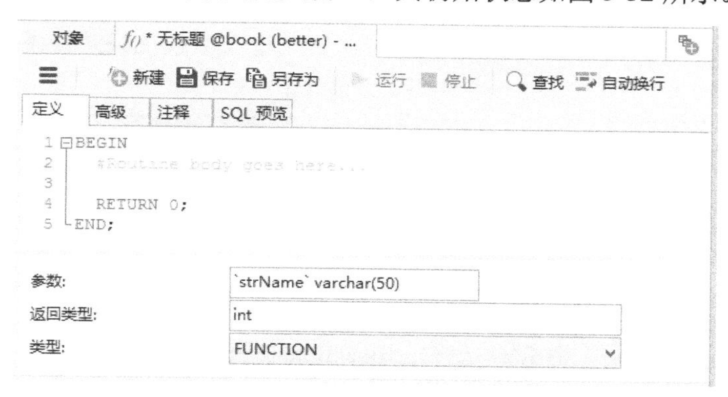

图 5-32　函数定义窗口的初始状态

在函数的定义窗口中输入如下所示的 SQL 语句。

```
Begin
  Declare num int ;
  Select Count(*) Into num
  From 图书信息 Inner Join 出版社
       On 图书信息.出版社 ID = 出版社.出版社 ID
       And 出版社.出版社名称=strName ;
  Return num;
End
```

SQL 语句编辑完成后，单击工具栏中的【保存】按钮保存，在打开的【过程名】对话框中输入函数名称“getBookNum”，如图 5-33 所示，单击【确定】按钮，保存新建的自定义函数并关闭【过程名】对话框。

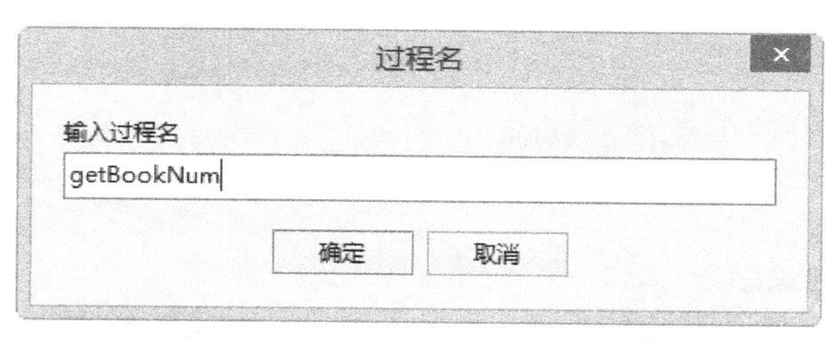

图 5-33　【过程名】对话框

2．调用自定义函数

在工具栏中单击【运行】按钮运行，打开【参数】对话框，在该对话框的“输入参数”文本框中输入“"电子工业出版社"”，如图 5-34 所示。

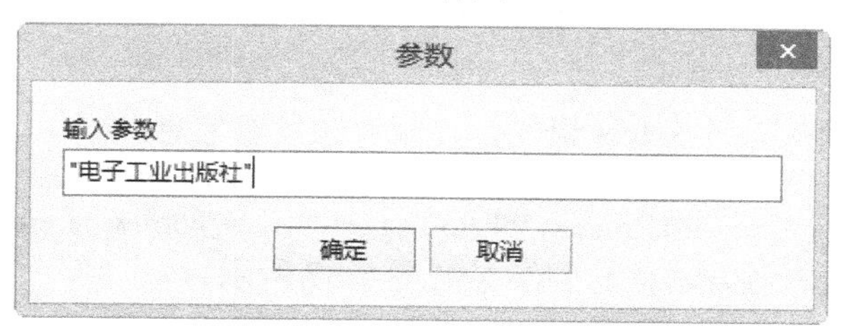

图 5-34　【参数】对话框

注 意

由于参数 strName 的数据类型为 varchar，因此输入参数值必须带半角引号，否则会出现错误。

在【参数】对话框中单击【确定】按钮，显示的函数调用结果如图 5-35 所示。

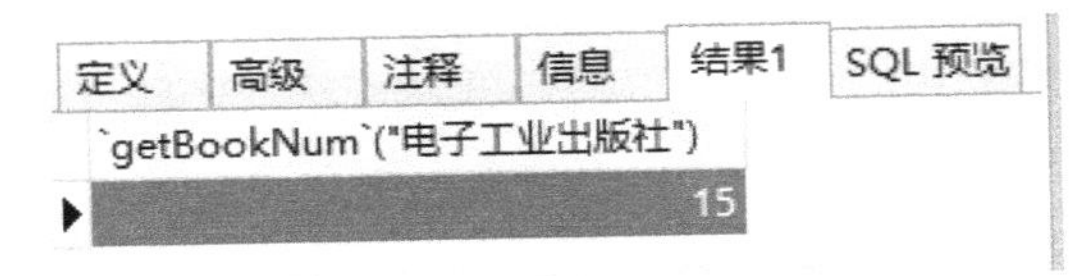

图 5-35　函数 getBookNum 的调用结果

5.4 创建与使用触发器

【任务 5-10】 创建 Insert 触发器

【任务描述】

创建一个命名为“borrow_insert”的触发器，当向“图书借阅”数据表中插入一条借阅记录时，将用户变量 strInfo 的值设置为“已成功插入 1 条记录”。

【任务实施】

1. 在命令行中创建触发器 borrow_insert

在命令提示符后输入以下各语句：

```
Delimiter $$
Create Trigger borrow_insert After Insert
On 图书借阅 For Each Row
Begin
   Set @strInfo= "在图书借阅表中成功插入一条记录" ;
End $$
Delimiter ;
```

SQL 语句输入过程及结果如图 5-36 所示。

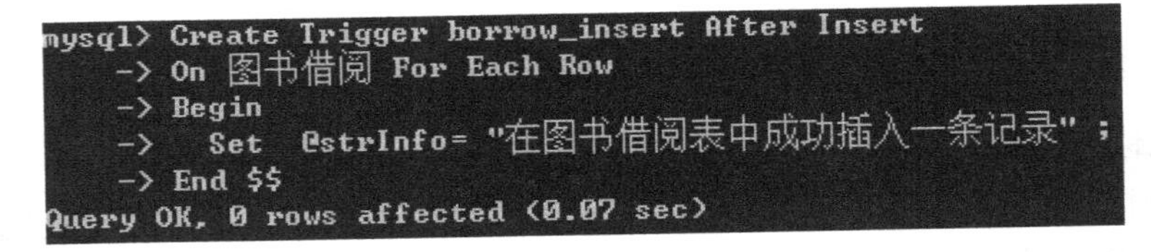

图 5-36　触发器 borrow_insert 中 SQL 语句的输入过程及结果

2. 查看触发器信息

在命令提示符后输入以下 Select 语句，以查看触发器信息：

```
Select Trigger_Name,Event_Manipulation,Event_Object_Schema,Event_Object_Table
      From Information_Schema.Triggers Where Trigger_Name="borrow_insert" ;
```

使用 Select 语句查看触发器信息的结果如图 5-37 所示。

Trigger_Name	Event_Manipulation	Event_Object_Schema	Event_Object_Table
borrow_insert	INSERT	book	图书借阅

图 5-37　使用 Select 语句查看触发器信息的结果

3．应用触发器 borrow_insert

在命令提示符后输入以下语句，以查看用户变量 strInfo 的值，此时该变量的值为 Null。

```
Select @strInfo ;
```

向“图书借阅”数据表中插入一条记录，测试 Insert 触发器“borrow_insert”是否会被触发。对应的语句如下：

```
Insert Into  图书借阅(借书证编号,图书编号,借出数量,借出日期,应还日期,图书状态)
    Values('0016584','TP7040273144',1,Curdate(),Date_Add(Curdate(),Interval 90 Day),1) ;
```

Insert 语句成功执行后，输入“Select @strInfo ;”语句再一次查看用户变量@strInfo 的值，此时该变量的值如图 5-38 所示。

@strInfo
在图书借阅表中成功插入一条记录

图 5-38　查看用户变量@strInfo 的值

【任务 5-11】创建 Delete 触发器

【任务描述】

创建一个命名为“booktype_delete”的触发器，该触发器实现以下功能：限制用户删除“图书类型”数据表中的记录，当用户删除记录时抛出错误提示信息，禁止删除记录。

【任务实施】

1．创建触发器 booktype_delete

在命令提示符后输入以下各语句：

```
Delimiter $$
Create Trigger booktype_delete Before Delete
On  图书类型  For Each Row
Begin
  Delete From  图书类型 ;
End $$
Delimiter ;
```

说 明

在“图书类型”数据表的触发器中添加 SQL 语句“Delete From 图书类型 ;”，其作用是抛出提示信息，禁止删除记录。由于 MySQL 没有直接抛出异常的语句，因此这里通过在触发器中设置删除自己这个表的 SQL 语句，导致 MySQL 发生异常，发生异常时就会自动回滚掉删除数据的处理。

2．在 Navicat 图形界面中查看触发器

在 Navicat 中打开数据表“图书类型”的【表设计器】，选择【触发器】选项卡，该数据表已创建的触发器及定义如图 5-39 所示。

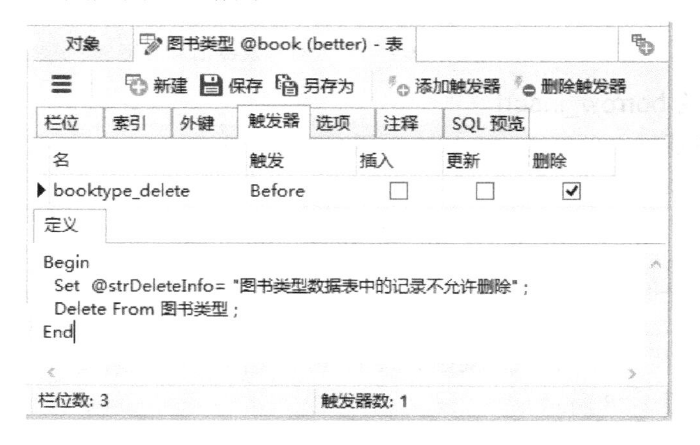

图 5-39　查看“图书类型”数据表已创建的触发器及定义

3．应用触发器 booktype_delete

在命令提示符后输入以下删除记录的语句，从“图书类型”数据表中删除一条记录，测试 Delete 触发器“booktype_delete”是否会被触发。

```
Delete From 图书类型 Where 图书类型代号="Z" ;
```

按“Enter”键后，可以发现该 SQL 语句并不能成功执行，会出现如下所示的提示信息：

```
ERROR 1442 (HY000): Can't update table '图书类型' in stored function/trigger because it is already used by statement which invoked this stored function/ trigger.
```

在 Navicat 图形界面中打开数据表“图书类型”的记录编辑窗口，然后删除一条记录，首先会打开如图 5-40 所示的【确认删除】对话框，在该对话框中单击【删除一条记录】按钮，会打开如图 5-41 所示的错误提示信息对话框。

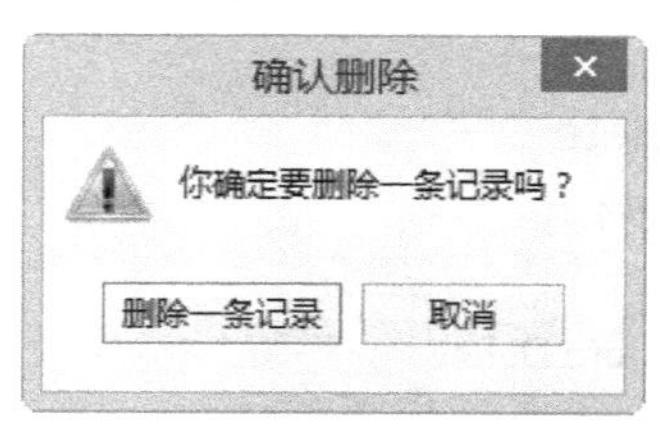

图 5-40　【确认删除】对话框

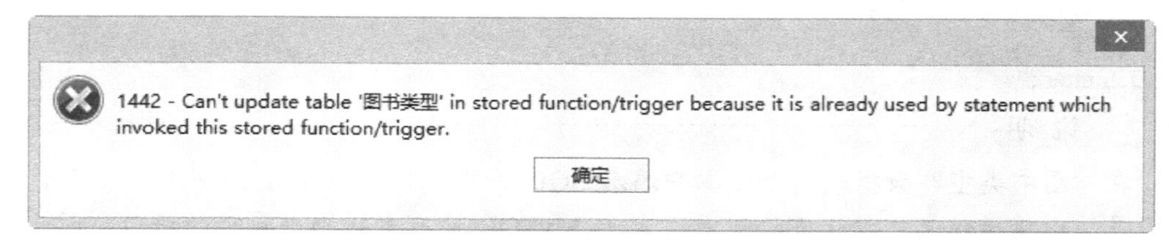

图 5-41　删除记录时打开的错误信息提示对话框

【任务 5-12】 应用触发器同步更新多个数据表中的数据

【任务描述】

在 book 数据库的“图书借阅”数据表中创建一个触发器，当读者借出一本图书时，对应的“藏书信息”数据表的“馆内剩余”字段值也同步更新。

【任务实施】

1. 查看已有的触发器

在 Navicat 中打开“图书借阅”数据表的【表设计器】，选择【触发器】选项卡，该数据表已创建的触发器及定义如图 5-42 所示。

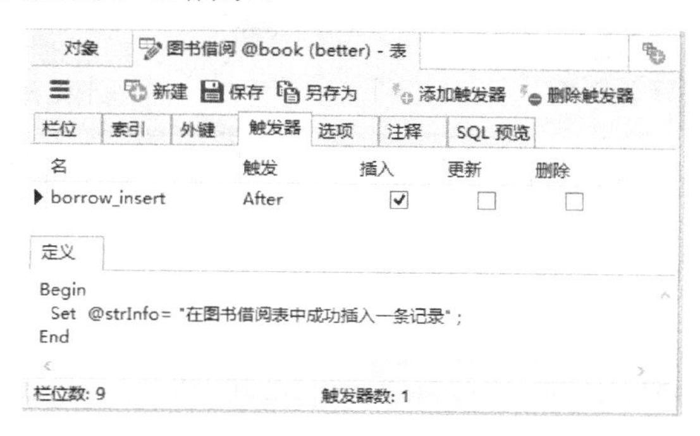

图 5-42　查看“图书借阅”数据表中已创建的触发器及定义

2. 创建触发器 borrow_store

在 Navicat 的【表设计器】中单击【添加触发器】按钮（添加触发器），在“名”文本框中输入触发器名称“borrow_store”，在“触发”文本框中输入或选择“After”，在“插入”列中选中复选框。

在下方的“定义”框中输入以下代码：

```
Begin
  Update 藏书信息 Set 馆内剩余=馆内剩余-1 Where 图书编号=New.图书编号 ;
End
```

在【表设计器】的工具栏中单击【保存】按钮（保存），保存新创建的触发器“borrow_store”，新创建的触发器“borrow_store”如图 5-43 所示。

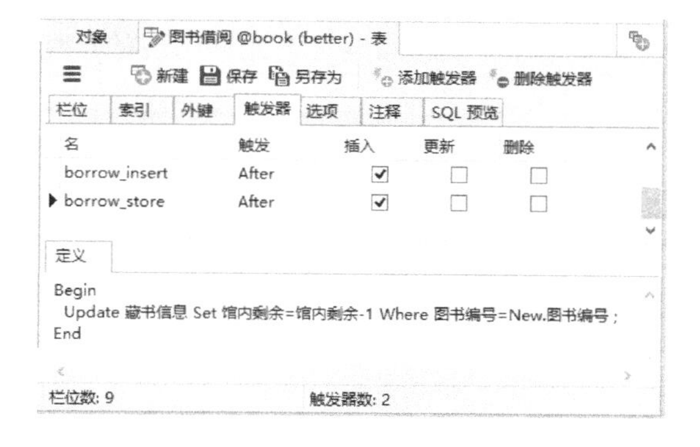

图 5-43　新创建的触发器“borrow_store”

在【表设计器】的【触发器】选项卡中，单击工具栏中的【删除触发器】按钮可以删除当前处于选中状态的触发器，为了避免对后面的操作任务产生影响，建议删除创建的触发器。

3. 应用触发器 borrow_store

在命令提示符后输入以下语句查看“藏书信息”数据表中图书编号为“TP7810496123”的图书现有的馆内剩余数量，如图 5-44 所示。

```
Select 图书编号 ,ISBN 编号 ,馆内剩余 From 藏书信息
        Where 图书编号="TP7810496123" ;
```

图书编号	ISBN编号	馆内剩余
TP7810496123	9787810496123	10

图 5-44　查看图书编号为“TP7810496123”的图书现有的馆内剩余数量

向“图书借阅”数据表中插入一条记录，测试 Insert 触发器“borrow_store”是否会被触发。对应的语句如下：

```
Insert Into 图书借阅(借书证编号,图书编号,借出数量,借出日期,应还日期,图书状态)
  Values('0016584','TP7040273144',1,Curdate(),Date_Add(Curdate(),Interval 90 Day),1) ;
```

Insert 语句成功执行后，再一次查看“藏书信息”数据表中图书编号为“TP7810496123”的图书新的馆内剩余数量，可以看出馆内剩余数量减少了 1。

5.5 创建与使用事务

【任务 5-13】 创建与使用事务

使用事务可以将一组相关的数据操作捆绑成一个整体，一起执行或一起取消。关于事务的一个典型案例就是银行转账操作。例如，需要从甲账户向乙账户转账 8000 元钱，则转账操作主要分为两步：第 1 步，从甲账户中减少 8000 元；第 2 步，向乙账户中添加 8000 元。既然分为 2 步，说明这两个操作不是同步进行的，那么两个操作之间可能会出现中断，导致第 1 步操作成功执行，而第 2 步没有执行或执行失败；也有可能是第 1 步也没有成功执行，但是第 2 步成功执行了。在实际应用中，上述问题是不允许出现的。为了解决这类问题，MySQL 提供了事务机制。

【任务描述】

在 book 数据库的“数据借阅”数据表中插入 1 条借阅记录，借书证编号为“0016626”，图书编号为“TP7302147336”，图书借阅数量为 1，然后将“藏书信息”数据表中的馆内剩余（初始数量为 11）同步减少 1。应用事务实现以上操作。

【任务实施】

在命令提示符后输入以下各语句：

```
Start Transaction ;
Insert Into 图书借阅(借书证编号,图书编号,借出数量,借出日期,应还日期,图书状态)
```

```
    Values('0016626','TP7302147336',1,Curdate(),Date_Add(Curdate(), Interval 90 Day),1) ;
Select 借书证编号,图书编号,借出数量 From 图书借阅
                                Where 借书证编号="0016626";
Savepoint markpoint  ;  -- 设置事务保存点
Select 图书编号,馆内剩余 From 藏书信息 Where 图书编号="TP7302147336" ;
Update 藏书信息 Set 馆内剩余=馆内剩余-1 Where 图书编号="TP7302147336" ;
Select 图书编号,馆内剩余 From 藏书信息 Where 图书编号="TP7302147336" ;
Rollback To Savepoint markpoint ;  -- 回滚到保存点 markpoint
Commit ;
Select 图书编号,馆内剩余 From 藏书信息 Where 图书编号= "TP7302147336" ;
```

SQL 语句的输入过程及事务的处理结果如图 5-45 所示。

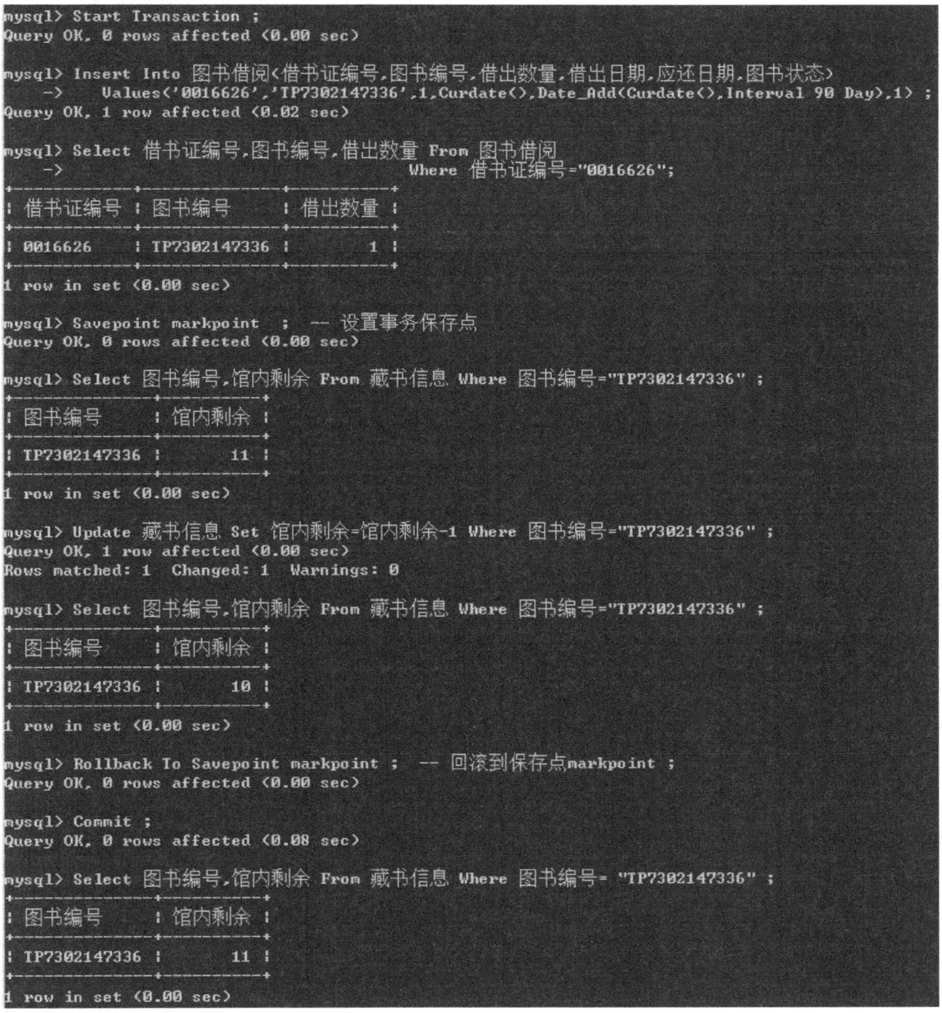

```
mysql> Start Transaction ;
Query OK, 0 rows affected (0.00 sec)

mysql> Insert Into 图书借阅(借书证编号,图书编号,借出数量,借出日期,应还日期,图书状态)
    ->     Values('0016626','TP7302147336',1,Curdate(),Date_Add(Curdate(),Interval 90 Day),1) ;
Query OK, 1 row affected (0.02 sec)

mysql> Select 借书证编号,图书编号,借出数量 From 图书借阅
    ->                                      Where 借书证编号="0016626";
+------------+--------------+----------+
| 借书证编号 | 图书编号     | 借出数量 |
+------------+--------------+----------+
| 0016626    | TP7302147336 |        1 |
+------------+--------------+----------+
1 row in set (0.00 sec)

mysql> Savepoint markpoint  ;  -- 设置事务保存点
Query OK, 0 rows affected (0.00 sec)

mysql> Select 图书编号,馆内剩余 From 藏书信息 Where 图书编号="TP7302147336" ;
+--------------+----------+
| 图书编号     | 馆内剩余 |
+--------------+----------+
| TP7302147336 |       11 |
+--------------+----------+
1 row in set (0.00 sec)

mysql> Update 藏书信息 Set 馆内剩余=馆内剩余-1 Where 图书编号="TP7302147336" ;
Query OK, 1 row affected (0.00 sec)
Rows matched: 1  Changed: 1  Warnings: 0

mysql> Select 图书编号,馆内剩余 From 藏书信息 Where 图书编号="TP7302147336" ;
+--------------+----------+
| 图书编号     | 馆内剩余 |
+--------------+----------+
| TP7302147336 |       10 |
+--------------+----------+
1 row in set (0.00 sec)

mysql> Rollback To Savepoint markpoint ;  -- 回滚到保存点markpoint ;
Query OK, 0 rows affected (0.00 sec)

mysql> Commit ;
Query OK, 0 rows affected (0.08 sec)

mysql> Select 图书编号,馆内剩余 From 藏书信息 Where 图书编号= "TP7302147336" ;
+--------------+----------+
| 图书编号     | 馆内剩余 |
+--------------+----------+
| TP7302147336 |       11 |
+--------------+----------+
1 row in set (0.00 sec)
```

图 5-45　SQL 语句输入过程及事务的处理结果

由图 5-45 可以看出，“藏书信息”数据表中图书编号为“TP7302147336”的馆内剩余初始数量为 11 本，图书借阅操作完成后，馆内剩余减少 1 本，即为 10 本，回滚到保存点 markpoint 时，对“藏书信息”数据表馆内剩余的更改被撤消，所以馆内剩余重新被设置为 11。

（1）MySQL 语句中定义的用户变量与（　　）有关，在（　　）内有效，可以将值从一条语句传递到另一条语句。一个客户端定义的变量（　　）被其他客户端使用，当客户端退出时，该客户端连接的所有变量将（　　）。

（2）可以使用（　　）语句定义和初始化一个用户变量，可以使用（　　）语句查询用户变量的值。

（3）用户变量以（　　）开始，以便将用户变量和字段名区别开。系统变量一般以（　　）为前缀。

（4）系统变量可以分为（　　）和（　　）两种类型。在为系统变量设定新值的语句中，使用 Global 或“@@global.”关键字的是（　　），使用 Session 和“@@session.”关键字的是（　　）。

（5）显示所有系统变量的语句为（　　），显示所有全局系统变量的语句为（　　）。

（6）MySQL 中局部变量必须先定义后使用，使用（　　）语句声明局部变量，定义局部变量时使用（　　）子句给变量指定一个默认值，如果不指定，则默认为（　　）。

（7）局部变量是可以保存单个特定类型数据值的变量，其有效作用范围在（　　）之间，在局部变量前面不使用@符号。该定义语句无法单独执行，只能在（　　）和（　　）中使用。

（8）MySQL 中用于更改 MySQL 语句的结束符使用（　　）命令。

（9）查看名称以“proc”开头的存储过程状态的语句为（　　）。

（10）调用存储过程使用（　　）语句，函数必须包含一条（　　）语句，而存储过程不允许使用该语句。

（11）触发器是一种特殊的（　　），它与数据表紧密相连，可以看做数据表定义的一部分，用于数据表实施完整性约束。触发器建立在（　　）上。

（12）存储过程可以使用 Call 命令调用，触发器的调用和存储过程不一样，触发器只能由数据库的（　　）来触发，并且不能接收（　　）。

（13）创建存储过程使用关键字（　　），创建触发器使用关键字（　　），创建自定义函数使用关键字（　　）。

（14）创建触发器的语句中使用（　　）关键字指定对于受触发事件影响的每一行，都要激活触发器的动作。

（15）查看触发器通常有两种方法：一种方法是使用（　　）查看触发器；另一种方法是使用 Select 语句查看（　　）数据表中的触发器信息。

（16）MySQL 中，用于提交事务的语句为（　　），使用（　　）语句结束当前事务。

单元 6

维护 MySQL 数据库的安全性

数据库除了对数据本身进行管理外，数据的安全管理也是很重要的部分，数据库中安全管理主要涉及用户权限、数据备份和还原，权限可以有效地保证数据的访问，备份数据则可以保证数据不丢失，不造成灾难性损失。数据库的安全性是指保护数据库数据，防止被非法操作，从而造成数据泄漏、修改或丢失。MySQL 可以通过用户管理保证数据库的安全性。

MySQL 数据库的安全性，需要通过用户管理来保证。MySQL 提供了许多语句用来管理用户，这些语句可以用来管理包括登录和退出 MySQL 服务器、创建用户、删除用户、管理密码和管理权限等。

1. MySQL 的权限表

用户登录 MySQL 后，“mysql”数据库会根据权限表的内容为每个用户赋予相应的权限。

MySQL 服务器通过 MySQL 权限表来控制用户对数据库的访问，MySQL 权限表存放在 mysql 数据库里，由 mysql_install_db 脚本初始化。这些 MySQL 权限表分别是 user、db、table_priv、columns_priv、proc_priv 和 host，这 6 张表记录了所有的用户及其权限信息，MySQL 就是通过这 6 张表控制用户访问的。这些表的用途各有不同，但是有一点是一致的，即都能够检验用户要做的事情是否为被允许的。每张表的字段都可分解为两类：一类为作用域字段，另一类为权限字段。作用域字段用来标识主机、用户或者数据库；而权限字段则用来确定对于给定主机、用户或者数据库来说，哪些动作是允许的。

下面分别介绍这些表的结构和内容：

（1）user 权限表：记录允许连接到服务器的用户账号、密码、全局性权限信息等。该表决定是否允许用户连接到服务器。如果允许连接，则权限字段为该用户的全局权限。

可以使用“Desc”语句来查看“user”数据表中的结构数据：

```
mysql> Desc mysql.user ;
```

“user”数据表中的部分结构数据如图 6-1 所示。

“user”数据表中有 45 个字段，其中 host、user、authentication_string 分别表示主机名、用户名和登录密码，用户登录时，首先判断这 3 个字段的值是否同时匹配，只有这 3 个字段的值同时匹配，MySQL 才允许其登录。创建新用户时，也要设置这 3 个字段的值。

“user”数据表中包含了多个以“_priv”结尾的字段，如 Select_priv、Insert_priv、Update_priv、Delete_priv、Create_priv、Drop_priv 等，这些字段决定了用户的权限。这其中包括了查询权限、插入权限、更新权限、删除权限等普通权限，也包括了关闭服务器和加载用户等高级管理权限。普通权限用于操作数据库，高级管理权限用于对数据库进行管理。这些字段的值只有“Y”和“N”，“Y”表示该权限可以用到所有数据库上，“N”表示该权限不能用到所有数据库上。“user”数据表中的权限是针所有数据库的，如果“user”表中的“Select_priv”字段取值为“Y”，那么该用户可以查询所有数据库中的数据表。

Field	Type	Null	Key	Default
Host	char(60)	NO	PRI	
User	char(32)	NO	PRI	
Select_priv	enum('N','Y')	NO		N
Insert_priv	enum('N','Y')	NO		N
Update_priv	enum('N','Y')	NO		N
Delete_priv	enum('N','Y')	NO		N
Create_priv	enum('N','Y')	NO		N
Drop_priv	enum('N','Y')	NO		N
Reload_priv	enum('N','Y')	NO		N
Shutdown_priv	enum('N','Y')	NO		N
Process_priv	enum('N','Y')	NO		N
File_priv	enum('N','Y')	NO		N
Grant_priv	enum('N','Y')	NO		N
References_priv	enum('N','Y')	NO		N
Index_priv	enum('N','Y')	NO		N
Alter_priv	enum('N','Y')	NO		N
Show_db_priv	enum('N','Y')	NO		N
Super_priv	enum('N','Y')	NO		N
Create_tmp_table_priv	enum('N','Y')	NO		N
Lock_tables_priv	enum('N','Y')	NO		N
Execute_priv	enum('N','Y')	NO		N
Repl_slave_priv	enum('N','Y')	NO		N
Repl_client_priv	enum('N','Y')	NO		N
Create_view_priv	enum('N','Y')	NO		N
Show_view_priv	enum('N','Y')	NO		N
Create_routine_priv	enum('N','Y')	NO		N
Alter_routine_priv	enum('N','Y')	NO		N
Create_user_priv	enum('N','Y')	NO		N
Event_priv	enum('N','Y')	NO		N
Trigger_priv	enum('N','Y')	NO		N
Create_tablespace_priv	enum('N','Y')	NO		N
ssl_type	enum('','ANY','X509','SPECIFIED')	NO		
ssl_cipher	blob	NO		NULL
x509_issuer	blob	NO		NULL
x509_subject	blob	NO		NULL
max_questions	int(11) unsigned	NO		0
max_updates	int(11) unsigned	NO		0
max_connections	int(11) unsigned	NO		0
max_user_connections	int(11) unsigned	NO		0
plugin	char(64)	NO		mysql_native_password
authentication_string	text	YES		NULL
password_expired	enum('N','Y')	NO		N
password_last_changed	timestamp	YES		NULL
password_lifetime	smallint(5) unsigned	YES		NULL
account_locked	enum('N','Y')	NO		N

图 6-1 “User”数据表中的部分结构数据

从安全性角度考虑，这些字段的默认值都是“N”，可以使用 Grant 语句为用户赋予一些权限，也可以使用 Update 语句更新 user 数据表的权限设置。

使用以下语句查看数据表“mysql.user”部分字段的值，查看结果如图 6-2 所示。

```
Select host,user,Select_priv,Insert_priv,Update_priv,Delete_priv From mysql.user ;
```

host	user	Select_priv	Insert_priv	Update_priv	Delete_priv
localhost	root	Y	Y	Y	Y
localhost	mysql.sys	N	N	N	N

图 6-2 查看数据表“mysql.user”部分字段的值

（2）db 权限表：记录各个账号在各个数据库上的操作权限，用于决定哪些用户可以从哪些主机访问哪些数据库。

使用如下语句来查看“db”数据表中的结构数据：

```
mysql> Desc mysql.db ;
```

“db”数据表中的结构数据如图 6-3 所示。

```
+-----------------------+---------------+------+-----+---------+-------+
| Field                 | Type          | Null | Key | Default | Extra |
+-----------------------+---------------+------+-----+---------+-------+
| Host                  | char(60)      | NO   | PRI |         |       |
| Db                    | char(64)      | NO   | PRI |         |       |
| User                  | char(32)      | NO   | PRI |         |       |
| Select_priv           | enum('N','Y') | NO   |     | N       |       |
| Insert_priv           | enum('N','Y') | NO   |     | N       |       |
| Update_priv           | enum('N','Y') | NO   |     | N       |       |
| Delete_priv           | enum('N','Y') | NO   |     | N       |       |
| Create_priv           | enum('N','Y') | NO   |     | N       |       |
| Drop_priv             | enum('N','Y') | NO   |     | N       |       |
| Grant_priv            | enum('N','Y') | NO   |     | N       |       |
| References_priv       | enum('N','Y') | NO   |     | N       |       |
| Index_priv            | enum('N','Y') | NO   |     | N       |       |
| Alter_priv            | enum('N','Y') | NO   |     | N       |       |
| Create_tmp_table_priv | enum('N','Y') | NO   |     | N       |       |
| Lock_tables_priv      | enum('N','Y') | NO   |     | N       |       |
| Create_view_priv      | enum('N','Y') | NO   |     | N       |       |
| Show_view_priv        | enum('N','Y') | NO   |     | N       |       |
| Create_routine_priv   | enum('N','Y') | NO   |     | N       |       |
| Alter_routine_priv    | enum('N','Y') | NO   |     | N       |       |
| Execute_priv          | enum('N','Y') | NO   |     | N       |       |
| Event_priv            | enum('N','Y') | NO   |     | N       |       |
| Trigger_priv          | enum('N','Y') | NO   |     | N       |       |
+-----------------------+---------------+------+-----+---------+-------+
22 rows in set (0.00 sec)
```

图 6-3　“db”数据表中的结构数据

“db”数据表中的“Create_routine_priv”和“Alter_routine_priv”两个字段决定了用户是否具用创建和修改存储过程的权限。

用户先根据“user”表的内容获取权限，再根据“db”表的内容获取权限，如果为某个用户设置了只能查询“图书信息”数据表的权限，那么“user”数据表的“Select_priv”字段的取值为“N”，而这个 Select 权限则记录在“db”数据表中，“db”数据表中的“Select_priv”字段的取值为“Y”。

（3）table_priv 权限表：记录数据表级别的操作权限。该表与 db 表相似，不同之处是它用于数据表而不是数据库。这个数据表还包含一个其他字段类型，包括 Timestamp 和 Grantor 两个字段，分别用于存储时间戳和授权方。

使用如下语句来查看“table_priv”数据表中的结构数据：

```
mysql> Desc mysql.tables_priv ;
```

“table_priv”数据表中的部分结构数据如图 6-4 所示。

“table_priv”数据表中包含了 8 个字段，分别是 Host、Db、User、Table_name、Grantor、Timestamp、Table_priv、Column_priv。其中，“Table_priv”字段表示对数据表进行操作的权限，这些权限包括 Select、Insert、Update、Delete、Create、Drop、Grant、References、Index、Alter、Create View、Show View 和 Trigger。“Column_priv”字段表示对数据表中的字段进行操作的权限，这些权限包括 Select、Insert、Update 和 References。Timestamp 表示修改权限的

时间，Grantor 表示权限设置者。

Field	Type	Null	Key
Host	char(60)	NO	PRI
Db	char(64)	NO	PRI
User	char(16)	NO	PRI
Table_name	char(64)	NO	PRI
Grantor	char(77)	NO	MUL
Timestamp	timestamp	NO	
Table_priv	set('Select','Insert','Update','Delete','Create','Drop','Grant','References','Index','Alter','Create View','Show view','Trigger')	NO	
Column_priv	set('Select','Insert','Update','References')	NO	

图 6-4 “table_priv”数据表中的部分结构数据

使用如下语句查看“table_priv”数据表中部分字段的值：

```
Select Host,Db,User,Table_name,Table_priv,Column_priv From mysql.tables_priv;
```

查看“table_priv”数据表中部分字段值的结果如图 6-5 所示。

```
mysql> Select Host,Db,User,Table_name,Table_priv,Column_priv From mysql.tables_priv;
+-----------+-----+-----------+------------+------------+-------------+
| Host      | Db  | User      | Table_name | Table_priv | Column_priv |
+-----------+-----+-----------+------------+------------+-------------+
| localhost | sys | mysql.sys | sys_config | Select     |             |
+-----------+-----+-----------+------------+------------+-------------+
1 row in set (0.00 sec)
```

图 6-5 查看“table_priv”数据表中部分字段值的结果

（4）columns_priv 权限表：记录数据字段级别的操作权限。该表的作用几乎与 tables_priv 表一样，不同之处是它提供的是针对某些表的特定字段的权限。这张表包括了一个 Timestamp 列，用于存放时间戳。

使用如下语句来查看“columns_priv”数据表中的结构数据：

```
mysql> Desc mysql.columns_priv ;
```

“columns_priv”数据表中的部分结构数据如图 6-6 所示。

```
+-------------+----------------------------------------------+------+-----+-------------------+
| Field       | Type                                         | Null | Key | Default           |
+-------------+----------------------------------------------+------+-----+-------------------+
| Host        | char(60)                                     | NO   | PRI |                   |
| Db          | char(64)                                     | NO   | PRI |                   |
| User        | char(32)                                     | NO   | PRI |                   |
| Table_name  | char(64)                                     | NO   | PRI |                   |
| Column_name | char(64)                                     | NO   | PRI |                   |
| Timestamp   | timestamp                                    | NO   |     | CURRENT_TIMESTAMP |
| Column_priv | set('Select','Insert','Update','References') | NO   |     |                   |
+-------------+----------------------------------------------+------+-----+-------------------+
7 rows in set (0.02 sec)
```

图 6-6 “columns_priv”数据表中的部分结构数据

“columns_priv”数据表包括 7 个字段，分别是 Host、Db、User、Table_name、Column_name、Timestamp、Column_priv。其中，Column_name 表示可以对哪些字段进行操作。

（5）proc_priv 权限表：记录存储过程和函数的操作权限。

使用如下语句来查看“procs_priv”数据表中的结构数据：

```
mysql> Desc mysql.procs_priv ;
```

“procs_priv”数据表中的部分结构数据如图 6-7 所示。

Field	Type	Null	Key	Default
Host	char(60)	NO	PRI	
Db	char(64)	NO	PRI	
User	char(32)	NO	PRI	
Routine_name	char(64)	NO	PRI	
Routine_type	enum('FUNCTION','PROCEDURE')	NO	PRI	NULL
Grantor	char(77)	NO	MUL	
Proc_priv	set('Execute','Alter Routine','Grant')	NO		
Timestamp	timestamp	NO		CURRENT_TIMESTAMP

图 6-7　“procs_priv”数据表中的部分结构数据

“procs_priv”数据表包含 8 个字段，分别是 Host、Db、User、Routine_name、Routine_type、Grantor、Proc_priv、Timestamp。其中，Routine_name 字段表示存储过程或函数的名称，Routine_type 字段表示类型，该字段有 2 个取值，分别是 Function（表示函数）和 Procedure（表示存储过程），Proc_priv 字段表示拥有的权限，可选项分别为 Execute、Alter Rountime、Grant，Grantor 字段表示存储创建者，Timestamp 字段表示更新时间。

（6）host 权限表：配合 db 权限表对给定主机上数据库级操做权限做更细致的控制。这个权限表不受 Grant 和 Revoke 语句的影响。host 数据表是 db 数据表的扩展，host 表很少会使用。如果想在 db 表的范围之内扩展一个条目，就会用到 host 表。例如，如果某个 db 允许通过多个主机访问，那么超级用户可以将 db 表内的 host 列设为空，然后用必要的主机名填充 host 表。

2. 登录和退出 MySQL 服务器

MySQL 安装完成后会有用户名为“root”的超级用户存在，有了用户就可以登录服务器了，登录服务器需要服务器主机名、用户名、密码。在登录 MySQL 服务器之前可以使用“mysql --help”命令或“mysql -?”查看 MySQL 命令帮助信息，获取 MySQL 命令各个参数的含义。

登录 MySQL 服务器命令的语法格式如下：

```
mysql [ -h <主机名> | <主机 IP 地址> ] [ -P <端口号> ] -u <用户名> -p[<密码>]
```

参数说明如下：

① mysql 表示调用 MySQL 应用程序的命令。

② “-h <主机名>”或“-h <主机 IP 地址>”为可选项，如果本机就是服务器，则该选项可以省略不写。“-h”后面加空格然后接主机名称或主机 IP 地址，本机名默认为“localhost”，本机 IP 地址默认为“127.0.0.1”。该参数也可以替换成“--host=<主机名>”的形式。注意，“host”前面有两个横杠。

③ “-P <端口号>”为可选项，MySQL 服务的默认端口号为 3306，省略该参数时自动连接到 3306 端口。大写字母“-P”后面加空格然后接端口号，通过该参数连接一个指定端口号。

④ “-u <用户名>”为必选项，“-u”后面加空格然后接用户名，默认用户名为 root。该参数也可以替换成“--user=<用户名>”的形式，“user”前面有两个横杠。

⑤ “-p[<密码>]”用于指定登录密码。如果在小写字母“-p”后面指定了密码，则使用该密码直接登录到服务器，这种方式密码是可见的，安全性不强，注意：“-p”与密码字符串之间不能有空格，如果有空格，那么将提示输入密码。如果“-p”后面没有指定密码，则登录时会提示输入密码。该参数也可以替换成“--password=<密码>”的形式，“password”前面有两个横杠。

登录 MySQL 服务器的命令还可以指定数据库名，如果没有指定数据库名，则会直接登录到 MySQL 数据库，然后可以使用“user <数据库名>”语句来选择数据库。

登录 MySQL 服务器命令的最后还可以加参数“-e”，然后在该参数后面直接加 SQL 语句，成功登录 MySQL 服务器后即可执行“-e”后的 SQL 语句，然后退出 MySQL 服务器。

退出 MySQL 服务器的方式很简单，只需要命令提示符后输入“Exit”或“Quit”命令即可。“\q”是“Quit”的缩写，也可以用来退出 MySQL 服务器。退出后会显示“Bye”提示信息。

3．添加 MySQL 的用户

1）使用 Create User 语句添加 MySQL 的用户

使用 Create User 语句添加 MySQL 用户的语法格式如下：

```
Create User <用户名>@<主机名> | <IP 地址> [ Identified By [Password] [ <密码> ] ]
```

各参数说明如下。

① 使用 Create User 语句可以同时创建多个用户，各用户之间使用半角逗号分隔。

② “用户名”必须符合 MySQL 标识符的命名规则，并且不能与同一台主机中已有用户名相同。用户名、主机名或 IP 地址、密码都需要使用半角单引号引起来。

③ “主机名”也可以使用 IP 地址。如果是本机，则使用 localhost，IP 地址为“127.0.0.1”。如果对所有的主机开放权限，允许任何用户从远程主机登录服务器，那么这里可以使用通配符“%”，“%”表示一组主机。

④ 字符“@”与前面的用户名之间及后面的主机名之间都不能有空格，否则用户创建不会成功。

⑤ 如果两个用户具有相同的用户名但主机不同，则 MySQL 将视其为不同的用户，允许为这两个用户分配不同的权限。

⑥ 如果一个用户名或主机名包含特殊符号，如下画线“_”或通配符“%”，则需要使用半角单引号将其引起来。

⑦ “Identified By”关键字用于设置用户的密码，如果指定用户登录不需要密码，则可以省略该选项，此时，MySQL 服务器使用内建的身份验证机制，用户登录时不用指定密码。如果需要创建指定密码的用户，则需要使用关键字“Identified By”指定明文密码值。

⑧ 为了避免指定明文密码，如果知道密码的哈希值（也称为散列值），则可以通过使用关键字 Password 来设置密码。密码的哈希值可以使用 password()函数获取，密码“123456”的哈希值为“*6BB4837EB74329105EE4568DDA7DC67ED2CA2AD9”，使用语句“Select password('123456')；”可以查看密码“123456”的哈希值。如果密码只是一个普通字符串，则不使用哈希值设置密码，关键字 Password 可省略。

使用“Create User”语句创建新用户时，必须拥有 MySQL 数据库的全局“Create User”的权限或“Insert”权限。如果添加的用户已经存在，则会出现错误提示信息。

每添加一个 MySQL 用户，会在 mysql.user 数据表中添加一条新记录，但是新创建的用户没有任何权限，需要对其进行授权操作。

2）使用 Grant 语句添加 MySQL 的用户

Create User 语句可以用来添加用户，通过该语句可以在 user 数据表中添加一条新的记录，但是 Create User 语句创建的新用户没有任何权限，还需要使用 Grant 语句赋予用户权限。而 Grant 语句不仅可以创建新用户，还可以在创建的同时对用户授权。Grant 还可以指定用户的其他特点，如使用安全连接、限制使用服务器资源等。使用 Grant 语句创建新用户时必须有 Grant 权限。Grant 语句是添加新用户并授权他们访问 MySQL 服务器的首选方法，其语法格式如下：

```
Grant <权限类型名称> On <表名> To <用户名>@<主机名> [ Identified By <密码> ]
      [ With Grant Option ] ;
```

各参数说明如下。

① 使用 Grant 语句可以同时创建多个用户，各用户之间使用半角逗号分隔。

② “权限类型名称”是指赋予新添加用户的权限。

③ “表名”是指用户权限所作用的数据库中的表，如果对数据库中所有数据表授予权限，则可以使用“*.*”。

④ “Identified By”关键字用于设置密码，如果设置的密码为哈希值，则在密码处添加“Password”关键字。

⑤ “With Grant Option”为可选项，表示对新添加的用户赋予 Grant 权限，即该用户可以对其他用户赋予权限。

⑥ Grant 语句不仅可以创建用户，还可以修改用户密码，也可以设置用户的权限。

其他参数的功能和含义与 Create User 语句类似，这里不再赘述。

3）使用 Insert 语句添加 MySQL 的用户

使用 Create User 或者 Grant 语句添加新用户时，实际上都在 user 数据表中添加一条新记录。因此，可以使用 Insert 语句直接将用户的信息添加到“mysql.user”数据表中，但必须拥有对“mysql.user”数据表的 Insert 权限，通常而言，Insert 语句只能添加 host、user、password 这 3 个字段的值。其语法格式如下：

```
Insert Into mysql.user(Host , User , Authentication_string)
      Values (<主机名> , <用户名> , Password(<密码>) ) ;
```

各参数说明如下。

① Host、User、Authentication_string 分别表示 user 数据表中的主机字段名、用户字段名和密码字段。

② Password()函数为密码加密函数。

其他参数的功能和含义与 Create User 语句类似，这里不再赘述。

4．修改 MySQL 用户的名称

使用“Rename User”语句可以对已有的 MySQL 用户进行重命名，修改 MySQL 用户名称的语法格式如下：

```
Rename User <已有用户的用户名> To <新的用户名> ;
```

① 如果原有用户名不存在或者新的用户名已经存在，则重命名不会成功，会出现如下所示的错误提示信息：

```
ERROR 1396 (HY000): Operation RENAME USER failed for 'better'@'localhost'
```

② 要使用“Rename User”语句，必须拥有全局“Rename User”权限和 MySQL 数据库 Update 权限。

③ 一条“Rename User”语句可以同时对多个已存在的用户进行重命名，各个用户信息之间使用半角逗号分隔。

5. 修改 MySQL 的 root 用户的密码

如果用户忘记了 MySQL 的 root 用户的密码或者没有设置 root 用户的密码，就必须修改或设置 root 用户的密码。在 MySQL 中，root 用户拥有最高权限，因此必须保证 root 用户的密码安全。root 用户可以通过多种方式来修改密码。

1）使用 mysqladmin 命令修改 root 用户的密码

使用 mysqladmin 命令修改 root 用户的密码的语法格式如下：

```
mysqladmin -u <已有用户名> -p password <新密码> ;
```

说 明

其中，“password”为关键字，不是指旧密码，而是指新密码。新密码必须使用半角双引号引起来，使用半角单引号会出现错误。

2）使用 Set 语句修改 root 用户的密码

使用 root 用户登录到 MySQL 服务器后，可以使用 Set 语句修改密码，其语法格式如下：

```
Set Password=PASSWORD(<新密码>) ;
```

说 明

新密码必须使用“PASSWORD”密码来加密，且新密码必须使用半角双引号引起来。为了使新密码生效，需要重新启动 MySQL 或者使用“Flush Privileges；”语句重新加载权限表。

3）使用 Update 语句更新“mysql.user”数据表中的密码字段值

使用 root 用户登录到 MySQL 服务器后，可以使用 Update 语句来更新“mysql.user”数据表中的密码字段值，从而达到修改密码的目的。其语法格式如下：

```
Update mysql.user Set Authentication_string=PASSWORD(<新密码>)
                    Where User="root" And Host="localhost" ;
```

说 明

新密码必须使用 PASSWORD()函数加密，且使用半角双引号引起来。执行 Update 语句以后，为了使新密码生效，需要重新启动 MySQL 或者使用“Flush Privileges；”语句重新加载权限表。

6. MySQL 的 root 用户修改普通用户的密码

root 用户拥有很高的权限，不仅可以修改其自身的密码，还可以修改其他普通用户的密码。

1）使用 Set 语句修改普通用户的密码

使用 root 用户登录到 MySQL 服务器后，使用 Set 语句修改普通用户的密码的语法格式如下：

```
Set Password For <用户名>@<主机名>=PASSWORD(<新密码>) ;
```

新密码必须使用 PASSWORD()函数来加密。

2）使用 Update 语句修改普通用户的密码

使用 root 用户登录到 MySQL 服务器后，使用 Update 语句修改 mysql 数据库的 user 数据表的密码字段值，从而修改普通用户的密码。其语法格式如下：

```
Update mysql.user Set Authentication_string=PASSWORD(<新密码>)
        Where User=<用户名> And Host=<主机名> ;
```

新密码必须使用 PASSWORD()函数来加密，执行 Update 语句后，需要执行 Flush Privileges 语句重新加载用户权限。

3）使用 Grant 语句修改普通用户的密码

使用 root 用户登录到 MySQL 服务器后，可以使用 Grant 语句修改普通用户的密码。其语法格式如下：

```
Grant Usage On *.* To <用户名>@'localhost' Identified By <新密码> ;
```

说 明

通过 Grant 语句中的 Usage 权限，可以创建用户而不授予任何权限，即可将所有全局权限设为'N'。这里不需要使用 PASSWORD()函数。

7. 修改普通用户的密码

普通用户登录 MySQL 服务器后，可以通过 Set 语句设置自身的密码，其语法格式如下：

```
Set Password=PASSWORD(<新密码>) ;
```

新密码必须使用 PASSWORD()函数来加密。

8. 删除普通用户

1）使用 Drop User 语句删除普通用户

使用 Drop User 语句删除普通用户的语法格式如下：

```
Drop User <用户名>@<主机名> ;
```

说 明

① 使用 Drop User 语句删除用户时，必须拥有 MySQL 数据库的“Drop User”权限。

② Drop User 语句可以同时删除多个用户，各个用户之间使用逗号分隔。

③ 如果删除的用户已经创建了数据表、索引或其他的数据库对象，则它们将继续保留，因为 MySQL 并没有关注是哪一个用户创建了这些对象。

2）使用 Delete 语句删除普通用户

使用 Delete 语句可以直接将用户的信息从“mysql.user”数据表中删除。其语法格式如下：

```
Delete From mysql.user Where Host=<主机名> And User=<用户名> ;
```

说 明

① 使用 Delete 语句从数据表“mysql.user”中删除用户，必须拥有对“mysql.user”数据表的“Delete”权限。

② 语句中的主机名和用户名必须加半角引号。

③ 删除用户后，可以使用 Select 语句来查询“mysql.user”数据表，再确定该用户是否已经成功删除。

9. MySQL 的各种权限

MySQL 的权限信息被存储在 MySQL 数据库的 user、db、host、tables_priv、columns_priv 和 procs_priv 数据表中。在 MySQL 启动时，服务器将这些权限信息的内容读入内存。

表 6-1 中列出了 MySQL 的各种权限、“user”数据表中对应的字段和权限值等信息。

表 6-1　MySQL 的各种权限列表

权　　限	对应 user 数据表中的字段	权 限 级 别	权 限 说 明
Create	Create_priv	数据库、表或索引	创建数据库、数据表或索引权限
Drop	Drop_priv	数据库或表	删除数据库、数据表或视图权限
Grant Option	Grant_priv	数据库、表或保存的程序	赋予权限选项
References	References_priv	数据表	创建数据表的外键
Alter	Alter_priv	表	修改表，如添加字段、索引等
Delete	Delete_priv	表	删除数据权限
Index	Index_priv	表	索引权限
Insert	Insert_priv	表	表中插入记录权限
Select	Select_priv	表	表或视图中查询数据权限
Update	Update_priv	表	表中更新数据权限
Create View	Create_view_priv	视图	创建视图权限
Show View	Show_view_priv	视图	查看视图权限
Alter Routine	Alter_routine_priv	存储过程	更改存储过程或函数权限
Create Routine	Create_routine_priv	存储过程	创建存储过程或函数权限
Execute	Execute_priv	存储过程	执行存储过程或函数权限
File	File_priv	服务器主机上的文件访问	文件访问权限
Create Temporary Tables	Create_tmp_table_priv	服务器管理	创建临时表权限
Lock Tables	Lock_tables_priv	服务器管理	锁定特定数据表权限
Create User	Create_user_priv	服务器管理	创建用户权限
Process	Process_priv	服务器管理	查看进程权限
Reload	Reload_priv	服务器管理	执行 flush-hosts、flush-logs、flush-privileges、flush-status、flush-tables、flush-threads, refresh、reload 等命令的权限
Replication Client	Repl_client_priv	服务器管理	复制权限
Replication Slave	Repl_slave_priv	服务器管理	复制权限
Show Databases	Show_db_priv	服务器管理	查看数据库权限
Shutdown	Shutdown_priv	服务器管理	关闭数据库权限
Super	Super_priv	服务器管理	执行 kill 线程权限

通过权限设置，用户可以拥有不同的权限，拥有“Grant”权限的用户可以为其他用户设

置权限，拥有“Revoke”权限的用户可以收回自己设置的权限，合理地设置权限能够保证 MySQL 数据库的安全。

10. 授予权限

授予权限就是为用户赋予某些权限，例如，可以为新建的用户赋予查询所有数据表的权限。合理的授予能够保证数据库的安全，不合理的授权会使数据库存在安全隐患。MySQL 中使用“Grant”语句为用户授予权限，必须拥有 Grant 权限的用户才可以执行 Grant 语句。

MySQL 的权限层级及可能设置的权限类型如表 6-2 所示。

表 6-2　MySQL 的权限分布表

权限层级	可能设置的权限类型
用户权限	'Create'、'Alter'、'Drop'、'Grant'、'Show Databases'、'Execute'
数据库权限	'Create Routine'、'Execute'、'Alter Routine'、'Grant'
数据表权限	'Select'、'Insert'、'Update'、'Delete'、'Create'、'Drop'、'Grant'、'References'、'Index', 'Alter'
字段权限	'Select'、'Insert'、'Update'、'References'
过程权限	'Execute'、'Alter Routine'、'Grant'

授予的权限层级及其语法格式如下。

1）全局层级（用户层级）

全局权限适用于一个给定服务器中的所有数据库。这些权限存储在 mysql.user 数据表中。对于授予数据库权限的语句，也可以定义在用户权限上。例如，在用户层级上授予某用户“Create”权限，该用户可以创建一个新的数据库，也可以在所有数据库中创建数据表。

授予用户全局权限语句的语法格式如下：

```
Grant  All| All Privileges  On  *.* ;
```

MySQL 授予用户权限时，在“Grant”语句中，On 子句使用“*.*”表示所有数据库的所有数据表。除了可以授予数据库权限值之外，还可以授予 Create User、Show Databases 等权限。

2）数据库层级

数据库权限适用于一个给定数据库中的所有对象。这些权限存储在 mysql.db 和 mysql.host 数据表中。例如，在已有的数据库中创建数据表或删除数据表的权限。

授予数据库权限语句的语法格式如下：

```
Grant  All | All Privileges | <权限类型> On *|<表名>.*  To  <用户名>@<主机名>;
```

其中，All 或 All Privileges 表示授予全部权限，“*”表示当前数据库中的所有数据表，“<表名>.*”表示指定数据库中的所有数据表，“权限类型”可以为适用于数据库的所有权限名。

3）数据表层级

数据表权限适用于一个给定数据表中的所有字段。这些权限存储在 mysql.tables_priv 数据表中。例如，使用“Insert Into”语句向数据表中插入记录的权限。

授予数据表权限语句的语法格式如下：

```
Grant All | All Privileges | <权限类型> On <数据库名>.<数据表名>|<视图名>
  To <用户名>@<主机名> ;
```

说 明

① 权限类型表示授予的权限，如 Select、Update、Delete 等，如果想让该用户可以为其他用户授权，则可以在语句后加上 With Grant Option 关键字。如果在创建用户的时候不指定 With Grant Option 选项，则会导致该用户不能使用 Grant 命令创建用户或者给其他用户授权。

② 如果给数据表授予表层级所有类型的权限，则将“<权限类型>”改为“All”即可。

③ 如果在“To”子句中使用“Identified By <新密码>”关键字给存在的用户指定新密码，则新密码将会覆盖用户原来定义的密码。

④ 如果权限授予了一个不存在的用户，则 MySQL 会自动执行一条“Create User”语句来创建该用户，但必须为该用户指定密码。

4）字段层级

字段权限适用于一个给定数据中的单一字段。这些权限存储在 mysql.columns_priv 数据表中。例如，使用“Update”语句更新数据表字段值的权限。

授予数据表中字段权限语句的语法格式如下：

```
Grant <权限类型>(字段名列表) On <数据库名>.<数据表名> To <用户名>@<主机名>；
```

对于字段权限，权限类型只能取 Select、Insert、Update，并且权限名后需要加上字段名。

5）过程层级

过程权限适用于数据表中已有的存储过程和函数。这些权限存储在 mysql.procs_priv 数据表中。

① 授予指定用户对存储过程有操作权限的语法格式如下：

```
Grant <权限类型> On Procedure <数据库名>.<存储过程名> To <用户名>@<主机名>；
```

② 授予指定用户对已有函数有操作权限的语法格式如下：

```
Grant <权限类型> On Function <数据库名>.<函数名> To <用户名>@<主机名>；
```

说 明

授予过程权限时，权限类型只能取 Execute、Alter Rountime、Grant。

11. 查看用户的权限信息

1）使用 Show Grant 语句查看指定用户的权限信息

使用 Show Grant 语句查看用户权限信息的语法格式如下：

```
Show Grants For '<用户名>'@'<主机名称>' | '<IP 地址>'
```

说 明

使用该语句时，指定的用户名和主机名都要使用半角引号（单引号或双引号）引起来，并使用“@”符号将两个名称分隔开。

2）使用 Select 语句查询 mysql.user 表中各用户的权限

使用 Select 语句查询 mysql.user 表中用户权限的语法格式如下：

```
Select <权限字段> From mysql.user [ Where user='<用户名>' And Host='<主机名>' ] ;
```

其中，权限字段指 Select_priv、Insert_priv、Update_priv、Delete_priv、Create_priv、Drop_priv 等字段。

12．权限的转换和限制

Grant 语句的最后如果使用了 With Grant Option 子句，则表示 To 子句中指定的所有用户都有把自身所拥有的权限授予其他用户的权限，而不管其他用户是否拥有该权限，这就是权限的转换。

With 子句也可以对一个用户授予使用限制，其中，“Max_Queries_Per_Hour <次数>”表示每小时可以查询数据库的次数限制；“Max_Connections_Per_Hour <次数>”表示每小时可以连接数据库的次数限制；“Max_Updates_Per_Hour <次数>”表示每小时可以修改数据库的次数限制；“Max_User_Connections <次数>”表示同时连接 MySQL 的最大用户数。对于前三个字段，如果次数为 0，则表示不起限制作用。

其语法格式如下：

```
Grant <权限类型名称> On <数据库名>.<表名> To <用户名>@<主机名>
    With Grant Option ;
```

13．回收权限

回收权限就是取消某个用户的某些权限，要从一个用户回收权限，但不从 user 数据表中删除用户，可以使用 Revoke 语句，该语句与 Grant 语句的语法格式类似，但具有相反的效果。要使用 Revoke 语句，用户必须拥有 MySQL 数据库的全局“Create User”权限和 Update 权限。

回收指定权限语句的语法格式如下：

```
Revoke <权限类型>[<字段列表>] On <数据库名>.<表名> From <用户名>@<主机名> ;
```

说 明

该语句可以回收多个权限，各个权限之间使用半角逗号分隔，也可以回收多个用户相同的权限，各个用户之间使用半角逗号分隔。该语句可以针对某些字段回收权限，如果没有指定字段列表，则表示作用于整个数据表。

回收全部权限的语法格式如下：

```
Revoke All Privileges , Grant Option From <用户名>@<主机名> ;
```

14．MySQL 的 Show 命令

MySQL 的 Show 命令如表 6-3 所示。

表 6-3　MySQL 的 Show 命令

序　号	命令的语法格式	命 令 解 释
1	Show Tables 或 Show Tables From <数据库名> ;	显示当前数据库中所有表的名称
2	Show Databases;	显示 MySQL 中所有数据库的名称
3	Show Columns From <数据表名> From <数据库名> ; 或 Show Columns From <数据库名>.<数据表名>;	显示数据表中的字段名称
4	Show Grants For <用户名> ;	显示一个用户的权限，显示结果类似于 Grant 命令
5	Show Index From <数据表名> ;	显示数据表的索引

续表

序　号	命令的语法格式	命 令 解 释
6	Show Status ;	显示一些系统特定资源的信息，例如，正在运行的线程数量
7	Show Variables ;	显示系统变量的名称和值
8	Show Processlist ;	显示系统中正在运行的所有进程，也就是当前正在执行的查询。大多数用户可以查看自己的进程，但是如果其拥有 Process 权限，就可以查看所有用户的进程，包括密码
9	Show Table Status ;	显示当前使用或者指定的 Database 中的每个数据表的信息。信息包括数据表类型和数据表的最新更新时间
10	Show Privileges ;	显示服务器所支持的不同权限
11	Show Create Database <数据库名> ;	显示 Create Database 语句是否能够创建指定的数据库
12	Show Create Table <数据表名> ;	显示 Create Table 语句是否能够创建指定的数据表
13	Show Engines ;	显示安装以后可用的存储引擎和默认引擎
14	Show InnoDB Status ;	显示 InnoDB 存储引擎的状态
15	Show Logs ;	显示存储引擎的日志
16	Show Warnings ;	显示最后一个执行的语句所产生的错误、警告和通知
17	Show Errors ;	只显示最后一个执行语句所产生的错误
18	Show [Storage] Engines ;	显示安装后的可用存储引擎和默认引擎

6.1 登录与退出 MySQL 服务器

【任务 6-1】 尝试以多种方式登录 MySQL 服务器

【任务描述】

尝试以多种方式登录 MySQL 服务器。

（1）使用 root 用户登录本机 MySQL 数据库，要求登录时密码不可见。

（2）使用 root 用户登录本机 MySQL 数据库 mysql，在登录命令中指定数据库名和密码。

（3）使用 root 用户登录本机数据库 book，同时查询 book 数据库中的“图书类型”数据表的结果信息。

【任务实施】

第 1 项任务实现登录的过程如下。

在命令提示符后输入以下命令：

```
mysql -u root -p                                                    命令①
```

按“Enter”键，出现提示信息“Enter password:”，然后在提示信息后输入正确密码，如“123456”，按“Enter”键即可成功登录，并显示如图 6-8 所示的相关信息。

```
Welcome to the MySQL monitor.  Commands end with ; or \g.
Your MySQL connection id is 20
Server version: 5.7.11-log MySQL Community Server (GPL)

Copyright (c) 2000, 2016, Oracle and/or its affiliates. All rights reserved.

Oracle is a registered trademark of Oracle Corporation and/or its
affiliates. Other names may be trademarks of their respective
owners.

Type 'help;' or '\h' for help. Type '\c' to clear the current input statement.
```

图 6-8　成功登录 MySQL 时出现的提示信息

在命令行提示符后输入“Quit”命令退出 MySQL 服务器。

第 2 项任务实现登录的命令如下：

```
mysql -h localhost -P 3306 -u root -p123456 mysql                   命令②
```

参数“-h localhost”也可以写成“-h 127.0.0.1”，二者是等价的。

由于登录本机的主机名称默认为 localhost，所以该命令中的参数“-h localhost”可以省略。由于 MySQL 服务的默认端口为 3306，不使用该参数时会自动连接到 3306 端口，所以参数“-P 3306”可以省略。由于没有指定数据库名称时，会直接登录 MySQL 数据库，所以参数“mysql”也可以省略。

最精简的命令形式如下：

```
mysql -u root -p123456                                              命令③
```

命令③和命令②的作用是等价的。

这里由于密码是可见的，登录时会出现如下所示的警告信息：

```
mysql:[Warning] Using a password on the command line interface can be insecure.
```

该命令也可以写成以下形式：

```
>mysql --host=localhost --user=root --password=123456               命令④
```

第 3 项任务实现登录的命令如下：

```
mysql -u root -p123456 book -e "Desc 图书类型"                       命令⑤
```

该命令的执行结果如图 6-9 所示，会显示“图书类型”数据表的结构数据，此后，MySQL 系统会退出 MySQL 服务器。

```
+--------------+--------------+------+-----+---------+-------+
| Field        | Type         | Null | Key | Default | Extra |
+--------------+--------------+------+-----+---------+-------+
| 图书类型代号 | varchar(2)   | NO   | PRI | NULL    |       |
| 图书类型名称 | varchar(50)  | NO   | UNI | NULL    |       |
| 描述信息     | varchar(100) | YES  |     | NULL    |       |
+--------------+--------------+------+-----+---------+-------+
```

图 6-9　实现登录命令的执行结果

6.2 MySQL 的用户管理

【任务 6-2】 在命令行中使用 Create User 语句添加 MySQL 的用户

【任务描述】

（1）使用普通明文密码创建一个新用户 admin。使用 Create User 语句添加一个新用户，用户名为 admin，密码是 123456，主机为本机。

（2）使用密码的哈希值创建一个新用户 testUser。使用 Create User 语句添加一个新用户，用户名为 testUser，密码是 123456（其哈希值为“*6BB4837EB74329105EE4568DDA7DC67ED2CA2AD9”），主机为本机。

【任务实施】

1．使用普通明文密码创建一个新用户 admin

（1）打开 Windows 命令行窗口，然后登录 MySQL 服务器。

（2）创建用户 admin。在命令提示符后输入以下命令创建用户 admin：

```
Create User 'admin'@'localhost' Identified By '123456' ;
```

当该语句成功执行时，如果出现以下提示信息，则说明该用户已经创建完成，可以使用该用户名登录 MySQL 服务器。

```
Query OK, 0 rows affected (0.03 sec)
```

（3）查看数据表“user”中目前已有用户。在命令提示符后输入以下命令查看数据表“user”中目前已有的用户：

```
Select Host,User,Authentication_string From mysql.user ;
```

查看的结果如图 6-10 所示。

```
+-----------+-----------+-------------------------------------------+
| Host      | User      | Authentication_string                     |
+-----------+-----------+-------------------------------------------+
| localhost | root      | *6BB4837EB74329105EE4568DDA7DC67ED2CA2AD9 |
| localhost | mysql.sys | *THISISNOTAVALIDPASSWORDTHATCANBEUSEDHERE |
| localhost | admin     | *6BB4837EB74329105EE4568DDA7DC67ED2CA2AD9 |
+-----------+-----------+-------------------------------------------+
```

图 6-10　查看“user”数据表中目前已有的用户

由图 6-10 可以看出，MySQL 系统本身有两个默认用户——“root”和“mysql.sys”，刚才新添加的用户 admin 也出现在 user 数据表中，该用户密码的哈希值为“*6BB4837EB74329105EE4568DDA7DC67ED2CA2AD9”，其原值为“123456”，与用户 root 的密码相同。

2．使用密码的哈希值创建一个新用户 testUser

（1）创建用户 testUser。在命令提示符后输入以下命令创建用户 testUser：

```
Create User 'testUser'@'localhost' Identified By Password
            '*6BB4837EB74329105EE4568DDA7DC67ED2CA2AD9' ;
```

当该语句成功执行时，表示该用户已经创建完成，可以使用该用户名登录 MySQL 服务器。

（2）在数据表 user 中查看新添加的用户 testUser。在命令提示符后输入以下命令查看“user”数据表中新添加的用户 testUser：

```
Select Host,User,Authentication_string From mysql.user Where User='testUser' ;
```

查看的结果如图 6-11 所示。

Host	User	Authentication_string
localhost	testUser	*6BB4837EB74329105EE4568DDA7DC67ED2CA2AD9

图 6-11　查看 user 数据表中新添加的用户 testUser

由图 6-11 可以看出，刚才新添加的用户 testUser 出现在 user 数据表中，该用户密码的哈希值为“*6BB4837EB74329105EE4568DDA7DC67ED2CA2AD9”，其原值为“123456”，与用户 root 的密码相同。

【任务 6-3】 在命令行中使用 Grant 语句添加 MySQL 的用户

【任务描述】

使用 Grant 语句添加一个新用户，用户名为 Better，密码是 123456，主机为本机，并授予用户对所有数据表的 Select 和 Update 权限。

【任务实施】

1. 创建用户 Better

在命令提示符后输入以下命令创建用户 Better：

```
Grant Select,Update On *.* To 'better'@'localhost' Identified By '123456' ;
```

当该语句成功执行时，表示该用户已经创建完成，可以使用该用户名登录 MySQL 服务器。

2. 查看已有用户及其被授予的权限

在命令提示符后输入以下命令：

```
Select Host,User,Select_priv,Update_priv,Delete_priv From mysql.user ;
```

查看的结果如图 6-12 所示。

Host	User	Select_priv	Update_priv	Delete_priv
localhost	root	Y	Y	Y
localhost	mysql.sys	N	N	N
localhost	admin	N	N	N
localhost	better	Y	Y	N
localhost	testUser	N	N	N

图 6-12　查看数据表“user”中目前已有用户及其被授予的权限的结果

从图 6-12 所示的查询结果可以看出用户被成功创建了，其 Select 和 Update 权限字段的值为 Y，Delete 权限字段的值为 N，表示该用户已被授予 Select 权限和 Update 权限，但没有授予 Delete 权限。

【任务 6-4】在命令行中使用 Insert 语句添加 MySQL 的用户

【任务描述】

使用 Insert 语句添加一个新用户，用户名为 Lucky，密码是 123456，主机为本机。

【任务实施】

在命令提示符后输入以下命令创建用户 Lucky：

```
Insert Into mysql.user(Host , User , Authentication_string )
        Values ('localhost', 'Lucky', Password('123456')) ;
```

该语句的执行结果如下：

```
mysql> Insert Into mysql.user(Host , User , Authentication_string )
    ->            Values ('localhost', 'Lucky', Password('123456')) ;
ERROR 1364 (HY000): Field 'ssl_cipher' doesn't have a default value
```

语句执行失败，使用“Show Warnings ;”语句查看相关错误提示信息，如图 6-13 所示。

```
+---------+------+---------------------------------------------------------------+
| Level   | Code | Message                                                       |
+---------+------+---------------------------------------------------------------+
| Warning | 1681 | 'PASSWORD' is deprecated and will be removed in a future release. |
| Error   | 1364 | Field 'ssl_cipher' doesn't have a default value               |
| Error   | 1364 | Field 'x509_issuer' doesn't have a default value              |
| Error   | 1364 | Field 'x509_subject' doesn't have a default value             |
+---------+------+---------------------------------------------------------------+
```

图 6-13　使用“Show Warnings ;”语句查看相关错误提示信息的结果

由于 ssl_cipher、x509_issuer、x509_subject 这 3 个字段在 user 数据表中没有设置默认值，所以在这里出现了错误提示信息，影响了 Insert 语句的正常执行。

将 Insert 语句进一步完善如下：

```
Insert Into mysql.user(Host , User , Authentication_string,
                    ssl_cipher,x509_issuer,x509_subject )
      Values ('localhost', 'Lucky', Password('123456'), '', '', '' ) ;
```

在 Insert 语句中将 ssl_cipher、x509_issuer、x509_subject 这 3 个字段的默认值设置为空。该语句的执行结果如下：

```
Query OK, 1 row affected, 1 warning (0.01 sec)
```

结果显示使用 Insert 语句添加新用户成功了。

显然，这里出现了一条警告信息，使用“Show Warnings ;”语句查看相关警告信息，如图 6-14 所示。

```
+---------+------+---------------------------------------------------------------+
| Level   | Code | Message                                                       |
+---------+------+---------------------------------------------------------------+
| Warning | 1681 | 'PASSWORD' is deprecated and will be removed in a future release. |
+---------+------+---------------------------------------------------------------+
```

图 6-14　使用“Show Warnings ;”语句查看相关警告信息的结果

图 6-14 中警告信息的中文含义为“'密码'是过时的，将在未来的版本中删除。”。

【任务 6-5】在 Navicat 图形界面中添加与管理 MySQL 的用户

【任务描述】

（1）在 Navicat 图形界面中添加新用户。在 Navicat 主窗口中添加一个新用户，用户名为 happy，密码是 123456，主机为本机，即 localhost，并授予 happy 用户对所有数据表的 Select、Insert、Update 和 Delete 权限。

（2）在 Navicat 图形界面中查看与修改已有用户 better。在 Navicat 主窗口中查看已有用户 better 的“常规”设置和“服务器权限”设置，并授予 better 用户对所有数据表的 Insert、Delete 权限。

【任务实施】

1．查看“better”中已有的用户

启动 Navicat，在主界面左侧“连接”区域中双击打开连接“better”，在工具栏中单击【用户】按钮，此时可以看到连接“better”中已有的用户，如图 6-15 所示。

图 6-15　连接“better”中已有的用户

2．新建用户

在【对象】区域的工具栏中单击【新建用户】按钮，进入创建新用户的界面，在【常规】选项卡的“用户名”文本框中输入“happy”，在“主机”文本框中输入“localhost”，在“密码”文本框中输入“123456”，在“确认密码”文本框中输入“123456”，如图 6-16 所示。

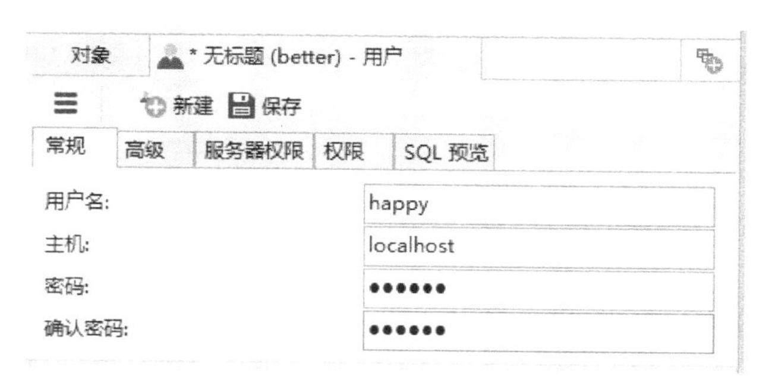

图 6-16　“常规”选项卡

选择【服务器权限】选项卡，分别选中 Select、Insert、Update 和 Delete 对应的复选框，授予 happy 用户对所有数据表拥有相应的权限，如图 6-17 所示。

选择【SQL 预览】选项卡，查看新建用户对应的 SQL 代码，如图 6-18 所示。

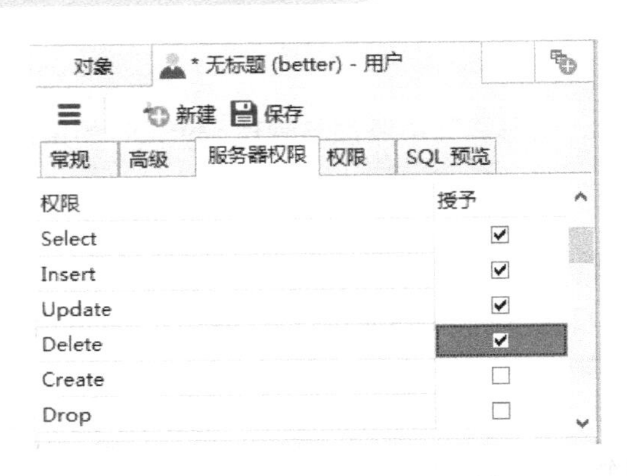

图 6-17 “服务器权限”选项卡

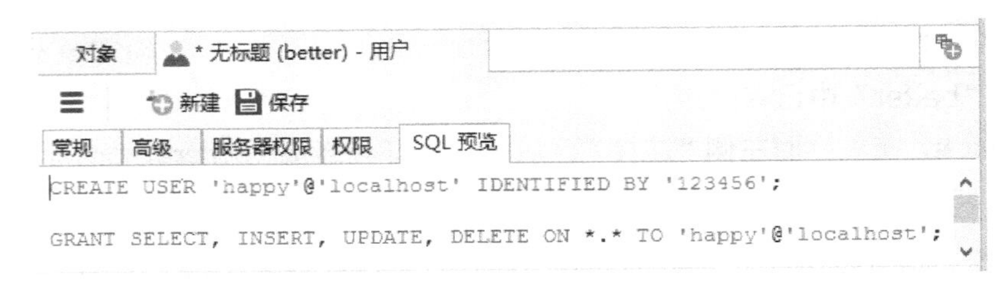

图 6-18 “SQL 预览”选项卡

在工具栏中单击【保存】按钮，完成新用户 happy 的创建。

3．查看 better 用户的“常规”设置

在“用户”对象区域的工具栏中单击【编辑用户】按钮 编辑用户 ，进入 better 用户的编辑状态，其常规设置如图 6-19 所示。

4．修改 better 用户的“服务器权限”

在用户 better 的编辑界面中选择【服务器权限】选项卡，可以看出 better 用户对所有数据表已拥有“Select”和“Update”权限，分别选中“Insert”和“Delete”右侧的复选框，授予 better 用户对所有数据表拥有相应的权限，如图 6-20 所示。

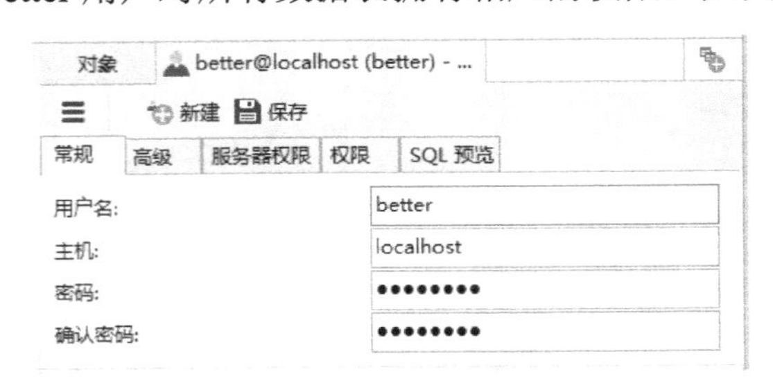

图 6-19 查看 better 用户的“常规”设置

图 6-20 修改 better 用户的“服务器权限”

在工具栏中单击【保存】按钮，完成 better 用户的修改。

【任务 6-6】在命令行中使用多种方式修改 root 用户的密码

【任务描述】

（1）使用 mysqladmin 命令修改 root 用户的密码，将原有的密码“123456”修改为

“admin”。

（2）使用Set语句修改root用户的密码，将原有的密码“admin”修改为“666”。

（3）使用Update语句更新“mysql.user”数据表中root用户的密码字段值，将原有的密码“666”修改为“888”。

（4）在Navicat图形界面中，将root用户原有的密码“888”修改为“123456”。

【任务实施】

（1）打开Windows命令行窗口，以原有密码“123456”登录MySQL服务器。

（2）使用mysqladmin命令修改root用户的密码。

在命令提示符“C:\>”后面输入以下语句：

```
C:\> mysqladmin -u root -p password "admin";
```

按照提示信息“Enter password:”输入root用户原来的密码“123456”，如下所示：

```
Enter password: ******
```

按“Enter”键后会出现以下警告信息：

```
mysqladmin: [Warning] Using a password on the command line interface can be insecure.
Warning: Since password will be sent to server in plain text, use ssl connection to ensure password safety.
```

修改密码语句执行完成后，新的密码将被设定，root用户登录时将使用新的密码。

（3）使用Set语句修改root用户的密码。先使用“Exit”命令退出登录状态，然后root用户使用密码“amdin”登录MySQL服务器，在命令提示信息“mysql\>”后输入以下语句：

```
mysql> Set Password=PASSWORD("666") ;
```

该语句执行完成后，会出现如下所示的提示信息：

```
Query OK, 0 rows affected, 1 warning (0.00 sec)
```

Set语句执行成功，root用户的密码被成功设置为“666”。为了使新密码生效，需要以新密码重新启动MySQL。

（4）使用Update语句更新“mysql.user”数据表中的密码字段值。先使用“Quit”命令退出登录状态，使用root用户使用密码“666”登录MySQL服务器，在命令提示信息“mysql\>”后输入以下语句：

```
Update mysql.user Set Authentication_string =PASSWORD("888")
       Where User="root" And Host="localhost" ;
```

该语句执行完成后，出现如下所示的提示信息：

```
Query OK, 1 row affected, 1 warning (0.00 sec)
Rows matched: 1   Changed: 1   Warnings: 1
```

为了使新密码生效，需要以新密码重新启动MySQL。

（5）在Navicat图形界面中，修改root用户的密码。在Navicat主窗口中，单击【用户】按钮，此时可以看到连接“better”中已有的用户，在用户列表框中选择已有用户“root@localhost”，在工具栏中单击【编辑用户】按钮，打开用户编辑窗口，选择【常规】选项卡，分别在“密码”文本框和“确认密码”文本框中输入密码“12345”，如图6-21所示。

密码修改完成后，在工具栏中单击【保存】按钮，保存root用户密码。

图 6-21　在 Navicat 主窗口中修改 root 用户的密码

【任务 6-7】在命令行中使用多种方式修改普通用户的密码

【任务描述】

（1）root 用户使用 Set 语句修改普通用户 admin 的密码，将原有的密码“123456”修改为“666”。

（2）root 用户使用 Update 语句更新“mysql.user”数据表中普通用户的密码字段值，将原有的密码“666”修改为“888”。

（3）root 用户使用 Grant 语句修改普通用户的密码，将 root 用户原有的密码“888”修改为“123”。

（4）admin 用户使用 Set 语句将其自身的密码修改为“123456”。

【任务实施】

（1）打开 Windows 命令行窗口，然后以 root 用户登录 MySQL 服务器。

（2）root 用户使用 Set 语句修改 root 用户的密码。

在命令提示信息“mysql\>”后输入以下语句：

```
mysql>Set Password For 'admin'@'localhost'=PASSWORD("666") ;
```

该语句执行完成后，会出现如下所示的提示信息：

```
Query OK, 0 rows affected, 1 warning (0.00 sec)
```

Set 语句执行成功，admin 用户的密码被成功设置为“666”。

（3）root 用户使用 Update 语句更新“mysql.user”数据表中的密码字段值。

在命令提示信息“mysql\>”后输入以下语句：

```
Update mysql.user Set Authentication_string =PASSWORD("888")
        Where User="admin" And Host="localhost" ;
```

该语句执行完成后，出现如下所示的提示信息：

```
Query OK, 1 row affected, 1 warning (0.00 sec)
Rows matched: 1    Changed: 1    Warnings: 1
```

成功执行 Update 语句后，admin 的密码被修改为“888”，使用 Flush Privileges 语句重新加载用户权限，admin 用户就可以使用新密码登录 MySQL 服务器了。

（4）root 用户使用 Grant 语句修改普通用户的密码。

在命令提示信息“mysql\>”后输入以下语句：

```
Grant Usage On *.* To 'admin'@'localhost' Identified By '123' ;
```

该语句执行完成后，出现如下所示的提示信息：

```
Query OK, 0 rows affected, 1 warning (0.00 sec)
```

成功执行 Grant 语句后，普通用户 admin 的密码被修改为“123”，admin 用户就可以使用新密码登录 MySQL 服务器了。

（5）admin 用户使用 Set 语句修改自身的密码。

先使用“Exit”命令退出登录状态，然后 admin 用户使用密码“123”登录 MySQL 服务器，在命令提示信息“mysql\>”后输入以下语句：

```
mysql> Set Password=PASSWORD("123456") ;
```

该语句执行完成后，会出现如下所示的提示信息：

```
Query OK, 0 rows affected, 1 warning (0.00 sec)
```

Set 语句执行成功，admin 用户的密码被成功设置为“123456”，admin 用户就可以使用新密码登录 MySQL 服务器了。

【任务 6-8】在 Navicat 图形界面中修改用户的密码

【任务描述】

（1）在 Navicat 图形界面中，将 root 用户原有的密码“888”修改为“123456”。

（2）在 Navicat 图形界面中，将 Lucky 用户原有的密码“123456”修改为“666”。

【任务实施】

（1）在 Navicat 图形界面中，修改 root 用户的密码。

在 Navicat 主窗口中，单击【用户】按钮，此时可以看到连接“better”中已有的用户列表，如图 6-22 所示。在用户列表中选择已有用户“root@localhost”，然后在工具栏中单击【编辑用户】按钮，打开用户编辑窗口，选择【常规】选项卡，分别在“密码”文本框和“确认密码”文本框中输入密码“123456”，如图 6-23 所示。

图 6-22　连接“better”中已有的用户列表

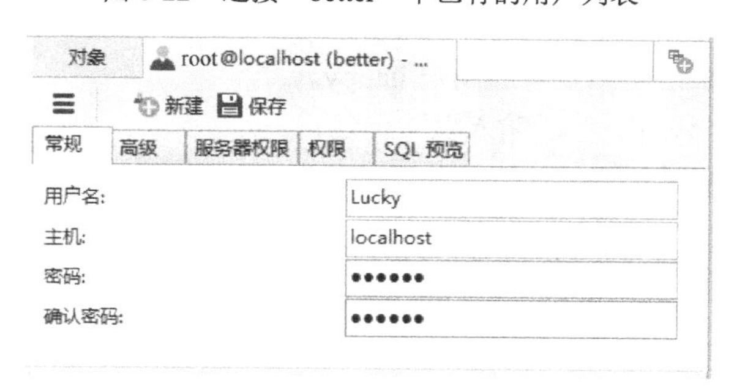

图 6-23　修改 root 用户的密码

密码修改完成后，在工具栏中单击【保存】按钮，保存 root 用户的密码。

（2）在 Navicat 图形界面中，修改 Lucky 用户的密码。

在如图 6-22 所示的用户列表中选择已有用户“Lucky@localhost”，然后在工具栏中单击

【编辑用户】按钮编辑用户，打开用户编辑窗口，选择【常规】选项卡，分别在“密码”文本框和“确认密码”文本框中输入密码“666”，如图 6-24 所示。

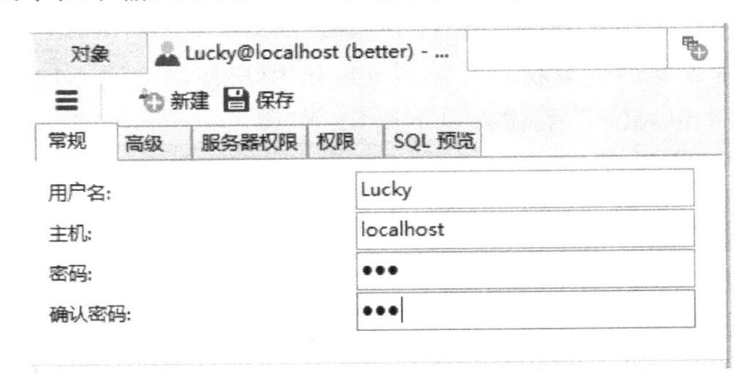

图 6-24　修改 Lucky 用户的密码

密码修改完成后，在工具栏中单击【保存】按钮保存，保存 Lucky 用户的密码。

【任务 6-9】在命令行中修改与删除普通用户

【任务描述】

（1）root 用户使用 Rename User 语句将普通用户 better 的用户名修改为“bright”，将主机名“localhost”修改为 IP 地址“127.0.0.1”。

（2）使用 Drop User 语句删除普通用户 happy。

（3）使用 Delete 语句删除普通用户 testUser。

【任务实施】

（1）打开 Windows 命令行窗口，以 root 用户登录 MySQL 服务器。

（2）root 用户使用 Rename User 语句修改普通用户的用户名和主机名。

在命令提示信息“mysql\>”后输入以下语句：

```
Rename User 'better'@'localhost' To 'bright'@'127.0.0.1' ;
```

该语句执行完成后，会出现如下所示的提示信息：

```
Query OK, 0 rows affected (0.00 sec)
```

结果显示修改用户名和主机名成功。

（3）使用 Drop User 语句删除普通用户 happy。

在命令提示信息“mysql\>”后输入以下语句：

```
Drop User 'happy'@'localhost' ;
```

该语句执行完成后，会出现如下所示的提示信息：

```
Query OK, 0 rows affected (0.00 sec)
```

结果显示删除用户 happy 成功。

（4）使用 Delete 语句删除普通用户 testUser。

在命令提示信息“mysql\>”后输入以下语句：

```
Delete From mysql.user Where Host='localhost' And User='testUser' ;
```

该语句执行完成后，会出现如下所示的提示信息：

```
Query OK, 1 row affected (0.00 sec)
```

结果显示删除用户 testUser 成功。

【任务 6-10】 在 Navicat 图形界面中修改用户的用户名与删除用户

 **【任务描述】**

（1）在 Navicat 主窗口中将普通用户 bright 的用户名修改为“happy'”，将 IP 地址“127.0.0.1”修改为主机名“localhost”。

（2）在 Navicat 主窗口中删除普通用户 Lucky@localhost。

 **【任务实施】**

（1）在 Navicat 图形界面中，修改普通用户 bright。

在 Navicat 主窗口中，单击【用户】按钮，此时可以看到连接“better”中已有的用户列表。在用户列表中选择已有用户“bright@127.0.0.1”，在工具栏中单击【编辑用户】按钮，打开用户编辑窗口，选择【常规】选项卡，在“用户名”文本框中输入新的用户名“happy”，在“主机”文本框中输入“localhost”，如图 6-25 所示。

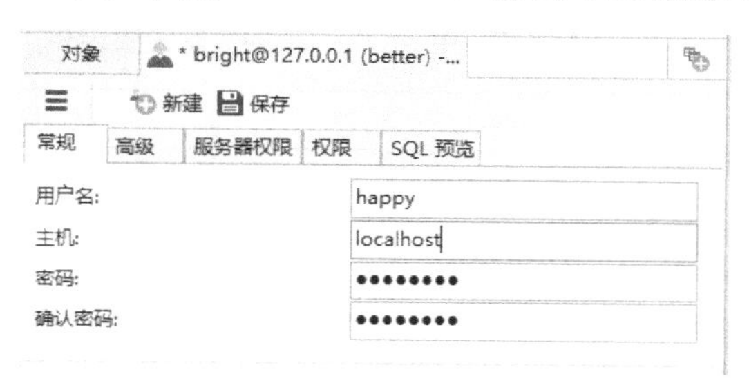

图 6-25　修改普通用户 bright

用户信息修改完成后，在工具栏中单击【保存】按钮，保存对用户所做的修改。

（2）在 Navicat 图形界面中，删除普通用户 Lucky 。

在如图 6-22 所示的用户列表中选择已有用户“Lucky@localhost”，在工具栏中单击【删除用户】按钮，打开【确认删除】对话框，如图 6-26 所示，在该对话框中单击【删除】按钮即可删除所选择的普通用户。

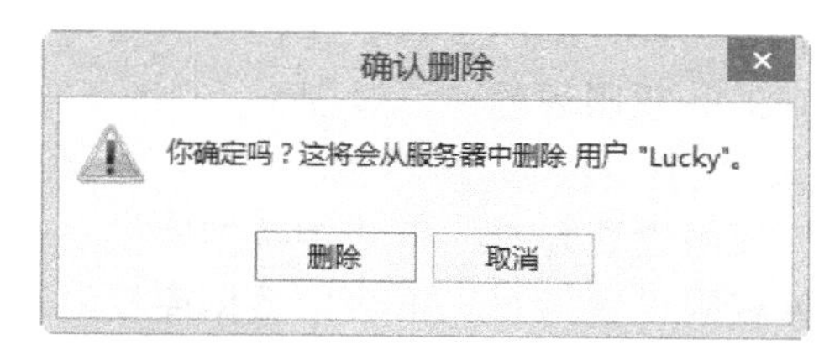

图 6-26　【确认删除】对话框

6.3 MySQL 的权限管理

【任务 6-11】 剖析 MySQL 权限表的验证过程

 **【任务描述】**

假定 MySQL 的 user 数据表的权限设置如表 6-4 所示，假定 db 数据表的权限设置如表 6-5 所示。

表 6-4　MySQL 中 user 数据表的权限设置示例

序　号	字 段 名	字 段 值	序　号	字 段 名	字 段 值
1	Host	localhost	10	Shutdown_priv	'N'
2	User	admin	11	Process_priv	'N'
3	Select_priv	'Y'	12	File_priv	'N'
4	Insert_priv	'N'	13	Grant_priv	'N'
5	Update_priv	'N'	14	References_priv	'N'
6	Delete_priv	'N'	15	Index_priv	'N'
7	Create_priv	'N'	16	Alter_priv	'Y'
8	Drop_priv	'N'	17	Execute_priv	'N'
9	Reload_priv	'N'	18	Super_priv	'N'

表 6-5　MySQL 中 db 数据表的权限设置示例

序　号	字 段 名	字 段 值	序　号	字 段 名	字 段 值
1	Host	localhost	10	Grant_priv	'Y'
2	Db	book	11	References_priv	'N'
3	User	admin	12	Index_priv	'N'
4	Select_priv	'Y'	13	Alter_priv	'N'
5	Insert_priv	'Y'	14	Create_view_priv	'N'
6	Update_priv	'Y'	15	Show_view_priv	'N'
7	Delete_priv	'Y'	16	Create_routine_priv	'N'
8	Create_priv	'N'	17	Alter_routine_priv	'N'
9	Drop_priv	'N'	18	Execute_priv	'N'

（1）分析 MySQL 权限表验证的基本过程。

（2）分析 MySQL 服务器的访问控制的基本原理。

（3）分析以下情景中 MySQL 权限表的验证过程。

情景 1：失败的连接尝试。

情景 2：user 表中数据库权限设置为 Y，db 表中数据库权限设置为 N。

情景 3：user 表中数据库权限设置为 N，db 表中数据库权限设置为 Y。

情景 4：user 表中数据库权限设置为 N，db 表中数据库权限设置为 N。

情景 5：假定出现以下情况——user 表中用户 happy 的 Host 字段的值为%，db 表中用户 happy 对应的 Host 字段的值为空，分析 MySQL 服务器的访问控制。

【任务实施】

1．MySQL 权限表验证的基本过程

（1）先从 user 表中的 Host、User、Authentication_string 这 3 个字段中判断连接的主机、用户名和密码是否存在，如果存在，则通过身份验证。

（2）通过身份验证后，进行权限分配，按照 user、db、tables_priv、columns_priv 的顺序进行验证，即先检查全局权限表 user，如果 user 中对应的权限为 Y，则此用户对所有数据库

的权限都为 Y，将不再检查 db、tables_priv、columns_priv；如果为 N，则到 db 表中检查此用户对应的具体数据库，并得到 db 中为 Y 的权限；如果 db 中为 N，则检查 tables_priv 中此数据库对应的具体表，取得表中的权限 Y，以此类推。

2．MySQL 服务器的访问控制的基本原理

首先，系统需要查看授权表，这些表的使用过程是从一般到特殊，这些表包括 user 表、db 表、host 表、tables_priv 表、columns_priv 表。

此外，一旦连接到了服务器，一个用户可以使用两种类型的请求：管理请求（Shutdown、Reload 等）、数据库相关的请求（Insert、Delete 等）。

3．分析以下情景中 MySQL 权限表的验证过程

（1）情景 1：失败的连接尝试。

用户“happy”连接服务器时将被拒绝。因为用户名与保持在 user 表中的用户名不匹配，所以会拒绝用户的请求。

（2）情景 2：user 表中数据库权限设置为 Y，db 表中数据库权限设置为 N。

① 用户 admin 尝试连接时将会成功。

② 用户 admin 试图在数据库 book 上执行 Alter 命令。

③ 服务器查看 user 表，对应于 Alter 命令的表项的值为 Y，即表示允许。因为在 user 表内授予的权限是全局性的，所以该请求会成功执行。

（3）情景 3：user 表中数据库权限设置为 N，db 表中数据库权限设置为 Y。

① 用户 admin 尝试连接时将会成功。

② 用户 admin 试图在数据库 book 上执行 Insert 命令。

③ 服务器查看 user 表，对应于 Insert 命令的条目的值为 N，即表示拒绝。

④ 服务器查看 db 表，对应于 Insert 命令的表项的值为 Y，即表示允许。

⑤ 该请求将成功执行，因为该用户的 db 表中的 Insert 字段的值为 Y。

（4）情景 4：user 表中数据库权限设置为 N，db 表中数据库权限设置为 N。

① 用户 admin 尝试连接时将会成功。

② 用户 admin 试图在数据库 book 上执行 Index 命令。

③ 服务器查看 user 表，对应于 Index 命令的表项的值为 N，即表示拒绝。

④ 服务器查看 db 表，对应于 Index 命令的表项的值为 N，即表示拒绝。

⑤ 服务器将查找 tables_priv 和 columns_priv 表。如果用户的请求符合表中赋予的相应权限，则准许访问；否则，访问会被拒绝。

（5）情景 5 权限表的验证过程如下。

① 用户 admin 尝试通过一个给定主机进行连接。

② 假设密码是正确的，那么会连接成功，因为 user 表指出只要是通过用户名 admin 和有关密码进行连接，任何(字符%所代表的含义)主机都是允许的。

③ MySQL 服务器将查找 db 表，但这里没有指定主机。

④ MySQL 服务器将查看 host 表。如果该用户要连接的数据库以及用户建立连接时所在主机的名称都位于 host 表中，那么该用户能够按照 host 表中所列出的权限来执行命令；否则，用户将无法执行命令，实际上就是无法连接。

【任务 6-12】 在命令行中查看指定用户的权限信息

【任务描述】

（1）查看当前用户 root 的权限。

（2）查看 MySQL 用户 admin 的权限。

（3）查看 user 数据表中 Create、Alter、Drop、Create User 等权限的设置情况。

（4）查看 root 用户 Create、Alter、Drop、Create User 等权限的设置情况。

（5）查看 admin 用户 Create、Alter、Drop、Create User 等权限的设置情况。

【任务实施】

1. 查看当前用户（root）的权限

在命令行窗口中输入以下语句查看当前用户 root 的权限：

```
Show Grants ;
```

查看结果如图 6-27 所示。

```
+---------------------------------------------------------------------+
| Grants for root@localhost                                           |
+---------------------------------------------------------------------+
| GRANT ALL PRIVILEGES ON *.* TO 'root'@'localhost' WITH GRANT OPTION |
| GRANT PROXY ON ''@'' TO 'root'@'localhost' WITH GRANT OPTION        |
+---------------------------------------------------------------------+
```

图 6-27 查看当前用户（root）的权限的结果

2. 查看非当前用户 admin 的权限

在命令行窗口中输入以下语句查看用户 admin 的权限：

```
Show Grants For "admin"@"localhost" ;
```

查看结果如图 6-28 所示。

```
+-------------------------------------------+
| Grants for admin@localhost                |
+-------------------------------------------+
| GRANT USAGE ON *.* TO 'admin'@'localhost' |
+-------------------------------------------+
```

图 6-28 查看非当前用户 admin 的权限的结果

3. 查看 user 数据表中指定权限的设置情况

在命令行窗口中输入以下语句查看 user 数据表中指定权限的设置情况：

```
Select Host,User,Create_priv,Alter_priv,Drop_priv,Create_user_priv From mysql.user ;
```

查看结果如图 6-29 所示。

```
+-----------+-----------+-------------+------------+-----------+------------------+
| Host      | User      | Create_priv | Alter_priv | Drop_priv | Create_user_priv |
+-----------+-----------+-------------+------------+-----------+------------------+
| localhost | root      | Y           | Y          | Y         | Y                |
| localhost | mysql.sys | N           | N          | N         | N                |
| localhost | admin     | N           | N          | N         | N                |
| localhost | happy     | N           | N          | N         | N                |
+-----------+-----------+-------------+------------+-----------+------------------+
```

图 6-29 查看 user 数据表中指定权限设置情况的结果

4．查看 root 用户指定权限的设置情况

在命令行窗口中输入以下语句查看 root 用户指定权限的设置情况：

```
Select Host,User,Create_priv,Alter_priv,Drop_priv,Create_user_priv From mysql.user
    Where user="root" And Host="localhost" ;
```

查看结果如图 6-30 所示。

Host	User	Create_priv	Alter_priv	Drop_priv	Create_user_priv
localhost	root	Y	Y	Y	Y

图 6-30　查看 root 用户指定权限设置情况的结果

5．查看 admin 用户指定权限的设置情况

在命令行窗口中输入以下语句查看 admin 用户指定权限的设置情况：

```
Select Host,User,Create_priv,Alter_priv,Drop_priv,Create_user_priv From mysql.user
    Where user="admin" And Host="localhost" ;
```

查看结果如图 6-31 所示。

Host	User	Create_priv	Alter_priv	Drop_priv	Create_user_priv
localhost	admin	N	N	N	N

图 6-31　查看 admin 用户指定权限设置情况的结果

从图 6-31 可以看出，admin 用户目前没有设置任何权限，是一个无操作权限的用户。

【任务 6-13】在命令行中授予用户全局权限

【任务描述】

（1）授予 admin 用户对所有数据库的所有表的 Create、Alter、Drop 权限。

（2）授予 admin 用户创建新用户的权限。

【任务实施】

（1）授予 admin 用户对所有数据库的所有表的 Create、Alter、Drop 权限。

在命令行窗口中输入以下语句给 admin 用户授权：

```
Grant Create , Alter , Drop On *.* To "admin"@"localhost" ;
```

该语句执行成功时，会出现以下提示信息：

```
Query OK, 0 rows affected (0.03 sec)
```

（2）授予 admin 用户创建新用户的权限。

在命令行窗口中输入以下语句授予 admin 用户创建新用户的权限：

```
Grant Create User On *.* To "admin"@"localhost" ;
```

该语句执行成功时，会出现以下提示信息：

```
Query OK, 0 rows affected (0.00 sec)
```

（3）查看 admin 用户的 Create、Alter、Drop、Create User 的权限。

在命令行窗口中输入以下语句查看 admin 用户的权限：

```
Select User,Create_priv,Alter_priv,Drop_priv,Create_user_priv From mysql.user
```

```
Where user="admin" And Host="localhost" ;
```

查看结果如图 6-32 所示。

User	Create_priv	Alter_priv	Drop_priv	Create_user_priv
admin	Y	Y	Y	Y

图 6-32　查看 admin 用户已授予权限的结果

从图 6-32 可以看出，admin 用户目前拥有 Create、Alter、Drop、Create User 的权限。

【任务 6-14】 在命令行中授予用户数据库权限

【任务描述】

（1）授予 admin 用户对 book 数据库的所有表的 Select、Insert 权限。

（2）授予 admin 用户在 book 数据库上的所有权限。

【任务实施】

（1）授予 admin 用户对 book 数据库的所有表的 Select、Insert 权限。

在命令行窗口中输入以下语句，授予 admin 用户对 book 数据库的所有表的指定权限：

```
Grant Select , Insert On book.* To "admin"@"localhost" ;
```

该语句执行成功时，会出现以下提示信息：

```
Query OK, 0 rows affected (0.04 sec)
```

在命令行窗口中输入以下语句，查看 db 数据表中 admin 用户的权限：

```
Select User,Select_priv , Insert_priv , Update_priv , Delete_priv From mysql.db
    Where user="admin" And Host="localhost" ;
```

查看结果如图 6-33 所示。

User	Select_priv	Insert_priv	Update_priv	Delete_priv
admin	Y	Y	N	N

图 6-33　查看 db 数据表中 admin 用户部分权限的结果

从图 6-33 可以看出，admin 用户对 book 数据库的所有表拥有 Select、Insert 权限，但是目前还没有 Update、Delete 权限。

（2）授予 admin 用户在 book 数据库上的所有权限。

在命令行窗口中输入以下语句，授予 admin 用户在 book 数据库上的所有权限：

```
Grant All on book.* To "admin"@"localhost" ;
```

该语句执行成功时，会出现以下提示信息：

```
Query OK, 0 rows affected (0.02 sec)
```

在命令行窗口中再一次输入以下语句，查看 db 数据表中 admin 用户的权限：

```
Select User,Select_priv , Insert_priv , Update_priv , Delete_priv From mysql.db
    Where user="admin" And Host="localhost" ;
```

查看结果如图 6-34 所示。

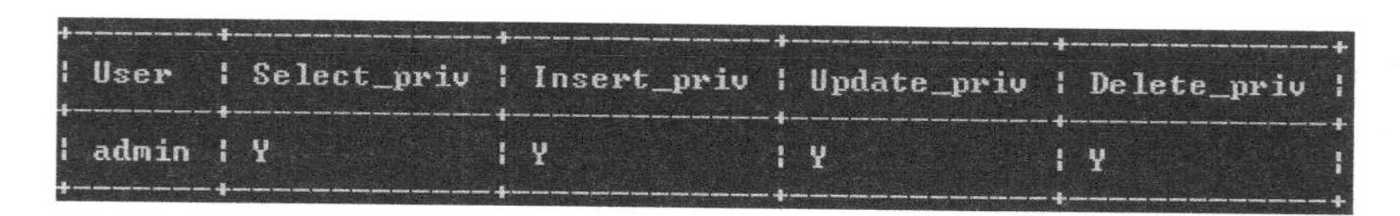

User	Select_priv	Insert_priv	Update_priv	Delete_priv
admin	Y	Y	Y	Y

图 6-34　查看 db 数据表中部分权限的结果

由于授予了 admin 用户在 book 数据库上的所有权限，从图 6-34 可以看出，admin 用户对 book 数据库的所有表拥有 Select、Insert、Update、Delete 等所有权限。

【任务 6-15】在命令行中授予用户数据表权限和字段权限

【任务描述】

（1）授予 happy 用户对 book 数据库的“图书类型”数据表的 Select、Insert 权限。

（2）授予 happy 用户对 book 数据库“图书信息”数据表的图书名称、作者、价格的 Select、Update 权限。

（3）如果用户 lucky 不存在，则授予该用户 book 数据库的“图书类型”数据表的 Select 和 Delete 权限。

【任务实施】

1．授予 happy 用户对数据表的操作权限

在命令行窗口中输入以下语句，授予 happy 用户对数据表的操作权限：

```
Grant Select , Insert On book.图书类型  To "happy"@"localhost" ;
```

该语句执行成功时，会出现以下提示信息：

```
Query OK, 0 rows affected (0.07 sec)
```

在命令行窗口中输入以下语句，查看 tables_priv 数据表中 happy 用户的相关信息：

```
Select Db, User, Table_name, Grantor, Table_priv, Column_priv From mysql.tables_priv
        Where user="happy" And Host="localhost" ;
```

查看结果如图 6-35 所示。

Db	User	Table_name	Grantor	Table_priv	Column_priv
book	happy	图书类型	root@localhost	Select,Insert	

图 6-35　授予 happy 用户对“图书类型”数据表的 Select、Insert 权限的结果

> **注 意**
>
> 只有当给定数据库/主机和用户名对应的 db 或者 host 表中的 Select 字段的值为 N 时，才需要访问 tables_priv 数据表。如果给定数据库/主机和用户名对应的 db 或者 host 表中的 Select 字段中有一个值为 Y，那么无需控制该 tables_priv 数据表。如果高优先级的表提供了适当的权限，那么无需查阅优先级较低的授权表。如果高优先级的表中对应命令的值为 N，那么需要进一步查看低优先级的授权表。

2．授予 happy 用户对数据表字段的操作权限

在命令行窗口中输入以下语句，授予 happy 用户对数据表字段的操作权限：

```
Grant Select(图书名称,作者,价格) , Update(图书名称,作者,价格) On book.图书信息
  To "happy"@"localhost" ;
```

该语句执行成功时，会出现以下提示信息：

```
Query OK, 0 rows affected (0.02 sec)
```

在命令行窗口中输入以下语句，查看 columns_priv 数据表中 happy 用户的相关信息：

```
Select Db, User, Table_name, Column_name, Column_priv From mysql.columns_priv
       Where user="happy" And Host="localhost" ;
```

查看结果如图 6-36 所示。

Db	User	Table_name	Column_name	Column_priv
book	happy	图书信息	价格	Select,Update
book	happy	图书信息	作者	Select,Update
book	happy	图书信息	图书名称	Select,Update

图 6-36　授予 happy 用户对“图书信息”数据表指定字段 Select、Update 权限的结果

3．给不存在的用户授予权限

在命令行窗口中输入以下语句，授予目前不存在的用户 lucky 权限：

```
Grant Select, Delete On book.图书信息 To "lucky"@"localhost" Identified By "123456" ;
```

该语句执行成功时，会出现以下提示信息：

```
Query OK, 0 rows affected, 1 warning (0.00 sec)
```

在命令行窗口中输入以下语句，查看 user 数据表中用户列表及相关权限：

```
Select Host,User,Select_priv,Insert_priv,Update_priv,Delete_priv From mysql.user ;
```

查看结果如图 6-37 所示。

Host	User	Select_priv	Insert_priv	Update_priv	Delete_priv
localhost	root	Y	Y	Y	Y
localhost	mysql.sys	N	N	N	N
localhost	admin	N	N	N	N
localhost	happy	Y	Y	Y	Y
localhost	lucky	N	N	N	N

图 6-37　查看 user 数据表中用户列表及相关权限的结果

从图 6-37 中可以看出，授予权限时自动创建了一个用户 lucky，但该用户对数据库不具有全局权限。

在命令行窗口中输入以下语句，查看 tables_priv 数据表中的用户列表及相关信息：

```
Select Db, User, Table_name, Grantor, Table_priv, Column_priv From mysql.tables_priv ;
```

查看结果如图 6-38 所示。

Db	User	Table_name	Grantor	Table_priv	Column_priv
sys	mysql.sys	sys_config	root@localhost	Select	
book	happy	图书类型	root@localhost	Select,Insert	
book	happy	图书信息	root@localhost		Select,Update
book	lucky	图书信息	root@localhost	Select,Delete	

图 6-38　查看 tables_priv 数据表中用户列表及相关信息的结果

【任务 6-16】在命令行中授予用户过程和函数权限

【任务描述】

（1）授予 happy 用户对 book 数据库的存储过程 proc0504 有操作权限。

（2）授予 happy 用户对 book 数据库的自定义函数 getBookTypeName 有操作权限。

【任务实施】

1. 授予 happy 用户对存储过程有操作权限

在命令行窗口中输入以下语句，授予 happy 用户对存储过程有操作权限：

```
Grant Execute On Procedure book. proc0504 To "happy"@"localhost" ;
```

该语句执行成功时，会出现以下提示信息：

```
Query OK, 0 rows affected (0.02 sec)
```

在命令行窗口中输入以下语句，查看 procs_priv 数据表中 happy 用户的相关信息：

```
Select Db,User,Routine_name,Routine_type,Grantor,Proc_priv From mysql.procs_priv
      Where user="happy" And Host="localhost" ;
```

查看结果如图 6-39 所示。

Db	User	Routine_name	Routine_type	Grantor	Proc_priv
book	happy	proc0504	PROCEDURE	root@localhost	Execute

图 6-39　授予 happy 用户对 book 数据库的存储过程 proc0504 有操作权限的结果

2. 授予 happy 用户对已有函数有操作权限

在命令行窗口中输入以下语句，授予 happy 用户对已有函数有操作权限：

```
Grant Execute On Function book.getBookTypeName To "happy"@"localhost" ;
```

该语句执行成功时，会出现以下提示信息：

```
Query OK, 0 rows affected (0.00 sec)
```

在命令行窗口中输入以下语句，查看 procs_priv 数据表中 happy 用户的相关信息：

```
Select Db,User,Routine_name,Routine_type,Grantor,Proc_priv From mysql.procs_priv
      Where user="happy" And Host="localhost" ;
```

查看结果如图 6-40 所示。

Db	User	Routine_name	Routine_type	Grantor	Proc_priv
book	happy	getbooktypename	FUNCTION	root@localhost	Execute
book	happy	proc0504	PROCEDURE	root@localhost	Execute

图 6-40　授予 happy 用户对 book 数据库的函数 getBookTypeName 有操作权限的结果

【任务 6-17】在 Navicat 图形界面中查看与管理权限

【任务描述】

（1）在 Navicat 主窗口中查看已有连接 better 中所有用户拥有的权限。

（2）在 Navicat 主窗口中授予或撤销 happy 用户的服务器权限。

（3）在 Navicat 主窗口中对用户 happy 进行调整权限类型操作。

（4）在 Navicat 主窗口中为用户 happy 添加针对数据库 book 的全局级的 Select、Insert、Update 操作权限。

（5）在 Navicat 主窗口中为用户 happy 添加针对“出版社”数据表的表级的 Select、Insert、Update 操作权限。

【任务实施】

（1）在 Navicat 主窗口中查看已有连接 better 中所有用户拥有的权限。

在 Navicat 主窗口中，单击【用户】按钮，此时可以看到连接“better”中已有的 5 个用户，如图 6-41 所示。

图 6-41 连接“better”中已有的 5 个用户

在工具栏中单击【权限管理员】按钮，打开【better-权限管理员】窗口，如图 6-42 所示。

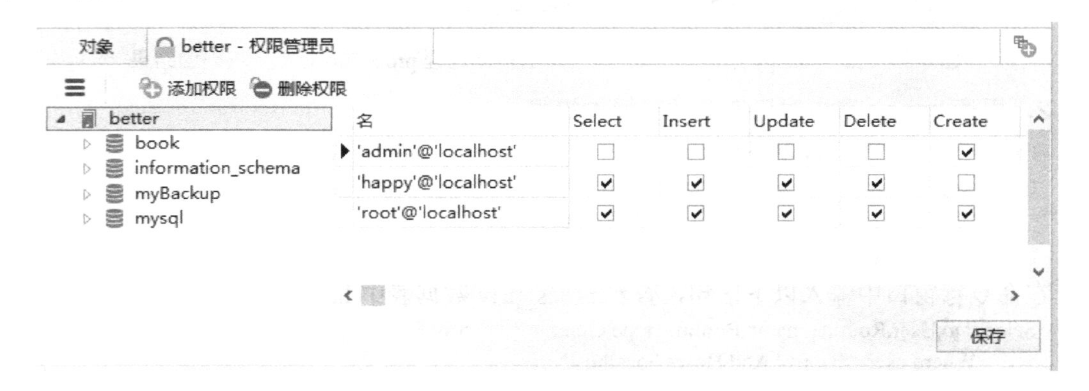

图 6-42 【better-权限管理员】窗口

在“better-权限管理员”窗口中可以看到所有用户的操作权限，也可以添加权限或删除权限，权限添加或删除完成后，单击【保存】按钮即可。

（2）授予或撤销 happy 用户的服务器权限。

在 Navicat 主窗口的已有用户列表中选择用户“happy@localhost”，在工具栏中单击【编辑用户】按钮，打开用户编辑窗口，选择【服务器权限】选项卡，如图 6-43 所示。选中对应权限右侧的复选框则授予相应的权限，取消选中对应权限右侧的复选框则取消相应的权限，权限设置完成后，单击工具栏中的【保存】按钮即可。

（3）对用户 happy 进行调整权限类型操作。

在用户编辑窗口中选择【权限】选项卡，如图 6-44 所示。通过选中对应权限的复选框授予相应的权限，取消选中对应权限的复选框可取消相应的权限，用户已有权限修改完成后单击工具栏中的【保存】按钮即可。

图 6-43　在【服务器权限】选项卡中设置服务器权限

对象　happy@localhost (better) - ...

新建　保存　添加权限　删除权限

常规　高级　服务器权限　权限　SQL 预览

数据库	名	Select	Insert	Update	References	Delete
book	图书类型	✓	✓	☐	☐	☐
book	图书信息.价格	✓	☐	✓	☐	☐
book	图书信息.图书名称	✓	☐	✓	☐	☐
book	图书信息.作者	✓	☐	✓	☐	☐
book	getbooktypename	☐	☐	☐	☐	☐
book	proc0504	☐	☐	☐	☐	☐

图 6-44　调整用户权限类型

（4）为用户 happy 添加针对数据库 book 的全局操作权限。

在工具栏中单击【添加权限】按钮 添加权限 ，打开【添加权限】对话框，在左侧窗格的数据库列表框中，选中“book”数据库左侧的复选框；在右侧窗格中选中“Select”、“Insert”、“Update”权限对应的“状态”复选框，结果如图 6-45 所示。如果需要撤销设置的权限，则取消选中权限对应的“状态”复选框即可。权限设置完成后单击【确定】按钮即可。

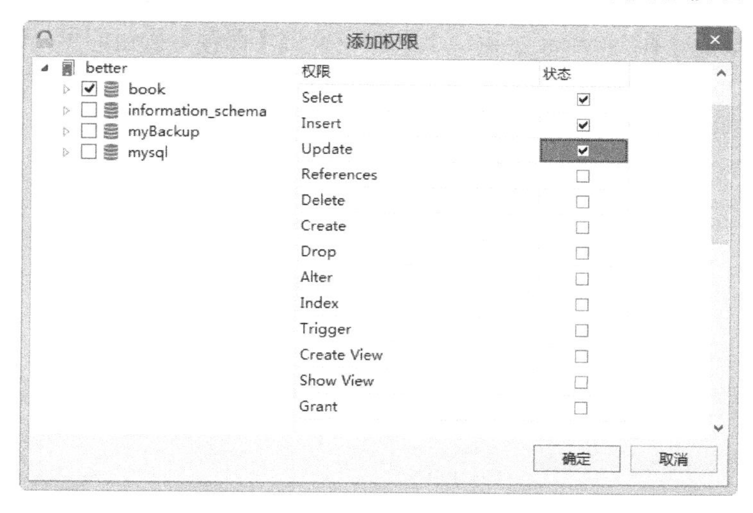

图 6-45　在【添加权限】对话框中添加数据库 book 的全局级权限

（5）为用户 happy 添加针对“出版社”数据表的表级操作权限。

在工具栏中单击【添加权限】按钮 添加权限，打开【添加权限】对话框，在左侧窗格的数据库列表框中，选中“book”数据库左侧的复选框，展开左侧窗格中的节点“Tables”，选中“出版社”数据表左侧的复选框。在右侧窗格中选中“Select”、“Insert”、“Update”权限对应的“状态”复选框，结果如图 6-46 所示。如果需要撤销设置的权限，则取消选中权限对应的“状态”复选框即可。权限设置完成后单击【确定】按钮即可。

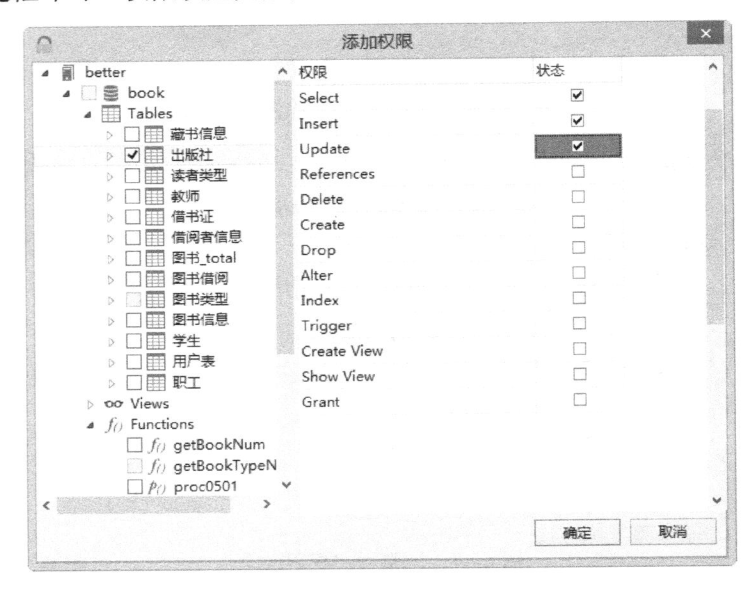

图 6-46　在【添加权限】对话框中添加“出版社”数据表的表级权限

> **注 意**
>
> 在“添加权限”对话框中还可以设置针对“视图”、“字段”、“存储过程”和“函数”的操作权限，限于教材篇幅限制，这里不再赘述。

权限添加完成后，在 Navicat 主窗口工具栏中单击【保存】按钮即可。【权限】选项卡的内容如图 6-47 所示，可以看出新添加的两项权限也在其中。

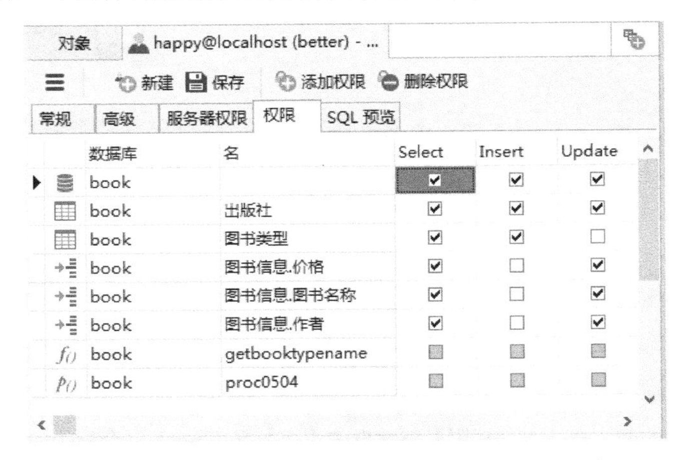

图 6-47　新添加两项权限的【权限】选项卡的内容

（6）删除新添加的针对数据库 book 的全局操作权限。

在图 6-47 所示的【权限】选项卡中选择针对数据库 book 的全局操作权限，在工具栏中单击【删除权限】按钮 删除权限 ，打开【确认删除】对话框，如图 6-48 所示，在该对话框中单击【删除】按钮即可删除相应的权限。

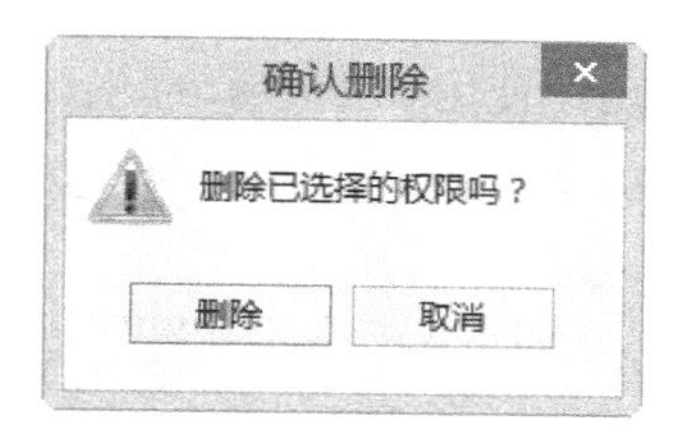

图 6-48 【确认删除】对话框

权限删除完成后，在 Navicat 主窗口工具栏中单击【保存】按钮即可。

【任务 6-18】 在命令行中对用户的权限进行转换和回收

【任务描述】

（1）授予 admin 用户对 book 数据库“读者类型”数据表的 Select 操作权限，并允许其将该权限授予其他用户。

（2）收回 happy 用户针对所有数据表的 Update 权限。

（3）收回 admin 用户的所有权限。

【任务实施】

（1）授予与转换 admin 用户的权限。

在命令行窗口中输入以下语句，授予与转换 admin 用户的操作权限：

```
Grant Select On book.读者类型 To "admin"@"localhost" With Grant Option ;
```

该语句执行成功时，会出现以下提示信息：

```
Query OK, 0 rows affected (0.00 sec)
```

（2）收回 happy 用户的 Update 权限。

在命令行窗口中输入以下语句，收回 happy 用户的 Update 权限：

```
Revoke Update On *.* From "happy"@"localhost" ;
```

该语句执行成功时，会出现以下提示信息：

```
Query OK, 0 rows affected (0.09 sec)
```

结果表示 Revoke 语句执行成功。使用如下所示的 Select 语句查看 user 数据表中 happy 用户的 Update 权限，查询结果显示 Update_priv 字段对应的值为“N”，但 Select_priv 字段对应的值仍为“Y”，如图 6-49 所示。

```
Select Host , User,Select_priv , Update_priv From mysql.user Where user="happy";
```

Host	User	Select_priv	Update_priv
localhost	happy	Y	N

图 6-49　查询 user 数据表中 happy 用户的 Update 权限

（3）收回 admin 用户的所有权限。

在命令行窗口中输入以下语句，收回 admin 用户的所有权限：

```
Revoke All Privileges , Grant Option From "admin"@"localhost" ;
```

该语句执行成功时，会出现以下提示信息：

```
Query OK, 0 rows affected (0.00 sec)
```

结果表明 Revoke 语句执行成功，使用如下所示的 Select 语句查看 admin 用户的 Select、Update、Grant 权限，查询结果表示 Select_priv、Update_priv、Grant_priv 字段对应的值都为“N”，如图 6-50 所示。

```
Select Host , User , Select_priv , Update_priv , Grant_priv From mysql.user
        Where user="admin";
```

Host	User	Select_priv	Update_priv	Grant_priv
localhost	admin	N	N	N

图 6-50　查询 user 数据表中 admin 用户的多项权限

（1）MySQL 服务器通过（　　）来控制用户对数据库的访问，MySQL 权限表存放在（　　）数据库里，由 mysql_install_db 脚本初始化。

（2）MySQL 权限表分别是 user、db、table_priv、columns_priv、proc_priv 和 host，其中，决定是否允许用户连接到服务器的权限表是（　　），用于记录各个账号在各个数据库上的操作权限的权限表是（　　），用于记录数据表级别的操作权限的权限表是（　　），用于记录数据字段级别的操作权限的权限表是（　　），用于记录存储过程和函数的操作权限的权限表是（　　）。

（3）用户登录 MySQL 服务器时，首先判断“user”数据表的（　　）、（　　）和（　　）这 3 个字段的值是否同时匹配，只有这 3 个字段的值同时匹配，MySQL 才允许其登录。

（4）MySQL 的权限表“db”数据表中的（　　）和（　　）两个字段决定了用户是否具用创建和修改存储过程的权限。

（5）MySQL 中添加用户的方法主要有 3 种，分别是使用（　　）语句添加 MySQL 的用户，使用（　　）语句添加 MySQL 的用户，使用（　　）语句添加 MySQL 的用户。

（6）MySQL 中修改 MySQL 的 root 用户密码的方法主要有 3 种，分别是使用（　　）命令修改，使用（　　）语句修改，使用（　　）语句更新（　　）数据表中的密码字段值。

（7）MySQL 中 root 用户修改普通用户的密码的方法主要有 3 种，分别是使用（　　）语句修改，使用（　　）语句修改 mysql 数据库的（　　）数据表中的密码字段值，使用（　　）语句修改。

（8）MySQL 授予用户权限时，在“Grant”语句中，On 子句使用（　　）表示所有数据库的所有数据表。

（9）数据库权限适用于一个给定数据库中的所有对象。这些权限存储在（　　）和（　　）数据表中。

（10）数据表权限适用于一个给定数据表中的所有字段。这些权限存储在（　　）数据表中。

（11）查看指定用户的权限信息可以使用（　　）语句查看，也可以使用 Select 语句查询（　　）数据表中各用户的权限。

（12）使用 Grant 语句授予权限时，如果使用了（　　）子句，则表示 To 子句中指定的所有用户都有把自身所拥有的权限授予其他用户的权限。

（13）MySQL 中使用（　　）语句回收权限，使用（　　）语句或者（　　）删除普通用户。

（14）授予用户全局权限语句的语法格式为（　　）。

（15）授予过程权限时，权限类型只能取（　　）、（　　）和（　　）。

单元 7

连接与访问 MySQL 数据库

ADO.NET（ActiveX Data Objects.NET）是数据库应用程序的数据访问接口，它提供了对 Microsoft SQL Server 数据源以及通过 OLE DB 和 XML 公开的数据源一致的访问，使用 ADO.NET 连接数据源，并检索、处理和更新所包含的数据。ADO.NET 是.NET Framework 提供给.NET 开发人员的一组类，其功能全面且灵活，在访问各种不同类型的数据时可以保持操作的一致性。ADO.NET 的两个核心组件是.NET Framework 数据提供程序和 DataSet。.NET Framework 数据提供程序是一组包括 Connection、Command、DataReader 和 DataAdapter 对象的组件，负责与后台物理数据库的连接，而 DataSet 是断开连接结构的核心组件，用于实现独立于任何数据源的数据访问。

1. ADO.NET 概述

ADO.NET 是数据库应用程序的数据访问接口，其主要功能包括与数据库建立连接、向数据库发送 SQL 语句和处理数据库执行 SQL 语句后返回的结果。ADO.NET 包含了多个对象，使用这些对象应先引入相应的命名空间。“System.Data”命名空间提供了 ADO.NET 的基本类。“MySql.Data.MySqlClient”命名空间中的类用于访问 MySQL 数据库；“System.Data.SqlClient”命名空间中的类用于访问 Microsoft SQL Server 7.0 或更高版本的 SQL Server 数据库；“System.Data.OleDb”命名空间中的类用于访问 Access、SQL Server 6.5 或更低版本、DB2、Oracle 或其他支持 OLE DB 驱动程序的数据库；“System.Data.Odbc”命名空间中的类用于访问 ODBC 数据源；“System.Data.OracleClient”命名空间中的类用于访问 Oracle 数据库。

ADO.NET 涉及的基本概念和技术较多，为了便于读者形象地理解，我们首先用一个实例来说明。如图 7-1 所示，某商店需要从某生产厂家进货，首先必须在生产厂家与商家之间有运输通道（公路、铁路、水路、航空路线），然后商家向厂家发送订单，订单规定了所需货品的品种、数量、规格、型号等要求，厂家接到订单后发货，通过运输工具将货物运输到商家的仓库，最后商店从仓库取货到门面的柜台上。

从数据库提取数据也与此类似，数据库相当生产厂家，内存相当于商店的仓库。访问数据库时由 Connection 对象负责连接数据库；Command 对象下达 SQL 命令（相当于订单）；DataAdapter 使用 Command 对象在数据源中执行 SQL 命令，负责在数据库与 DataSet 之间传递数据（相当于运输工具）；内存中的 DataSet 对象用来保存所查询到的数据记录。另外，Fill 命令用来填充 DataSet，Update 命令用来更新数据源，如图 7-2 所示。

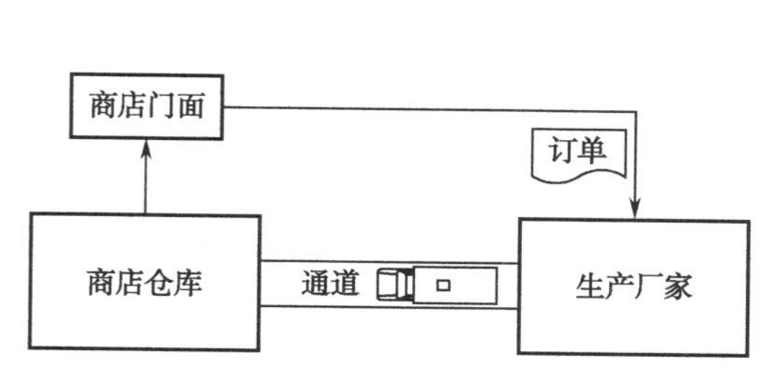

图 7-1　商店订购货物示意图

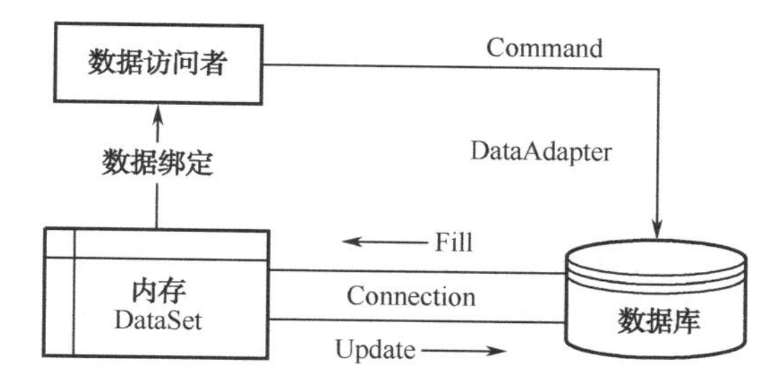

图 7-2　ADO.NET 工作原理示意图

数据库应用程序访问数据库的一般过程如下：首先连接数据库；然后发出 SQL 命令，告诉数据库要提取哪些数据；最后返回所需的数据。

2．ADO.NET 中操作数据库的类

在 ADO.NET 中操作数据库的类分别是 Connection、Command、DataReader、DataAdapter 和 DataSet。ADO.NET 的主要类及其主要功能如表 7-1 所示，通常情况下，Command 对象和 DataReader 对象配合使用，Command 对象通过 ExecuteReader 执行 SQL 命令，并把结果返回给 DataReader 对象，DataReader 对象是一个单向的向前移动的记录集，利用 DataReader 对象的属性和方法输出数据。DataAdapter 对象和 DataSet 对象配合使用，DataAdapter 对象执行 SQL 命令，并通过自身的 Fill 方法填充 DataSet 对象，将数据存放在内存的数据集对象 DataSet 中，DataSet 对象可以包含多个数据表，通过 DataView 或 DataTable 显示 DataSet 对象中的数据。

表 7-1　ADO.NET 的主要类及其主要功能

类 名 称	含　义	主 要 功 能
Connection	连接对象	用于与数据库建立连接，使用一个连接字符串描述连接数据源所需的信息。连接 MySQL 数据库使用 MySqlConnection 对象，连接 SQL Server 7.0 或更高版本的数据库使用 SqlConnection 对象，连接 OLE DB 数据源使用 OleDbConnection 对象
Command	命令对象	用于对数据源执行 SQL 命令并返回结果，MySQL 数据库使用 MySqlCommand 对象，SQL Server 7.0 或更高版本的数据库使用 SqlCommand 对象，OLE DB 数据源使用 OleDbCommand 对象
DataReader	数据读取器对象	用于单向读取数据源的数据，只能将数据源的数据从头至尾依次读出，MySQL 数据库使用 MySqlDataReader 对象，SQL Server 7.0 或更高版本的数据库使用 SqlDataReader 对象，OLE DB 数据源使用 OleDbDataReader 对象
DataAdapter	数据适配器对象	用于对数据源执行 SQL 命令并返回结果，在 DataSet 与数据源之间建立通道，将数据源中的数据写入 DataSet，或者根据 DataSet 中的数据更新数据源。MySQL 数据库使用 MySqlDataAdapter 对象，SQL Server 7.0 或更高版本的数据库使用 SqlDataAdapter 对象，OLE DB 数据源使用 OleDbDataAdapter 对象
DataSet	数据集对象	DataSet 对象是内存中存储数据的容器，是一个虚拟的中间数据源，它利用数据适配器所执行的 SQL 命令或存储过程来填充数据。一旦从数据源提取出所需的数据并填充到数据集对象中，就可以断开与数据源的连接
DataView	数据视图对象	用于创建 DataTable 中所存储数据的不同视图，对 DataSet 中的数据进行排序、过滤和查询等操作

3．数据库连接类 MySqlConnection

使用 ADO.NET 连接数据源，并检索、处理和更新所包含的数据，要将后台数据库中的数据呈现在用户界面中，必须先连接数据源，对于 ADO.NET，这个操作通过 Connection 对象来完成，Connection 对象用于建立与特定数据源的连接，其操作过程如下：建立 Connection 对象；打开连接；将数据操作命令通过连接传送到数据源中执行并取得其返回的数据；数据处理完成后，关闭连接。

ADO.NET 的 Connection 类用于建立与特定数据源的连接，使用一个连接字符串来描述连接数据源所需的连接信息，包括所访问数据源的类型、所在位置和名称等信息。在 C#中，连接不同数据库使用不同的命名空间，例如，使用 SqlConnection 类连接 SQL Server 数据库，则引用 System.Data.SqlClient 命名空间；使用 OleDBConnection 类连接 Oracle、Access 和 Excel 等类型的数据源，则引用 System.Data.OleDBClient 命名空间；使用 OdbcConnection 类连接 MySQL 数据库，则引用 System.Data.Odbc；也可以下载 Connector/Net，引用 MySql.Data.dll 文件；若直接使用 MySQLConnection 类连接 MySQL 数据库，则引用 MySql.Data.MySqlClient 命名空间。

以连接 MySQL 数据库为例分析数据库连接类 Connection 的使用方法。

1）创建数据库的连接对象

创建数据库连接对象的语法格式如下：

```
MySqlConnection <连接对象名>= new MySqlConnection(<连接参数字符串>) ;
```

其中，连接对象名符合 C#的命名规则，即由任意的字母、数字及下画线组合而成，但不能以数字开头。连接参数字符串的基本写法如下："Server=localhost | <IP 地址> ; User=<用户名>; Password=<密码> ; Database=<数据库名>";。

例如：

```
MySqlConnection conn = new MySqlConnection("Server=localhost;User=root;
                                Password=123456;    Database=book");
```

也可以写成以下形式：

```
MySqlConnection conn = new MySqlConnection();
conn.ConnectionString = "Server=localhost;User=root;password=123456;
                        Database=book";
```

2）打开数据库连接

打开数据库连接的语法格式如下：

```
<数据库连接对象名>.Open() ;
```

例如，conn.Open();。

3）关闭数据库连接

关闭数据库连接的语法格式如下：

```
<数据库连接对象名>.Close() ;
```

例如，conn.Close();。

4）判断数据库的连接状态

通常，在打开或关闭数据库连接之前，需要判断一下数据库当前的连接状态，判断数据库的连接状态的语法格式如下：

```
<数据库连接对象名>.State ;
```

State 的值为枚举类型的值，通常的取值为 Open（数据库连接处于打开状态）和 Closed（数据库连接处于关闭状态），还有其他多个取值，这里不再介绍。如果数据库处于关闭状态，就可以打开数据库，否则可以关闭数据库。

示例代码如下：

```
if (conn.State == ConnectionState.Closed)
    {
        conn.Open();
    }
if (conn.State == ConnectionState.Open)
    {
        conn.Close();
    }
```

4．数据库命令类 MySqlCommand

使用 ADO.NET 的 Connection 对象建立了连接后，可以使用 Command 对象对数据源执行 SQL 语句或存储过程，从而把数据返回到 DataReader 或者 DataSet 中，实现查询、修改和删除等操作。这里连接的是 MySQL 数据库，可以使用 MySqlCommand 类的构造函数创建对应的 Command 对象。

1）创建 MySqlCommand 对象

要将某一个类实例化，必须通过其构造函数来进行。使用包含两个参数的构造函数创建 MySqlCommand 对象的基本语法格式如下：

```
MySqlCommand comm = new MySqlCommand(<SQL 字符串> , <Connection 对象>);
```

其中，“SQL 字符串”就是要执行的 SQL 语句，必须使用半角双引号引起来，“Connection 对象”是前面连接数据库时建立的连接对象。

应用示例如下：

```
String strSql = " Server=localhost;User=root;Password=123456;Database=book ";
String strComm = " Select 用户编号,用户名,密码 From 用户表";
MySqlConnection conn = new MySqlConnection(strSql);
MySqlCommand comm = new MySqlCommand(strComm,conn);
```

可以使用包含 1 个参数的构造函数“MySqlCommand(<SQL 字符串>)”创建 MySqlCommand 对象，参数为要执行的 SQL 语句，使用其属性设置连接对象，应用示例代码如下：

```
String strSql = " Server=localhost;User=root;
              Password=123456;Database=book";
String strComm = " Select 用户编号,用户名,密码 From 用户表";
MySqlConnection conn = new MySqlConnection(strSql);
MySqlCommand comm = new MySqlCommand(strComm);
comm.Connection = conn
```

还可以使用无参构造函数“MySqlCommand()”创建 MySqlCommand 对象，使用其属性设定参数值，应用示例代码如下：

```
MySqlConnection conn = new MySqlConnection();
MySqlCommand comm = newMy SqlCommand();
conn.ConnectionString = "Server=localhost;User=root;Password=123456;
                        Database=book";
comm.Connection = conn;
comm.CommandType = CommandType.Text;
comm.CommandText = "Select 用户编号,用户名,密码 From 用户表";
```

2）MySqlCommand 对象的主要属性

MySqlCommand 对象的主要属性如表 7-2 所示。

表 7-2　MySqlCommand 对象的主要属性

属性名称	属性说明	默认值
Connection	获取或设置 Connection 对象	空引用
CommandText	获取或设置要执行的 SQL 语句或存储过程	空字符串
CommandType	获取或设置命令的类型，有 3 种供用户选取的值：Text、TableDirect、StoreProcedure，分别代表 SQL 语句、数据表及存储过程	Text

3）MySqlCommand 对象的主要方法

MySqlCommand 对象的主要方法如表 7-3 所示。

表 7-3　MySqlCommand 对象的主要方法

方法名称	方法说明
ExecuteScalar	用于执行查询语句，并返回单一值或者结果集中的第一行第一列的值（忽略其他列或行）。该方法适用于只有一个结果的查询，如使用 Sum、Avg、Max、Min 等函数的 SQL 语句
ExecuteReader	用于执行查询语句，并返回一个 DataReader 类型的行集合
ExecuteNonQuery	用于执行 SQL 语句，并返回 SQL 语句所影响的行数（整数），如果返回-1，则表示执行失败。该方法一般用于执行 Insert、Delete、Update 等命令

5. 数据读取类 MySqlDataReader 对象

ADO.NET 的 DataReader 对象又称为数据读取器，数据读取器提供了一种高效的数据读取方式，就效率而言，数据读取器高于数据集，适用于单次且短时间的数据读取操作。DataReader 所提取的数据流一次只处理一条记录，而不会将结果集中的所有记录同时返回，可以避免耗费大量的内存资源。

ADO.NET 的 DataReader 对象主要用于从数据源提取只进、只读的数据流，由于它是“只进”的，所以不能任意浏览，只能从前往后顺序游览；由于它是“只读”的，所以不能更新数据。

如果要创建 MySqlDataReader 对象，则必须调用 Command 对象的 ExecuteReader 方法，而不能直接使用构造函数。当一个数据读取器对象处于打开状态时，连接将被此数据读取器独占，在此数据读取器尚未关闭之前，除了可以执行关闭操作之外，不能对 Connection 执行任何其他操作，即使建立另一个数据读取器也不允许，这种情况会一直持续到关闭 DataReader 对象为止。所以 DataReader 对象使用完毕后，应尽快关闭。如果数据命令包括输出参数或返回值，则必须等到数据读取器被关闭后才能使用。

使用 MySqlComm 命令对象创建 MySqlDataReader 对象的代码如下：

```
MySqlDataReader dr= MySqlComm.ExecuteReader();
```

MySqlDataReader 类的主要方法如表 7-4 所示。

表 7-4　MySqlDataReader 类的主要方法

方法名称	方法说明
Close	关闭 MySqlDataReader 对象

续表

方 法 名 称	方 法 说 明
GetName	获取指定列的名称
GetString	获取指定列的字符串形式的值
NextResult	当读取批处理 SQL 语句的结果时，使数据读取器前进到下一个结果。默认情况下，数据读取器定位在第一个结果上
Read	MySqlDataReader 的默认位置在第一条记录之前，要调用 Read 方法前进到下一条记录才能开始访问记录。如果 Read 方法能够顺利地前移到下一条记录，则会返回 True；如果已经没有下一条记录，则会返回 False。它可以自动导航到数据流中的第一条记录之前的位置，且能自动向前移动一条记录位置

6. DataSet 对象

DataSet 对象是内存中的数据缓存，专门用来存储从数据源中读出的数据，就像是一个被复制到内存中的数据库副本，具有完善的结构描述信息，其结构与真正的数据库相似，也可以同时存储多个数据表以及数据表之间的关联。这样，对数据进行的各种处理，都在 DataSet 对象上完成，不必与数据库一直保持连接。当在 DataSet 上完成所有的操作后，再将对数据的更改通过 Update 命令传回数据源。

DataSet 对象包含 DataTable 对象的集合，DataTable 对象包含 DataRow 对象的集合，DataRow 对象包含 DataColumn 的集合。通过 DataSet 对象的 Tables 属性可以访问 DataTable 对象，通过 DataTable 对象的 Rows 属性可以访问 DataRow 对象，通过 DataRow 对象的 Columns 属性可以访问 DataColumn 对象。

DataSet 对象是内存中存储数据的容器，是一个虚拟的中间数据源，它利用数据适配器所执行的 SQL 语句或者存储过程来填充数据。DataSet 内部包含由一个或多个 DataTable 对象组成的集合。此外，它还包含了 DataTable 对象的主键、外键、条件约束及 DataTable 对象之间的关系等。可以将 DataSet 看做一个关系数据库，DataTable 相当于数据库中的数据表，DataRow 和 DataColumn 就是该表中的行和列。所有的表（DataTable）组成了 DataTableCollection，所有的行（DataRow）组成了 DataRowCollection，所有的列（DataColumn）组成了 DataColumnCollection。

DataSet 对象模型比较复杂，DataSet 的组成结构示意图如图 7-3 所示，从图中可以看出，DataSet 对象有许多属性，其中最重要的是 Tables 属性和 Relations 属性。

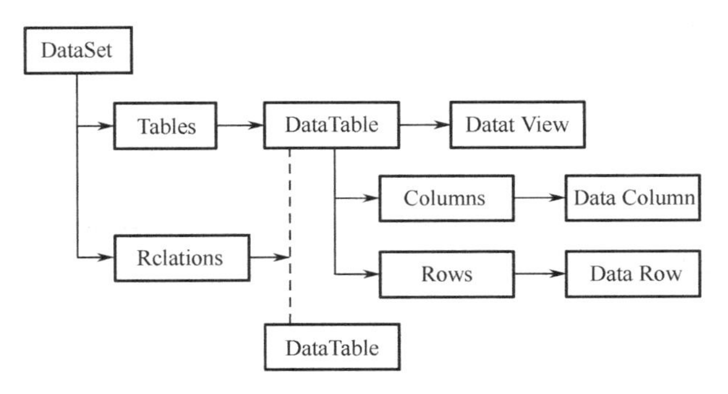

图 7-3　DataSet 的组成结构示意图

1）创建 DataSet 对象

不管使用哪个.NET 数据提供者，声明 DataSet 对象的方法都是相同的。编写程序代码创建 DataSet 对象的语法格式如下：

```
DataSet  <数据集对象名> = new DataSet( ) ;
```

示例代码如下：

```
DataSet  ds = new DataSet();
```

2）DataSet 对象的主要属性

DataSet 对象的主要属性如表 7-5 所示。

表 7-5　DataSet 对象的主要属性

属性名称	属性说明
Tables	获取包含在 DataSet 中的 DataTable 对象的集合，每个 DataTable 对象代表数据库中的一个表。表示某一个特定表的方法：数据集名.Tables[索引值]，索引值从“0”开始
Relations	获取用于将表连接起来并允许从父表浏览到子表的关系的集合
DataSetName	获取或设置当前 DataSet 的名称
HasErrors	获取一个值，该值指示此 DataSet 中的任何 DataTable 中的任何行中是否存在错误，如果任何表中存在错误，则返回 true；否则返回 false

3）DataSet 对象的主要方法

DataSet 对象的主要方法如表 7-6 所示。

表 7-6　DataSet 对象的主要方法

方法名称	方法说明
HasChanges	用于判断 DataSet 中的数据是否有变化，如果数据有变化，则该方法返回 True，否则返回 False。数据的变化包括添加数据、修改数据和删除数据
GetChanges	用于获得自上次加载以来或调用 AcceptChanges 以来 DataSet 中所有变动的数据，该方法返回一个 DataSet 对象
AcceptChanges	用于提交自加载 DataSet 或上次调用 AcceptChanges 以来对 DataSet 进行的所有更改。提交后，GetChanges 方法将返回空
RejectChanges	回滚自创建 DataSet 以来或上次调用 DataSet.AcceptChanges 以来，对其进行的所有更改。调用此方法时，仍处于编辑模式的任何行将取消其编辑；添加的新行将被移除；已修改的和已删除的行返回到其原始状态
Clear	清除 DataSet 中所有的数据
Merge	将指定的 DataSet、DataTable 或 DataRow 对象予以合并
Reset	将 DataSet 重置为其初始状态

7. 数据适配器类 MySqlDataAdapter

ADO.NET 数据适配器的主要作用是在数据源与 DataSet 对象之间传递数据，它使用 Command 对象从数据源中检索数据，且将获取的数据填入 DataSet 对象，也能将 DataSet 对象中更新的数据写回数据源。连接 MySQL 数据库时，使用的数据适配器类为 MySqlDataAdapter 类，MySqlDataAdapter 类通常包含 4 个属性，分别用来选择、新建、修改与删除数据源中的记录，调用 Fill 方法将记录填入数据集内，调用 Update 方法更新数据源中相对应的数据表。

1）创建数据适配器对象

由于 MySqlDataAdapter 类有多种重载形式，所以创建数据适配器对象的方法也有以下多种。

```
MySqlDataAdapter <数据适配器对象名>=MySqlDataAdapter();
```

第 1 种形式不需要任何参数，使用此构造函数建立 MySqlDataAdapter 对象，然后将 MySqlCommand 对象赋给 MySqlDataAdapter 对象的 SelectCommand 属性即可。

```
MySqlDataAdapter <数据适配器对象名>=MySqlDataAdapter(<Command 对象名>);
```

第 2 种形式使用指定的 MySqlCommand 对象作为参数来初始化 MySqlDataAdapter 类的实例。

```
MySqlDataAdapter <数据适配器对象名>=MySqlDataAdapter(<String>,<Connection 对象名>)
```

第 3 种形式使用指定的 Select 语句或者存储过程及 MySqlConnection 对象来初始化 MySqlDataAdapter 类的实例。

```
MySqlDataAdapter <数据适配器对象名>=MySqlDataAdapter(<String>, <String>)
```

第 4 种形式使用指定的 Select 语句或者存储过程及连接字符串来初始化 MySqlDataAdapter 类的实例。

2）MySqlDataAdapter 类的主要属性

数据访问最主要的操作是查询、插入、删除、更新，DataAdapter 类提供了 4 个属性与这 4 种操作相对应，设置了这 4 个属性后，MySqlDataAdapter 对象就知道如何从数据库中获得所需的数据，或者新增记录，或者删除记录，或者更新数据源。其主要属性如表 7-7 所示。

表 7-7 MySqlDataAdapter 类的主要属性

属性名称	属性说明
SelectCommand	设置或获取从数据库中选择数据的 SQL 语句或存储过程
InsertCommand	设置或获取向数据库中插入新记录的 SQL 语句或存储过程
DeleteCommand	设置或获取数据库中删除记录的 SQL 语句或存储过程
UpdateCommand	设置或获取更新数据源中记录的 SQL 语句或存储过程
TableMappings	获取一个集合，它提供了数据源表和 DataTable 之间的主映射，该对象决定了数据表中的字段与数据源之间的关系。其默认值是一个空集合

SelectCommand、InsertCommand、DeleteCommand、UpdateCommand 这 4 个属性的值应设置成 Command 对象，而不能直接设置成字符串类型的 SQL 语句。这 4 个属性都包括 CommandText 属性，可以用于指定所需执行的 SQL 语句。

3）SqlDataAdapter 类的 Fill 方法

MySqlDataAdapter 对象的 Fill 方法用于向 DataSet 对象填充从数据源中读取的数据，使用 SelectCommand 属性所指定的 Select 语句或者存储过程从数据源中提取记录数据，并将所提取的数据记录填充到数据集对应的表中。如果 SelectCommand 属性的 Select 语句或者存储过程没有返回任何记录，则不会在数据集中建立表。如果 SelectCommand 属性的 Select 语句或者存储过程返回了多个结果集，则会将各个结果集的记录分别存入多个不同的表中，这些表的名称按顺序分别为 Table、Table1、Table2 等。

如果数据集中并不存在对应的表，则 Fill 方法会先建立表，再将记录填入其中；如果对应的表已经存在，则 Fill 方法会根据当前所提取的记录来重新整理表的记录，以便使其数据与数据源中的数据一致。Fill 方法的返回值为已在 DataSet 中成功添加或刷新的行数，但不包括受不返回行的语句影响的行。

在调用 Fill 方法时，相关的连接对象不需要处于打开状态，但是为了有效控制与数据源的连接、减少连接打开的时间和有效利用资源，应自行调用连接对象的 Open 方法来明确打开连接，调用连接对象的 Close 方法来明确关闭连接。

调用 Fill 方法的语法格式有多种，常见的格式如下：

```
<MyDataAdapter 对象名>.Fill（<DataSet 对象名>,<数据表名>）
```

其中，第 1 个参数是数据集对象名，表示要填充的数据集对象；第 2 个参数是一个字符串，表示本地缓冲区中所建立的临时表的名称。

4）MySqlDataAdapter 类的 Update 方法

Update 方法用于将数据集 DataSet 对象中的数据按 InsertCommand 属性、DeleteCommand 属性和 UpdateCommand 属性所指定的要求更新数据源，即调用 3 个属性中所定义的 SQL 语句来更新数据源。

Update 方法常见的调用格式如下：

```
<MySqlDataAdapter 对象名>.Update（<DataSet 对象名>，<数据表名>）
```

其中，第 1 个参数为数据集对象名，表示要将哪个数据集对象中的数据更新到数据源中；第 2 个参数是一个字符串，表示临时表的名称。

【任务 7-1】 获取并输出“用户表”中的用户总数

【任务描述】

（1）从网上下载并安装 Connector/Net。

（2）在 Visual Studio 2012 集成开发环境中创建 Windows 窗体应用程序 Form0701.cs，窗体的设计外观如图 7-4 所示。

图 7-4 窗体 Form0701 的设计外观

（3）编写程序，获取并输出“用户表”中的用户总数。

【任务实施】

（1）下载 Connector/Net。从网上下载 Connector/Net 6.8.7（网址为 http://dev.mysql.com/downloads/connector/net/6.0.html），下载网页如图 7-5 所示，在该页面中单击【Download】按钮，用户成功登录后，开始下载 Connector/Net。

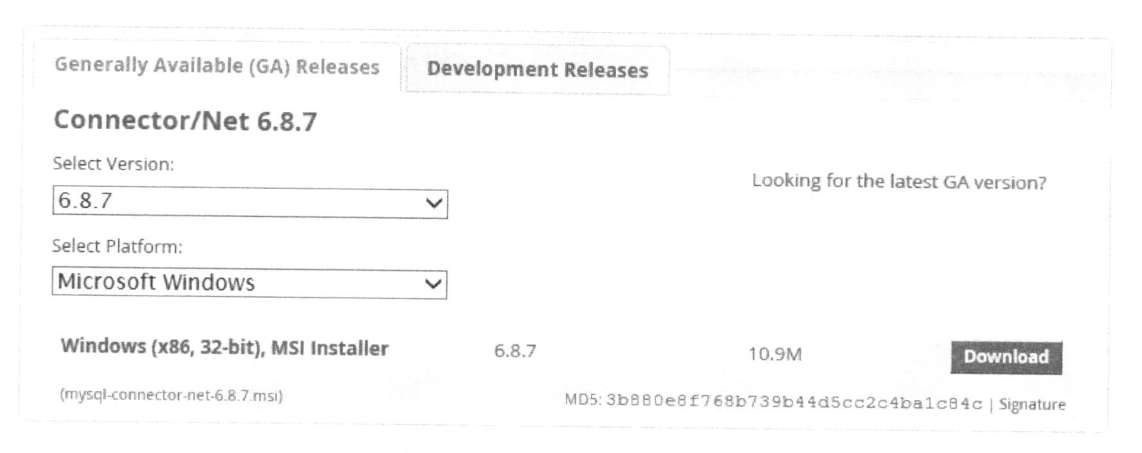

图 7-5　Connector/Net 的下载页面

（2）安装 Connector/Net。Connector/Net 下载完成后，双击下载得到的安装文件 mysql-connector-net-6.8.7.msi，打开安装向导，按向导提示完成安装即可。

编者使用的 MySQL 版本为 MySQL Server 5.7，已默认安装了 Connector/Net 6.9，所以无需重复安装 Connector/Net。

（3）启动 Visual Studio 2012。

（4）引用 MySql.Data.dll 文件。编者所使用的 MySql.Data.dll 文件存放路径为 C:\Program Files (x86)\MySQL\Connector/Net 6.9\Assemblies\v4.5，在 Visual Studio 2012 主窗口中的【解决方案资源管理器】中展开项目“WindowsForms0701”，右击【引用】，在弹出的快捷菜单中选择【添加引用】命令，如图 7-6 所示。

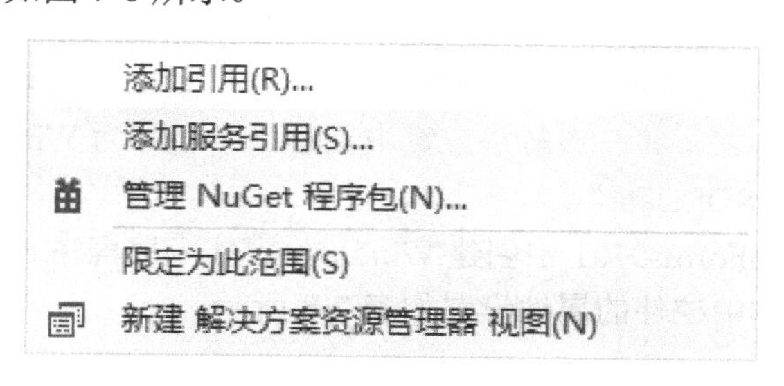

图 7-6　在快捷菜单中选择【添加引用】命令

打开【引用管理器- WindowsForms0701】对话框，在该对话框中左侧选择“浏览”节点，并单击右下角的【浏览】按钮，打开【选择要引用的文件】对话框，在该对话框中选择“C:\Program Files (x86)\MySQL\Connector.NET 6.9\Assemblies\v4.5”中的文件“MySql.Data.dll”，如图 7-7 所示。

在【选择要引用的文件】对话框中单击【添加】按钮，返回【引用管理器-WindowsForms0701】对话框，在该对话框中选择文件“MySql.Data.dll”，如图 7-8 所示，单击【确定】按钮，完成“MySql.Data.dll”引用的添加。

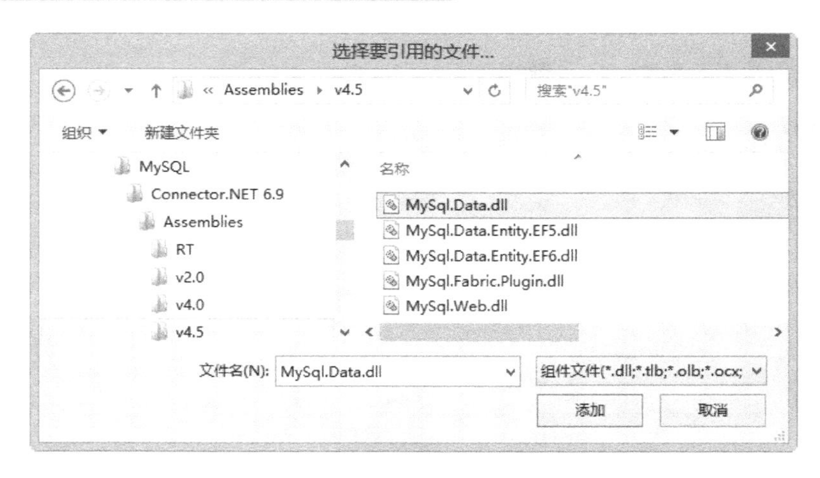

图 7-7 选择文件“MySql.Data.dll”

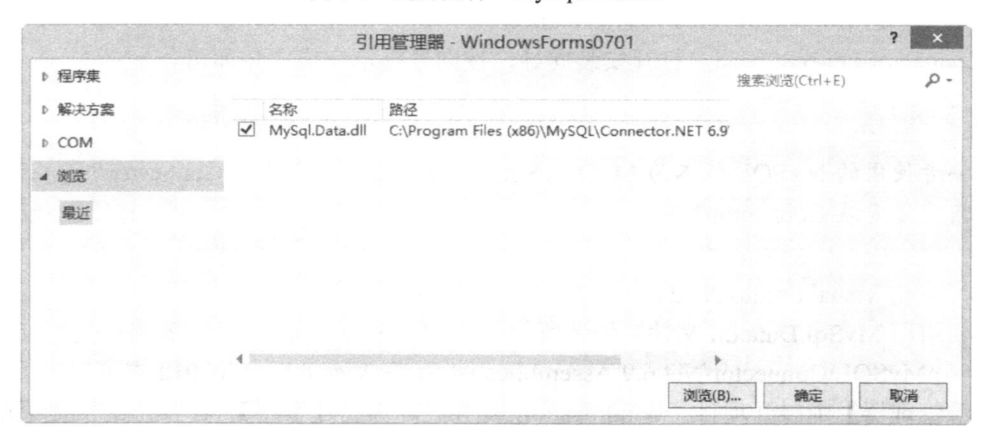

图 7-8 添加“MySql.Data.dll”

（5）创建项目 WindowsForms0701。在 Visual Studio 2012 开发环境中，首先创建一个名称为 Solution07 的解决方案，并在该解决方案中创建一个名称为 WindowsForms0701 的项目，项目保存位置为“D:\MySQLData”。

（6）在项目 WindowsForms0701 中创建 Windows 窗体应用程序 Form0701.cs，窗体的设计外观如图 7-4 所示，窗体中控件的属性设置如表 7-8 所示。

表 7-8 窗体 Form0701 中控件的属性设置

控件类型	属性名称	属性值	属性名称	属性值
Label	Name	label1	Text	用户数量为:
	Name	label2	Text	label2

（7）引入必要的命名空间。在窗体 Form0701 的代码编辑窗口中引入命名空间 MySql.Data.MySqlClient，代码如下所示：

```
using MySql.Data.MySqlClient ;
```

（8）编写 Frm0701_Load 事件过程的程序代码。事件过程 Frm0701_Load 的程序代码如表 7-9 所示。

表 7-9　事件过程 Frm0701_Load 的程序代码

序号	程 序 代 码
01	//创建连接对象
02	MySqlConnection conn = new MySqlConnection("Server=localhost;User Id=root;
03	password=123456;　Database=book");
04	//创建数据命令对象
05	MySqlCommand comm = new MySqlCommand();
06	try
07	{
08	if (conn.State == ConnectionState.Closed)
09	{
10	//打开连接
11	conn.Open();
12	}
13	//设置 MySqlCommand 对象所使用的连接
14	comm.Connection = conn;
15	//设置赋给 MySqlCommand 对象的 SQL 语句
16	comm.CommandType = CommandType.Text;
17	//设置所要执行的 SQL 语句
18	comm.CommandText = "Select Count(*) From 用户表";
19	//执行数据命令并输出结果
20	label2.Text = comm.ExecuteScalar().ToString();
21	}
22	catch (MySqlException ex)
23	{
24	MessageBox.Show(ex.Message);
25	}
26	finally
27	{
28	if (conn.State == ConnectionState.Open)
29	{
30	conn.Close();
31	}
32	}

（9）运行程序。设置 WindowsForms0701 为启动项目，按“Ctrl+F5”组合键开始运行程序，窗体 Form0701 的运行结果如图 7-9 所示。

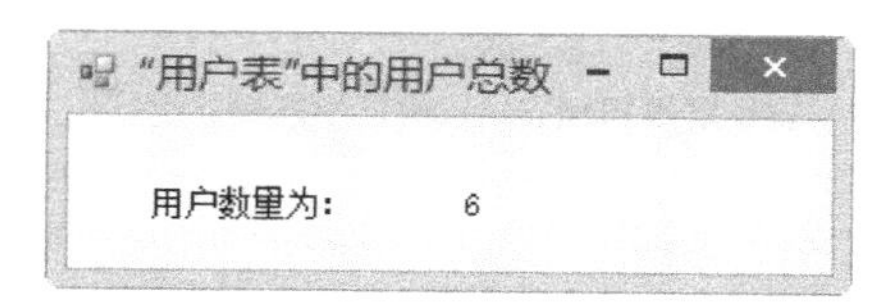

图 7-9　窗体 Form0701 的运行结果

【任务 7-2】 使用 SqlDataAdapter 对象从“用户表”中获取并输出全部用户数据

【任务描述】

（1）创建 Windows 窗体应用程序 frmGetUserData.cs，窗体的设计外观如图 7-10 所示。

图 7-10　窗体 frmGetUserData 的设计外观

（2）编写程序，使用 SqlDataAdapter 对象从“用户表”中获取并输出全部用户数据。

【任务实施】

（1）启动 Visual Studio 2012。

（2）创建项目 WindowsForms0702。在解决方案 Solution07 中创建一个名称为 WindowsForms0702 的项目。

（3）在 WindowsForms0702 中添加 Windows 窗体 frmGetUserData，在该窗体中添加控件，设置该控件的 Name 属性为“dataGridView1”，设置 Dock 属性为“Fill”，窗体的设计外观如图 7-10 所示。

（4）引用 MySql.Data.dll 文件。按照任务 7-1 介绍的过程添加 MySql.Data.dll 文件的引用。

（5）引入必要的命名空间。在窗体的代码编辑窗口中引入命名空间 MySql.Data.MySqlClient，代码如下所示：

```
using MySql.Data.MySqlClient;
```

（6）编写事件过程 frmGetUserData_Load 的程序代码。窗体 frmGetUserData 事件过程 frmGetUserData_Load 的程序代码如表 7-10 所示。

表 7-10　窗体 frmGetUserData 事件过程 frmGetUserData_Load 的程序代码

序号	程 序 代 码
01	private void frmGetUserData_Load(object sender, EventArgs e)
02	{
03	MySqlConnection conn = new MySqlConnection();
04	MySqlCommand comm = new MySqlCommand();
05	MySqlDataAdapter sqlDA = new MySqlDataAdapter();
06	DataSet ds = new DataSet();
07	conn.ConnectionString = "Server=localhost;User Id=root;password=123456;
08	Database=book";
09	comm.Connection = conn;
10	comm.CommandType = CommandType.Text;

续表

序号	程 序 代 码
11	comm.CommandText = "Select 用户编号,用户名,密码 From 用户表";
12	sqlDA.SelectCommand = comm;
13	sqlDA.Fill(ds, "myUser");
14	dataGridView1.DataSource = ds.Tables[0];
15	}

（7）运行程序。设置 WindowsForms0702 为启动项目，按“Ctrl+F5”组合键开始运行程序，窗体 frmGetUserData 的运行结果如图 7-11 所示。

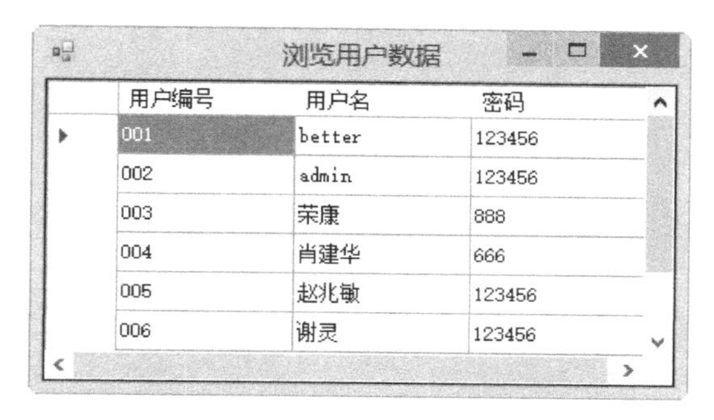

图 7-11　窗体 frmGetUserData 的运行结果

（1）ADO.NET 包含了多个对象，使用这些对象应先引入相应的命名空间。（　　）命名空间中的类用于访问 MySQL 数据库。

（2）在 ADO.NET 中操作数据库的类分别是 Connection、Command、DataReader、DataAdapter 和 DataSet。通常情况下，DataReader 对象和（　　）对象配合使用，DataAdapter 对象和（　　）对象配合使用。

（3）ADO.NET 中的 Command 对象通过（　　）执行 SQL 命令，并把结果返回给 DataReader 对象，DataReader 对象是一个（　　）的向前移动的记录集，利用 DataReader 对象的属性和方法输出数据。

（4）ADO.NET 中的 DataAdapter 对象执行 SQL 命令，并通过自身的（　　）方法填充（　　）对象，将数据存放在内存的数据集对象（　　）中。

（5）ADO.NET 中使用（　　）方法打开数据库连接，使用（　　）方法关闭数据库连接。

（6）ADO.NET 中的 MySqlCommand 对象的（　　）方法用于执行 SQL 语句，并返回 SQL 语句所影响的行数。

（7）DataSet 对象是内存中存储数据的容器，可以将 DataSet 看做一个关系数据库，DataSet 对象包含（　　）对象的集合，通过该对象的（　　）属性可以访问 DataTable 对象。

（8）ADO.NET 数据适配器的主要作用是在数据源与（　　）对象之间传递数据，它使用（　　）对象从数据源中检索数据，且将获取的数据填入（　　），也能将（　　）对象中更新的数据写回数据源。

（9）连接 MySQL 数据库时，使用的数据适配器类为（　　），该类通常包含 4 个方法，分别用来选择、新建、修改与删除数据源中的记录。

（10）假设 C#应用程序访问本机的 MySQL 数据库，用户名为 root，密码为 123456，数据库名为 book，则连接参数字符串为（　　）。

单元 8

分析与设计 MySQL 数据库

在数据库应用系统的开发过程中，数据库设计是基础。数据库设计是指对于一个给定的应用环境，构造最优的数据模式，建立数据库，有效存储数据，满足用户的数据处理要求。针对一个具体的应用系统，要保证构造一个满足用户数据处理需求、冗余数据较少、能够符合第三范式的数据库，应该按照用户需求分析、概念结构设计、逻辑结构设计、物理结构设计、设计优化等步骤进行数据库的分析、设计和优化。

1．关系数据库的基本概念

1）关系模型

关系模型是一种以二维的形式表示实体数据和实体之间联系的数据模型，关系模型的数据结构是一张由行和列组成的二维表格，每张二维表称为关系，每张二维表都有一个名称，如“图书信息”、“出版社”等。目前，大多数数据库管理系统所管理的数据库是关系型数据库，MySQL 数据库就是关系型数据库。

例如，表 8-1 所示的“图书信息”数据表和表 8-2 所示的“出版社”数据表就是两张二维表，分别描述“图书”实体对象和“出版社”实体对象，这些二维表具有以下特点。

（1）表格中的每一列都是不能再细分的基本数据项。

（2）不同列的名称不同。同一列的数据类型相同。

（3）表格中任意两行的次序可以交换。

（4）表格中任意两列的次序可以交换。

（5）表格中不存在完全相同的两行。

另外，“图书信息”数据表和“出版社”数据表有一个共同字段，即“出版社编号”，在“图书信息”数据表中该字段的名称为“出版社”，在“出版社”数据表中该字段的名称为“出版社 ID”，虽然名称有所区别，但其数据类型、长度相同，字段值有对应关系，这两个数据表可以通过该字段建立关联。

表 8-1 “图书信息”数据表及其存储的部分数据

ISBN 编号	图 书 名 称	作者	价格	出版社	出版日期	图书类型
9787121201478	Oracle 11g 数据库应用、设计与管理	陈承欢	37.50	4	2014/7/1	T
9787040393293	实用工具软件任务驱动式教程	陈承欢	26.10	1	2014/11/1	T
9787040302363	网页美化与布局	陈承欢	38.50	1	2015/8/1	T

表 8-2 “出版社”数据表中的部分记录数据

出版社 ID	出版社名称	出版社简称	出版社地址	邮政编码	出版社 ISBN
1	高等教育出版社	高教	北京西城区德外大街 4 号	100011	7-04
2	人民邮电出版社	人邮	北京市崇文区夕照寺街 14 号	100061	7-115
3	清华大学出版社	清华	北京清华大学学研大厦	100084	7-302
4	电子工业出版社	电子	北京市海淀区万寿路 173 信箱	100036	7-121
5	机械工业出版社	机工	北京市西城区百万庄大街 22 号	100037	7-111

2）实体

实体是指客观存在并可相互区分的事物，可以是实际事物，也可以是抽象事件，如“图书”、“出版社”都属于实体。同一类实体的集合称为实体集。

3）关系

关系是一种规范化了的二维表格中行的集合，一个关系就是一张二维表，表 8-1 和表 8-2 就是两个关系。人们经常将关系简称为表。

4）元组

二维表中的一行称为一个元组，元组也称为记录或行。一张二维表由多行组成，表中不允许出现重复的元组，如表 8-1 中有 4 行（不包括第一行），即 4 条记录。

5）属性

二维表中的一列称为一个属性，属性也称为字段或数据项或列。例如，表 8-1 中有 7 列，即 7 个字段，分别为 ISBN 编号、图书名称、作者、价格、出版社、出版日期和图书类型。属性值指属性的取值，每个属性的取值范围称为值域，简称为域，如性别的取值范围是“男”或“女”。

6）域

域是属性值的取值范围。例如，“性别”的域为“男”或“女”，“课程成绩”的取值可以为“0～100”或者为“A、B、C、D”之类的等级。

7）候选关键字

候选关键字（Alternate Key，AK）也称候选码，它是能够唯一确定一个元组的属性或属性的组合。一个关系可能会存在多个候选关键字。例如，表 8-1 中“ISBN 编号”属性能唯一地确定表中的每一行，是“图书信息”数据表的候选关键字，其他属性都有可能出现重复的值，不能作为该表的候选关键字，因为它们的值不是唯一的。表 8-2 中“出版社 ID”、“出版社名称”和“出版社简称”都可以作为“出版社”数据表的候选关键字。

8）主键

主键也称主关键字或主码。在一个表中可能存在多个候选关键字，选定其中的一个用来唯一标识表中的每一行，将其称为主关键或主键。例如，表 8-1 中只有一个候选关键字“ISBN 编号”，所以理所当然地选择“ISBN 编号”作为主键，而表 8-2 中有 3 个候选关键字，3 个候选关键字都可以作为主键，如果选择“出版社 ID”作为唯一标识表中每一行的属性，那么“出版社 ID”就是“出版社”数据表的主键，如果选择“出版社名称”作为唯一标识表中每一行的属性，那么“出版社名称”就是“出版社”数据表的主键。

一般情况下，应选择属性值简单、长度较短、便于比较的属性作为表的主键。对于

“出版社”表中的 3 个候选关键字，从属性值的长度来看，“出版社 ID”和“出版社简称”两个属性的值都比较短，从这个角度来看，这两个候选关键字都可以作为主键，但是由于“出版社 ID”是纯数字，比较效率高，所以选择“出版社 ID”作为“出版社”表的主键更合适。

9）外键

外键（Foreign Key，FK）也称外关键字或外码。外键是指关系中的某个属性（或属性组合），它虽然不是本关系的主键或只是主键的一部分，却是另一个关系的主键，该属性称为本表的外键。例如，“图书信息”数据表和“出版社”数据表有一个相同的属性，即“出版社 ID”，对于“出版社”数据表来说是主键，而在“图书信息”数据表中，这个属性不是主键，所以“图书信息”数据表中的“出版社 ID”是一个外键。

10）关系模式

关系模式是对关系的描述，包括模式名、属性名、值域、模式的主键等。一般形式如下：模式名（属性 1，属性 2，……，属性 n）。例如，表 8-1 表示的关系模式如下：图书信息（ISBN 编号,图书名称,作者,价格,出版社,出版日期,图书类型）。

11）主表与从表

主表和从表是以外键相关联的两张表。以外键作为主键的表称为主表，也称为父表，外键所在的表称为从表，也称子表或相关表。例如，“出版社”和“图书信息”这两个以外键“出版社 ID”相关联的表，“出版社”数据表称为主表，“图书信息”数据表称为从表。

2．关系数据库的规范化与范式

任何一个数据库应用系统都要处理大量的数据，如何以最优方式组织这些数据，形成以规范化形式存储的数据库，是数据库应用系统开发中的一个重要问题。

由于应用和需要，一个已投入运行的数据库，在实际应用中不断地变化着。当对原有数据库进行修改、插入、删除时，应尽量减少对原有数据结构的修改，从而减少对应用程序的影响。所以设计数据存储结构时要用规范化的方法设计，以提高数据的完整性、一致性、可修改性。规范化理论是设计关系数据库的重要理论基础，在此简单介绍一下关系数据库的规范化与范式，范式表示的是关系模式的规范化程度。

当一个关系中的所有字段都是不可分割的数据项时，称该关系是规范的。如果表中有的属性是复合属性，由多个数据项组合而成，则可以进一步分割，或者表中包含多值数据项时，则该表称为不规范的表。关系规范化的目的是减少数据冗余，消除数据存储异常，以保证关系的完整性，提高存储效率。用“范式”来衡量一个关系的规范化的程度，用 NF 表示范式。

1）第一范式

若一个关系中，每一个属性都不可分解，且不存在重复的元组、属性，则称该关系属于第一范式（1NF），表 8-3 所示的“图书信息”数据表满足上述条件，属于 1NF。

表 8-3　符合第一范式的“图书信息”关系及其存储的部分数据

ISBN 编号	图 书 名 称	作者	价格	出版社名称	出版社简称	邮政编码
9787121201478	Oracle 11g 数据库应用、设计与管理	陈承欢	37.50	电子工业出版社	电子	100036
9787115374035	跨平台的移动 Web 开发实战	陈承欢	29	人民邮电出版社	人邮	100061

续表

ISBN 编号	图 书 名 称	作者	价格	出版社名称	出版社简称	邮政编码
9787121052347	数据库应用基础实例教程	陈承欢	29	电子工业出版社	电子	100036
9787302187363	程序设计导论	陈承欢	23	清华大学出版社	清华	100084

很显然，在上述图书关系中，同一个出版社出版的图书，其出版社名称、出版社简称和邮政编码是相同的，这样就会出现许多重复的数据。如果某一个出版社的“邮政编码”改变了，那么该出版社所出版的所有图书的对应记录的“邮政编码”都要进行更改。

满足第一范式的要求是关系数据库最基本的要求，它确保关系中的每个属性都是单值属性，即不是复合属性，但可能存在部分函数依赖，不能排除数据冗余和潜在的数据更新异常问题。所谓函数依赖是指一个数据表中，属性 B 的取值依赖于属性 A 的取值，则属性 B 依赖于属性 A，如“出版社简称”依赖于“出版社名称”。

2）第二范式

一个关系满足第一范式，且所有的非主属性都完全地依赖于主键，则这种关系属于第二范式（2NF）。对于满足第二范式的关系，如果给定一个主键的值，则可以在这个数据表中唯一地确定一条记录。

满足第二范式的关系消除了非主属性对主键的部分函数依赖，但可能存在传递函数依赖、数据冗余和潜在的数据更新异常问题。所谓传递依赖是指一个数据表中的 A、B、C 三个属性，如果 C 函数依赖于 B，B 函数依赖于 A，那么 C 也依赖于 A，则称 C 传递依赖于 A。在表 8-3 中，存在“出版社名称”函数依赖于“ISBN 编号”，“邮政编码”函数依赖于“出版社名称”这样的传递函数依赖，也就是说，“ISBN 编号”不能直接决定非主属性“邮政编码”。要使关系模式中不存在传递依赖，可以将该关系模式分解为第三范式。

3）第三范式

一个关系满足第一范式和第二范式，且每个非主属性彼此独立，不传递依赖于任何主键，则这种关系属于第三范式（3NF）。从 2NF 中消除传递依赖，便是第三范式。将表 8-3 分解为两个表，分别为表 8-4 和表 8-5，分解后的两个表都符合第三范式。

表 8-4 “图书信息”数据表

ISBN 编号	图 书 名 称	作者	价格	出版社名称
9787121201478	Oracle 11g 数据库应用、设计与管理	陈承欢	37.50	电子工业出版社
9787115374035	跨平台的移动 Web 开发实战	陈承欢	29	人民邮电出版社
9787121052347	数据库应用基础实例教程	陈承欢	29	电子工业出版社
9787302187363	程序设计导论	陈承欢	23	清华大学出版社

表 8-5 “出版社”数据表

出版社名称	出版社简称	邮 政 编 码
人民邮电出版社	人邮	100061
电子工业出版社	电子	100036
清华大学出版社	清华	100084

第三范式有效地减少了数据的冗余，节约了存储空间，提高了数据组织的逻辑性、完整性、一致性和安全性，提高了访问及修改的效率。但是对于比较复杂的查询，多个数据表之间存在关联，查询时要进行连接运算，响应速度较慢，这种情况下为了提高数据的查询速度，允许保留一定的数据冗余，可以不满足第三范式的要求，设计成满足第二范式也是可行的。

由前述可知，进行规范化数据库设计时应遵循规范化理论，规范化程度过低，可能会存在潜在的插入及删除异常、修改复杂、数据冗余等问题，解决的方法就是对关系模式进行分解或合并，即规范化，将其转换成高级范式。但并不是规范化程度越高越好，当一个应用的查询涉及多个关系表的属性时，系统必须进行连接运算，连接运算要耗费时间和空间。所以一般情况下，数据模型符合第三范式就能满足需要了，规范化更高的 4NF、5NF 使用得较少，本单元没有介绍，请参考相关书籍。

3．数据库设计的基本原则

设计数据库时要综合考虑多个因素，权衡各自利弊并确定数据表的结构，基本原则有以下几条。

（1）把具有同一个主题的数据存储在一个数据表中，即“一表一用”的设计原则。

（2）尽量消除包含在数据表中的冗余数据，但并不是必须消除所有的冗余数据，有时为了提高访问数据库的速度，可以保留必要的冗余，减少数据表之间的连接操作，提高效率。

（3）一般要求数据库设计达到第三范式，因为第三范式的关系模式中不存在非主属性对主关键字的不完全函数依赖和传递函数依赖关系，最大限度地消除了数据冗余、修改异常、插入异常和删除异常，具有较好的性能，基本满足关系规范化的要求。在数据库设计时，如果片面地提高关系的范式等级，并不一定能够产生合理的数据库设计方案，原因是范式的等级越高，存储的数据就需要分解为越多的数据表，访问数据表时总是涉及多表操作，会降低访问数据库的速度。从实用角度来看，大多数情况下达到第三范式比较恰当。

（4）在关系型数据库中，各个数据表之间关系只能为一对一和一对多的关系，对于多对多的关系，必须转换为一对多的关系来处理。

（5）设计数据表的结构时，应考虑表结构在未来可能发生的变化，保证表结构的动态适应性。

4．数据库系统的三级模式结构

数据库系统的三级模式结构是指数据库系统是由外模式、模式和内模式组成的。

1）外模式

外模式也称用户模式或子模式，它是数据库用户看得见和使用的局部数据的逻辑结构和特征的描述，是数据库用户的数据视图，是与某一个具体应用有关的数据的逻辑表示，一个数据库可以有多个外模式。

2）模式

模式也称逻辑模式，是数据库中全体数据的逻辑结构和特征的描述，是所有用户的公用数据视图。一个数据库只有一个模式。模式与具体的数据值无关，也与具体的应用程序以及开发工具无关。

3）内模式

内模式也称存储模式，它是数据物理和存储结构的描述，是数据在数据库内部的保存方式，一个数据库只有一个内模式。

8.1 数据库设计的需求分析

【任务 8-1】图书管理数据库设计的需求分析

【任务描述】

实地观察图书馆工作人员的工作情况，对图书管理系统及数据库进行需求分析。

【任务实施】

首先简要分析一下图书管理系统，图书馆中图书的征订、入库、借阅等操作都是借助图书管理系统来完成的，图书管理员只是该系统的使用者。图书管理系统通常包括一台或多台服务器、分布在不同工作场所的计算机，这些计算机各司其职，有的完成图书征订工作，有的完成图书入库工作，有的完成图书借阅工作。服务器中通常安装了操作系统、数据库管理系统（如 MySQL、Oracle、SQL Server、Sybase 等）及其他需要的软件，图书管理系统的数据库通常也安装在服务器中，图书借阅时，计算机屏幕上所显示的数据便来自于服务器中的数据库，图书借阅数据也要保存到该数据库中。图书管理数据库中通常包括多张数据表等对象，如“图书信息”、“图书类型”、“出版社”、“借阅者”、“借书证”、“图书借阅”等数据表，“图书信息”数据表中存储与图书有关的数据，“图书类型”数据表中存储与图书的类型有关的数据，“出版社”数据表中存储与出版社有关的数据。

图书管理数据库中存储着若干张数据表，查询图书信息时，通过图书管理系统的用户界面输入查询条件，图书管理系统将查询条件转换为查询语句，再传递给数据库管理系统，然后由数据库管理系统执行查询语句，查到所需的图书信息，并将查询结果返回给图书管理系统，并在屏幕上显示出来。图书借阅时，首先通过用户界面指定图书编号、借书证编号、借书日期等数据，然后图书管理系统将指定的数据转换为插入语句，并将该语句传送给数据库管理系统，数据库管理系统执行插入语句并将数据存储到数据库中对应的数据表中，完成一次图书借阅操作。这个工作过程如图 8-1 所示。

根据以上分析可知，图书管理系统主要涉及图书管理员、图书管理系统、数据库管理系统、数据库、数据表和数据等对象，如图 8-1 所示。

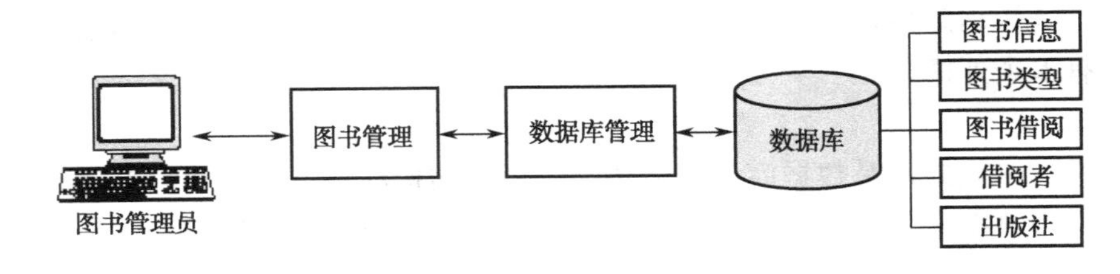

图 8-1　图书管理系统的工作过程示意图

1．数据库设计问题的引出

首先，我们来分析表 8-6 所示的“图书”表，引出数据库设计问题。

表 8-6　“图书”表及其存储的部分数据

ISBN 编号	图书名称	作者	价格	出版社名称	出版社简称	邮政编码
9787121201478	Oracle 11g 数据库应用、设计与管理	陈承欢	37.50	电子工业出版社	电子	100036
9787121052347	数据库应用基础实例教程	陈承欢	29	电子工业出版社	电子	100036
9787115374035	跨平台的移动 Web 开发实战	陈承欢	47.30	人民邮电出版社	人邮	100061
9787040393293	实用工具软件任务驱动式教程	陈承欢	26.10	高等教育出版社	高教	100011

表 8-6 中的“图书”表包含了两种不同类型的数据，即图书数据和出版社数据，由于在一张表中包含了不同主题的数据，所以会出现以下问题。

1）数据冗余

由于《Oracle 11g 数据库应用、设计与管理》和《数据库应用基础实例教程》都是电子工业出版社出版的，所以“电子工业出版社”的相关数据被重复存储了两次。

一个数据表中出现了大量不必要的重复数据，这称为数据冗余。在设计数据时应尽量减少不必要的数据冗余。

2）修改异常

如果数据表中存在大量的数据冗余，当修改某些数据项时，可能有一部分数据被修改了，而另一部分数据没有修改。例如，如果电子工业出版社的邮政编码被更改了，那么需要将表 8-6 中前两行中的“100036”都修改了，如果第 1 行修改了，第 2 行却没有修改，这样就会出现同一个地址对应两个不同的邮政编码，出现修改异常。

3）插入异常

如果需要新增一个出版社的数据，但由于没有购买该出版社出版的图书，则该出版社的数据无法插入数据表，原因是在表 8-6 所示的“图书”表中，“ISBN 编号”是主键，此时“ISBN 编号”为空，数据库系统会根据实体完整性约束拒绝该记录的插入。

4）删除异常

如果删除表 8-6 中的第 3 条记录，此时“人民邮电出版社”的数据也一起被删除了，这样就无法找到该出版社的有关信息了。

经过以上分析，可发现表 8-6 不仅存在数据冗余，还可能会出现 3 种异常。设计数据库时如何解决这些问题，设计出结构合理、功能齐全的数据库，满足用户需求，是本单元要探讨的主要问题。

2. 用户需求分析

首先调查用户的需求，包括用户的数据要求、加工要求和对数据安全性、完整性的要求，通过对数据流程及处理功能的分析，明确以下几方面的问题。

① 数据类型及其表示方式。

② 数据间的联系。

③ 数据加工的要求。

④ 数据量大小。

⑤ 数据的冗余度。

⑥ 数据的完整性、安全性和有效性要求。

其次，在系统详细调查的基础上，确定各个用户对数据的使用要求，主要内容如下。

1）分析用户对信息的需求

分析用户希望从数据库中获得哪些有用的信息，从而可以推导出数据库中应该存储哪些数据，并由此得到数据类型、数据长度、数据量等。

2）分析用户对数据加工的要求

分析用户对数据需要完成哪些加工处理，有哪些查询要求和响应时间要求，以及对数据库保密性、安全性、完整性等方面的要求。

3）分析系统的约束条件和选用的 DBMS 的技术指标体系

分析现有系统的规模、结构、资源和地理分布等限制或约束条件。了解所选用的数据库管理系统的技术指标，如选用了 MySQL，必须了解 MySQL 允许的最多字段数、最多记录数、最大记录长度、文件大小和系统所允许的数据库容量等。

下面来实地观察图书馆工作人员的工作情况，对图书管理系统进行需求分析。

1）图书馆业务部门分析

图书馆一般包括征订组、采编组、借阅者管理组、书库管理组、借阅组、图书馆办公室等部门。征订组主要负责对外联系，征订、采购各类图书和期刊，了解图书、期刊信息等；采编组主要负责图书的编目（编写新书的条形码或自制图书编号）、登记新书的有关信息，同时将编目好的图书入库等；借阅者管理组主要负责登记借阅者信息，办理、挂失和注销借书证等；书库管理组主要负责管理书库、整理图书、对书架进行编号和图书盘点等；借阅组主要负责图书、期刊的借出和归还，并能根据借书的期限自动计算还书日期，能够进行超期的判断及超期罚款的处理，还能自动将已归还图书的相关信息存储到图书借阅数据表中，将因借阅者损坏、遗失或其他原因丢失的图书信息存入出库图书数据表，并对藏书信息表进行同步更新；图书馆办公室主要处理图书馆的日常工作，对图书及借阅情况进行统计分析，对图书管理系统中的基础信息进行管理和维护等。

2）对图书馆的业务流程进行简单分析

图书馆的业务主要围绕“图书”和“借阅者”两个方面展开。

以“图书”为中心的业务主要有：① 图书的征订、采购；② 新书的登记、入库（登记图书种类的信息，对于图书名称、出版社、ISBN 编号、作者、版次等信息完全相同的 10 本图书，视为同一种类的图书，在图书信息表中只记载一条信息，即图书编号相同，同时将图书数量记为 10）；③ 图书编目，即对登记的新书进行编码（编制条形码或自制图书编号）后存入藏书信息表（记载图书馆中的每一本图书的情况，若有 10 本同样的图书，则对应在藏书信息表中记载 10 条信息，这些记录的条形码不同）；④ 图书的借出、归还、盘点和超期罚款等。

以“借阅者”为中心的业务主要有：① 借阅者的管理，主要是对借阅者基本信息的查询和维护等；② 借书证的管理，主要包括借书证的办理、挂失和注销等。

其他业务包括：① 对图书管理系统的基础信息进行管理和维护（如系统参数设置，图书类型、借阅者类型、出版社、图书馆、部门、图书管理员等基础数据的管理和维护等）；② 对图书及借阅情况进行统计分析等。

3）图书借阅操作分析

借书操作时，首先根据输入的借书证编号验证借书证的有效性，包括借书证的状态是否有效、是否已达到借书数量的限额等，该借书证是否存在超期图书未罚款的情况。若满足所有的借书条件，则进行借书处理，若不满足某个条件，则返回相应的提示信息，告知操作人员进行相应的处理。在借书处理时，首先将所借图书的信息写入图书借阅表，然后修改图书信息表中的“在藏数量”、藏书信息表中的“图书状态标志”和借书证表中的“允许借书数量”。

还书操作时，首先判断图书是否超期，如果超期则进行罚款处理，将罚款信息写入罚款表，然后进行还书处理，增加图书信息表中的“在藏数量”，设置藏书信息表中该图书为“在藏状态”，同时从图书借阅表中删除该图书的借阅信息，在借书证表中修改“允许借书数量”，在图书归还数据表中记录该图书的历史信息，以备将来查询。

4）图书管理系统中的数据分析

经过以上分析，图书管理系统中的数据库应存储以下几方面的数据：图书馆、图书类型、借阅者类型、出版社、图书存放位置、图书信息（记载图书馆中每个种类的图书信息）、藏书信息（记载图书馆中每本图书的信息）、图书入库、图书借阅、出库图书、图书归还、图书罚款、图书征订、库存盘点、借书证、借阅者信息、管理员、部门等。

5）图书管理系统中的数据库的主要处理业务分析

图书管理系统中数据库的主要处理有统计图书总数量、总金额，统计每一类图书的借阅情况，统计每一个出版社的图书数量，统计图书超期罚款情况等。要求输出的报表有藏书情况、每一类图书数量统计等。

8.2 数据库的概念结构设计

【任务 8-2】 图书管理数据库的概念结构设计

数据库概念结构设计的主要工作是根据用户需求设计概念性数据模型。概念模型是一个面向问题的模型，它独立于具体的数据库管理系统，从用户的角度看待数据库，反映用户的现实环境，与将来数据库如何实现无关。概念模型设计的典型方法是 E-R 方法，即用实体－联系模型来表示。

E-R 方法使用 E-R 图来描述现实世界，E-R 图包含 3 个基本成分：实体、联系、属性。E-R 图直观易懂，能够比较准确地反映现实世界的信息联系，且从概念上表示一个数据库的信息组织情况。

实体是指客观世界存在的事物，可以是人或物，也可以是抽象的概念。例如，图书馆的“图书”、“借阅者”、“每次借书”都是实体。E-R 图中用矩形框表示实体。

联系是指客观世界中实体与实体之间的联系，联系的类型有 3 种：一对一（1：1）、一对多（1：N）、多对多（M：N）。关系型数据库中最普遍的联系是一对多（1：N）。E-R 图中用菱形框表示实体间的联系。例如，学校与校长为一对一的关系；班级与学生为一对多的关系，一个班级有多个学生，每个学生只属于一个班级；学生与课程之间为多对多的关系，一个学生可以选择多门课程，一门课程可以有多个学生选择。学生与课程之间的 E-R 图如图 8-2 所示。

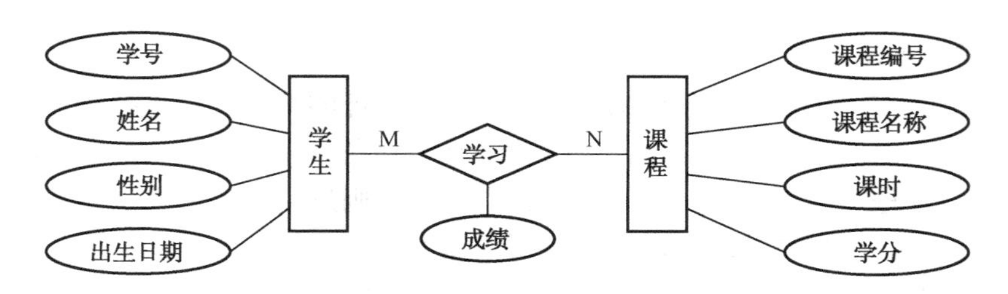

图 8-2　学生与课程之间的 E-R 图

属性是指实体或联系所具有的性质。例如，学生实体可由学号、姓名、性别、出生日期等属性来刻画，课程实体可由课程编号、课程名称、课时、学分等属性来描述。E-R 图中用椭圆表示实体的属性，如图 8-2 所示。

【任务描述】

设计图书管理数据库的概念结构。

【任务实施】

1．确定实体

根据前面的业务分析可知，图书管理系统主要对图书、借阅者等对象进行有效管理，实现借书、还书、超期罚款等操作，对图书及借阅情况进行统计分析。通过需求分析后，可以确定该系统涉及的实体主要有图书、借阅者、部门、出版社、图书馆、图书借阅等。

2．确定属性

列举各个实体的属性构成，例如，图书的主要属性有 ISBN 编号、图书名称、图书类型、作者、译者、出版社、出版日期、版次、印次、价格、页数、封面图片、图书简介等。

3．确定实体联系类型

实体联系类型有 3 种，例如，借书证与借阅者是一对一的关系（一本借书证只属于一个借阅者，一个借阅者只能办理一本借书证）；出版社与图书是一对多的关系（一个出版社出版多本图书，一本图书由一个出版社出版）；图书信息表中记载每个种类的图书信息，藏书信息表中记载了每一本图书的信息，图书信息与藏书信息两个实体之间的联系类型为一对多；图书借阅表记载了图书借出情况，与藏书信息之间的联系类型为一对一；一本借书证可以同时借阅多本图书，而一本图书在同一时间内只能被一本借书证借阅，因此，借书证和图书借阅之间是一对多的联系；超期罚款表中记载在图书归还时图书因超期而被罚款的情况，它和图书借阅是一对一的联系。

4．绘制局部 E-R 图

绘制每个处理模块局部的 E-R 图，图书管理系统中的借阅模块不同实体之间的关系如图 8-3 所示，为了便于清晰地看出不同实体之间的关系，实体的属性没有出现在 E-R 图中。

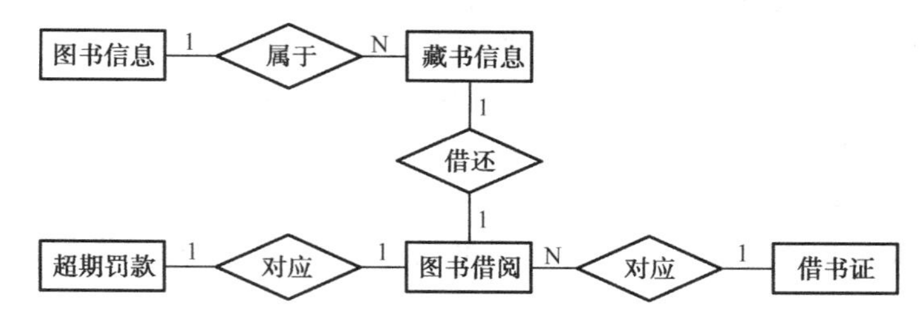

图 8-3　图书管理数据库的局部 E-R 图

5．绘制总体 E-R 图

综合各个模块局部的 E-R 图绘制总体 E-R 图，图书管理系统总体 E-R 图如图 8-4 所示，其中，“图书”、“图书借阅”和“借阅者”是 3 个关键的实体。

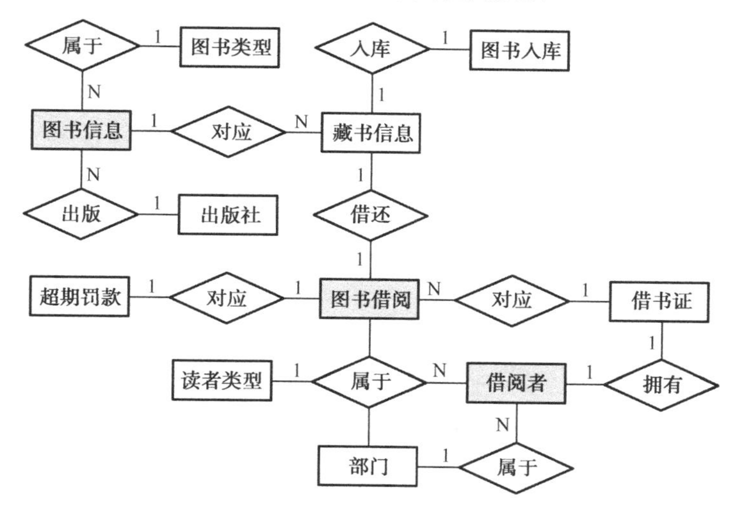

图 8-4　图书管理数据库的总体 E-R 图

6．获得概念模型

优化总体 E-R 图，确定最终的 E-R 图，即概念模型。图书管理系统的概念模型如图 8-4 所示。

8.3 数据库的逻辑结构设计

【任务 8-3】图书管理数据库的逻辑结构设计

数据库逻辑结构设计的任务是设计数据的结构，把概念模型转换成所选用的 DBMS 支持的数据模型。在由概念结构向逻辑结构的转换中，必须考虑到数据的逻辑结构是否包括了数据处理所要求的所有关键字段、所有数据项和数据项之间的相互关系、数据项与实体之间的相互关系、实体与实体之间的相互关系、各个数据项的使用频率等问题，以便确定各个数据项在逻辑结构中的地位。

逻辑结构设计主要是将 E-R 图转换为关系模式，设计关系模式时应符合规范化要求，例如，每一个关系模式只有一个主题，每一个属性不可分解，不包含可推导或可计算的数值型字段，如不能包含金额、年龄等字段属性可计算的数值型字段。

【任务描述】

设计图书管理数据库的逻辑结构。

【任务实施】

1．实体转换为关系

将 E-R 图中的每一个实体转换为一个关系，实体名为关系名，实体的属性为关系的属性。例如，在图 8-4 所示的 E-R 图中，出版社实体转换为关系：出版社（出版社编号,出版社名称,出版社简称,地址,邮政编码,联系电话,联系人），主关键字为出版社编号。图书实体转换为关系：

图书信息（ISBN 编号,图书名称,图书类型,作者,译者,出版社,出版日期,版次,印次,价格,页数,字数,封面图片,图书简介），主关键字为 ISBN 编号。

2．联系转换为关系

一对一的联系和一对多的联系不转换为关系。多对多的联系转换为关系的方法是将两个实体的主关键字抽取出来建立一个新关系，新关系中根据需要加入一些属性，新关系的主关键字为两个实体的关键字的组合。

3．关系的规范化处理

通过对关系进行规范化处理，对关系模式进行优化设计，尽量减少数据冗余，消除函数依赖和传递依赖，获得更好的关系模式，以满足第三范式。为了避免重复阐述，这里暂不列出图书管理系统的关系模式，详见后面的数据表结构。

8.4 数据库的物理结构设计

【任务 8-4】 图书管理数据库的物理结构设计

数据库的物理结构设计是在逻辑结构设计的基础上，进一步设计数据模型的一些物理细节，为数据模型在设备上确定合适的存储结构和存取方法，其出发点是如何提高数据库系统的效率。

【任务描述】

设计图书管理数据库的物理结构。

【任务实施】

（1）选用数据库管理系统。这里选用 MySQL 数据库管理系统。

（2）确定数据库文件和数据表的名称及其组成。

首先，确定数据库文件的名称为“book”。其次，确定该数据库所包括的数据表及其名称，“book”数据库主要包括的数据表分别如下：图书馆信息表、图书类型表、借阅者类型表、出版社表、图书存放位置表、图书信息表、藏书信息表、图书入库表、图书借阅表、出库图书表、图书归还表、图书罚款表、图书征订表、库存盘点表、借书证表、借阅者信息表、管理员表、部门表等。

（3）确定各个数据表应包括的字段，以及所有字段的名称、数据类型和长度。

确定数据表的字段应考虑以下问题。

① 每个字段直接和数据表的主题相关。必须确保一个数据表中的每一个字段直接描述该表的主题，描述另一个主题的字段应属于另一个数据表。

② 不要包含可推导得到或通过计算得到的字段。例如，在“借阅者信息”表中可以包含“出生日期”字段，但不包含“年龄”字段，原因是年龄可以通过出生日期推算出来。在“图书信息”表中不包含“金额”字段，原因是“金额”字段可以通过“价格”和“图书数量”计算出来。

③ 以最小的逻辑单元存储信息。应尽量把信息分解为比较小的逻辑单元，不要在一个字段中结合多种信息，因为这样要获取独立的信息会比较困难。

（4）确定关键字。主键是一个或多个字段的集合，是数据表中存储的每一条记录的唯一标识，即通过主关键字可以唯一确定数据表中的每一条记录。例如，“图书信息”表中的“ISBN 编号”是唯一的，但“图书名称”有可能相同，所以“图书名称”不能作为主关键字。

关系型数据库管理系统能够利用主关键字迅速查找多个数据表中的数据，并把这些数据组合在一起。不允许在主关键字中出现重复值或 Null 值。所以，不能选择包含这类值的字段作为主关键字。因为要利用主关键字的值来查找记录，所以它不能太长，便于记忆和输入。主关键字的长度直接影响着数据库的操作速度，因此，在创建主关键字时，该字段值最好使用能满足存储要求的最小长度。

（5）确定数据库的各个数据表之间的关系。在 MySQL 数据库中，每一个数据表都是一个独立的对象实体，本身具有完整的结构和功能。但是每个数据表都不是孤立的，它与数据库中的其他表之间又存在着联系。关系就是连接在表之间的纽带，使数据的处理和表达有更大的灵活性。例如，与“图书信息”相关的表有“出版社”表。

图书管理数据库中主要的数据表如表 8-7 所示。

表 8-7　数据库“book”中各个数据表的结构数据

表序号	表　名	字段名称（数据类型与数据长度,是否允许 Null,约束）
1	图书类型	图书类型代号（Varchar,2,Not Null）、图书类型名称（Varchar,50,Not Null）、描述信息（Varchar,100）
2	借阅者类型	借阅者类型编号（Char,2,Not Null,主键）、借阅者类型名称（Varchar,30,Not Null）、限借数量（Smallint,Not Null）、限借期限（Smallint,Not Null）、续借次数（Smallint,Not Null）、借书证有效期（Smallint,Not Null）、超期日罚金（Float,Not Null）
3	图书信息	图书编号（Char,12,Not Null,主键）、ISBN 编号（Varchar,20,Not Null,主键）、图书名称（Varchar,100,Not Null）、作者（Varchar,40）、译者（Varchar,50）、价格（Float,Not Null）、版次（Smallint）、页数（Smallint）、出版社（Varchar,4,Not Null,外键）、出版日期（Date）、图书类型（Varchar,2,Not Null,外键）、封面图片（Varchar,50）、图书简介（text）、总藏书量（Smallint,Not Null）、馆内剩余（Smallint,Not Null）、藏书位置（Varchar,20,Not Null）
4	藏书信息	图书条形码（Char,15,Not Null,主键）、图书编号（Char,12,Not Null,外键）、入库日期（Date）、图书状态（Char,4,Not Null）、借出次数（Smallint）
5	出版社	出版社 ID（Int,Not Null,主键）、出版社名称（Varchar,50,Not Null）、出版社简称（Varchar,16）、出版社地址（Varchar,50）、邮政编码（Char,6）、出版社 ISBN（Varchar,10）、联系电话（Varchar,15）、联系人（Varchar,20）
6	图书 存储位置	存放位置编号（Varchar,20,Not Null,主键）、室编号（Char,4）、室名称（Varchar,30）、书架编号（Char,4）、书架名称（Varchar,30）、书架层次（Char,2）、说明（Varchar,50）
7	借书证	借书证编号（Varchar,7,Not Null,主键）、借阅者编号（Varchar,20,Not Null,外键）、姓名（Varchar,20,Not Null）、办证日期（Date）、借阅者类型（Char,2,Not Null,外键）、借书证状态（Char,1,Not Null）、证件类型（Varchar,20）、证件编号（Varchar,20）、办证操作员（Varchar,20）
8	借阅者信息	借阅者编号（Varchar,20,Not Null,主键）、姓名（Varchar,20,Not Null）、性别（Char,2）、出生日期（Date）、联系电话（Varchar,15）、部门（Char,2,Not Null,外键）、照片（Varchar,50）
9	部门信息	部门编号（Char,2,Not Null,主键））、部门名称（Varchar,30,Not Null）、负责人（Varchar,20）、联系电话（Varchar,15）

续表

表序号	表　　名	字段名称（数据类型与数据长度,是否允许 Null,约束）
10	图书借阅	借阅 ID（Int,Not Null,主键）、借书证编号（Char,7,Not Null,外键）、图书条形码（Char,15,Not Null,外键）、借出数量（Smallint,Not Null）、借出日期（Date,Not Null）、应还日期（Date,Not Null）、实际归还日期（Date）、挂失日期（Date）、续借次数（Smallint）、借阅操作员（Varchar,20）、归还操作员（Varchar,20）、图书状态（Char,1,Not Null）
11	图书入库	入库 ID（Int,Not Null,主键）、图书条形码（Char,15,Not Null,外键）、图书编号（Char,12,Not Null）、图书名称（Varchar,100,Not Null）、出版日期（Date）、版次（Smallint）、存放位置（Varchar,20,Not Null）、入库操作员（Varchar,20）、入库日期（Date）
12	图书出库	出库 ID（Int,Not Null,主键）、图书条形码（Char,15,Not Null,外键）、图书编号（Char,12,Not Null）、图书名称（Varchar,100,Not Null）、价格（Float）、出库原因（Varchar,50）、出库日期（Date）、赔偿金额（Float）、出库操作员（Varchar,20）
13	图书 库存盘点	盘点 ID（Int,Not Null,主键）、图书编号（Char,12,Not Null）、图书原始数量（Smallint）、图书盘点数量（Smallint）、盘点人（Varchar,20）、盘点日期（Date）
14	罚款信息	罚款 ID（Int,Not Null,主键）、图书条形码（Char,15,Not Null,外键）、借书证编号（Varchar,7,Not Null,外键）、超期天数（Smallint）、应罚金额（Float）、实收金额（Float）、是否交款（Tinyint）、罚款日期（Date）、备注（Varchar,100）
15	用户	用户 ID（Int,Not Null,主键）、用户名（Varchar,30）、用户密码（Varchar,20）、权限（Int,Not Null,外键）、有效证件（Varchar,50）、证件编号（Varchar,20）
16	用户权限	权限 ID（Int,Not Null,主键）、用户类别（Varchar,50）、系统设置（Tinyint）、系统维护（Tinyint）、管理图书（Tinyint）、管理借阅者（Tinyint）、借还图书（Tinyint）、数据查询（Tinyint）

为了提高数据查询速度和访问数据库的速度，表 8-7 的数据表结构设计保留了适度的数据冗余。

8.5 数据库的优化与创建

【任务 8-5】 图书管理数据库的优化与创建

【任务描述】

对图书管理数据库进行进一步优化，在 MySQL 中创建数据库“book”。

【任务实施】

1．优化数据库设计

确定了所需数据表及其字段、关系后，应考虑进行优化，并检查可能出现的缺陷。一般可从以下几方面进行分析与检查。

（1）创建的数据表中是否带有大量的并不属于某个主题的字段？

（2）是否在某个数据表中重复出现了不必要的重复数据？如果是，则需要将该数据表分解为两个一对多关系的数据表。

（3）是否遗忘了字段？是否有需要的信息没有包括？如果是，它们是否属于已创建的数据表？如果不包含在已创建的数据表中，则需要另外创建一个数据表。

（4）是否存在字段很多而记录很少的数据表，而且许多记录中的字段值为空？如果是，则要考虑重新设计该数据表，使它的字段减少，记录增加。

（5）是否有些字段由于对很多记录不适用而始终为空？如果是，则意味着这些字段是属于另一个数据表的。

（6）是否为每个数据表选择了合适的主关键字？在使用这个主关键字查找具体记录时，是否容易记忆和输入？要确保主关键字字段的值不会出现重复的记录。

2. 创建数据库及数据表

在 Navicat for MySQL 图形界面中创建数据库“book”，在数据库中按照表 8-7 的结构设计并建立数据表及数据表之间的关系，各主要数据表之间的关系如图 8-4 所示。

（1）关系模型是一种（　　）的数据模型，关系模型的数据结构是一张由行和列组成的二维表格，每张二维表称为（　　）。

（2）在数据库设计的（　　）阶段中，用 E-R 图来描述概念模型。E-R 图包含 3 个基本成分，即（　　）、（　　）和（　　）。

（3）当一个关系中的所有字段都是不可分割的数据项时，则称该关系是规范的。关系规范化的目的是减少（　　），消除（　　），以保证关系的（　　），提高存储效率。用（　　）来衡量一个关系的规范化的程度。

（4）主表和从表是以外键相关联的两个表，以外键作为主键的表称为主表，外键所在的表称为从表。例如，“班级”和“学生”这两个以外键“班级编号”相关联的表，“班级”表称为（　　），“学生”表称为（　　）

（5）联系是指客观世界中实体与实体之间的联系，联系的类型有 3 种：（　　）、（　　）和多对多（M∶N），关系型数据库中最普遍的联系是（　　）。

（6）数据库系统的三级模式结构指数据库系统是由（　　）、（　　）和（　　）组成的。

附录 A

MySQL 的下载、安装与配置

1. MySQL 的下载

MySQL 可以在 Windows、Linux、UNIX、Mac OS 等操作系统上运行，因此 MySQL 有不同操作系统的版本，首先要了解安装在哪一种操作系统平台上，然后根据操作系统下载相应的 MySQL。本书编者使用的是 Windows 8 操作系统，拟下载运行于 Windows 操作系统的 64 位 MySQL。自 MySQL 版本升级到 5.6 以后，其安装及配置过程和原来的版本发生了很大的变化，编者下载的 MySQL 版本为 5.7.11。

在 Windows 操作系统下，MySQL 的安装包分为图形化向导安装和免安装（Noinstall）两种。这两种安装包的安装方式不同，配置方式也不同。图形化向导安装包有完整的安装向导，安装和配置很方便，根据安装向导的提示安装即可。免安装的安装包直接解压即可使用，但是配置起来很不方便，因此建议使用图形化界面的安装向导来安装和配置 MySQL。

根据以上分析，本书编者从 MySQL 官网中下载安装于 Windows 操作系统中的图形化向导安装包，下载网址为 http://dev.mysql.com/downloads/mysql/5.1.html#downloads，安装包名称为 mysql-installer-community-5.7.11.0.msi，该安装内含 64 位版本和 32 位版本，安装过程中选择所需版本安装即可。

2. MySQL 的图形化向导安装

图形化界面的安装向导操作简便，双击安装包 mysql-installer-community-5.7.11.0.msi，启动安装向导，然后根据提示信息进行安装即可，默认安装位置为 C:\Program Files\MySQL\MySQL Server 5.7，默认的安装类型为 Developer Default。

3. MySQL 的图形化向导配置

MySQL 安装完成后，进入如图 A-1 所示的“MySQL Installer”界面，表示 MySQL 及相关程序都安装成功了，在该界面中单击【Next】按钮，进入图形化配置过程。

进入的“Product Configuration”界面如图 A-2 所示。

单击【Next】按钮，进入“Type and Networking”界面，在“Server Configuration Type”区域的“Config Type”下拉列表中选择一种服务器类型，这里可以选择“Development Machine”选项，这种服务器类型占用系统的资源少一些，如图 A-3 所示。

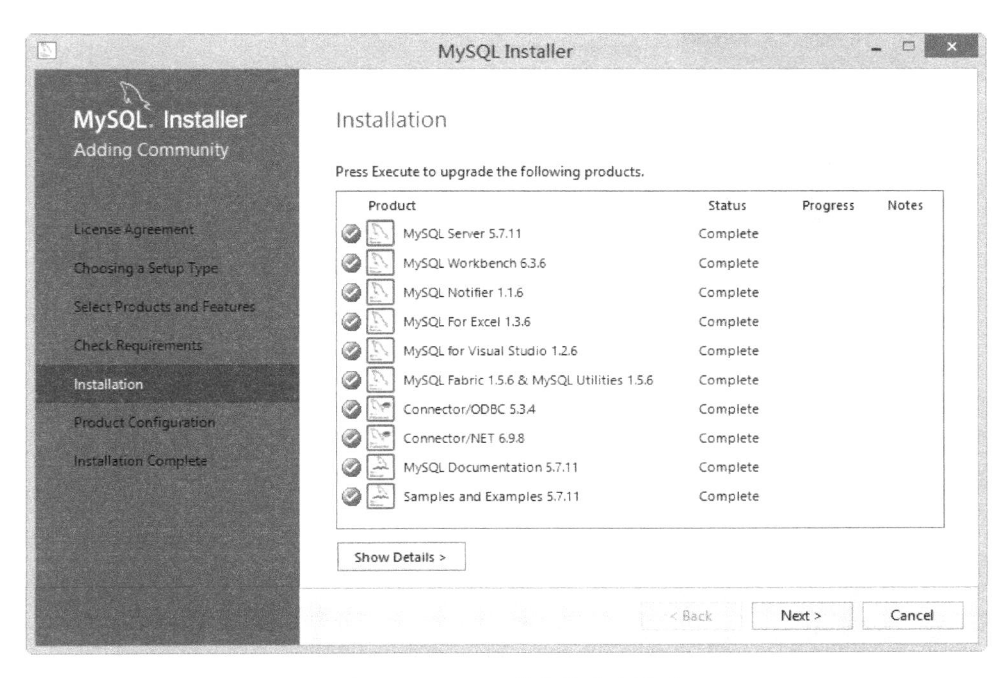

图 A-1　MySQL 的安装成功界面

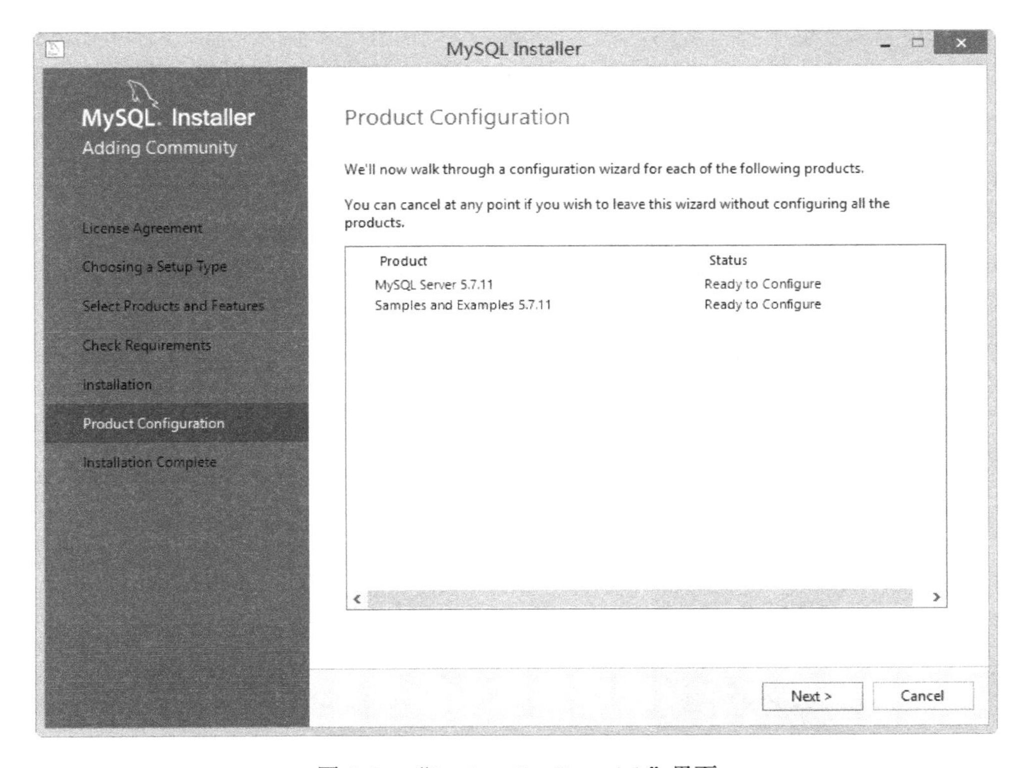

图 A-2　“Product Configuratioh”界面

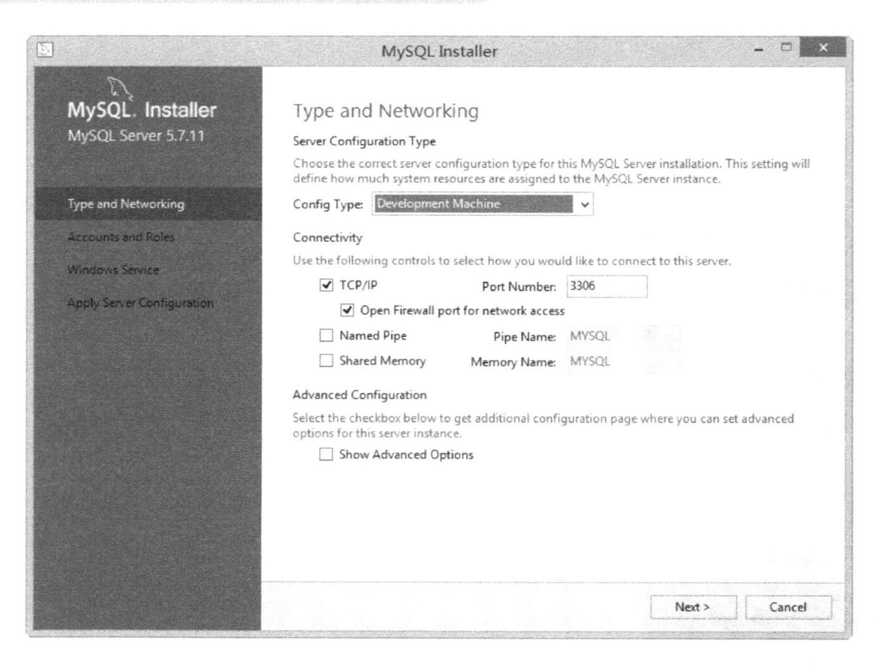

图 A-3 “Type and Networking”界面

启用 TCP/IP，并配置用来连接 MySQL 服务器的端口号，默认情况下启用“TCP/IP”，默认端口为 3306，保留默认值不变，如图 A-4 所示。

单击【Next】按钮，进入“Accounts and Roles”界面，设置 root 用户的密码，在“MySQL Root Password”文本框中输入密码，在“Repeat Password”文本框中输入同样的密码，这里为了使用方便，密码设置为“123456”，如图 A-4 所示，本书统一使用这一密码。

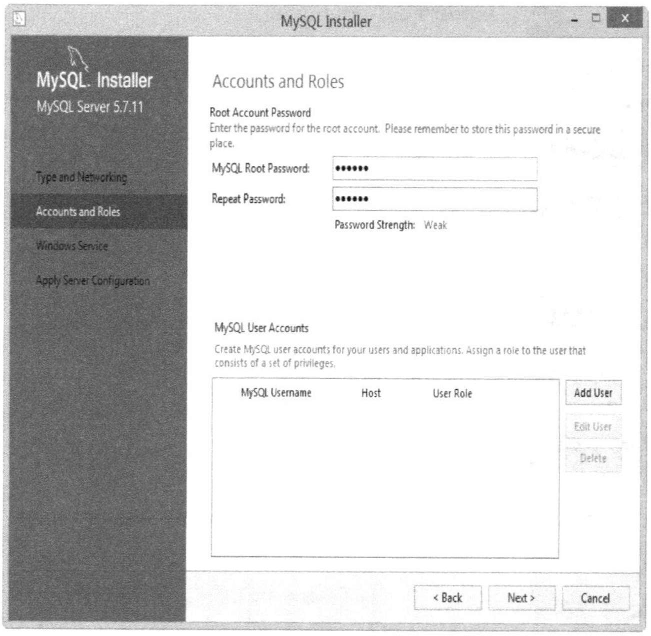

图 A-4 设置 root 用户的密码

另外，在“Accounts and Roles”界面中单击【Add User】按钮，可以添加新的用户。

单击【Next】按钮，进入“Windows Service”界面，保持该界面的默认选项不变，即复选框“Configure MySQL Server as a Windows Service”和“Start the MySQL Server at System Startup”、单选按钮“Standard System Account”都处于选中状态，“Windows Service Name”设置为“MySQL57”，如图 A-5 所示。

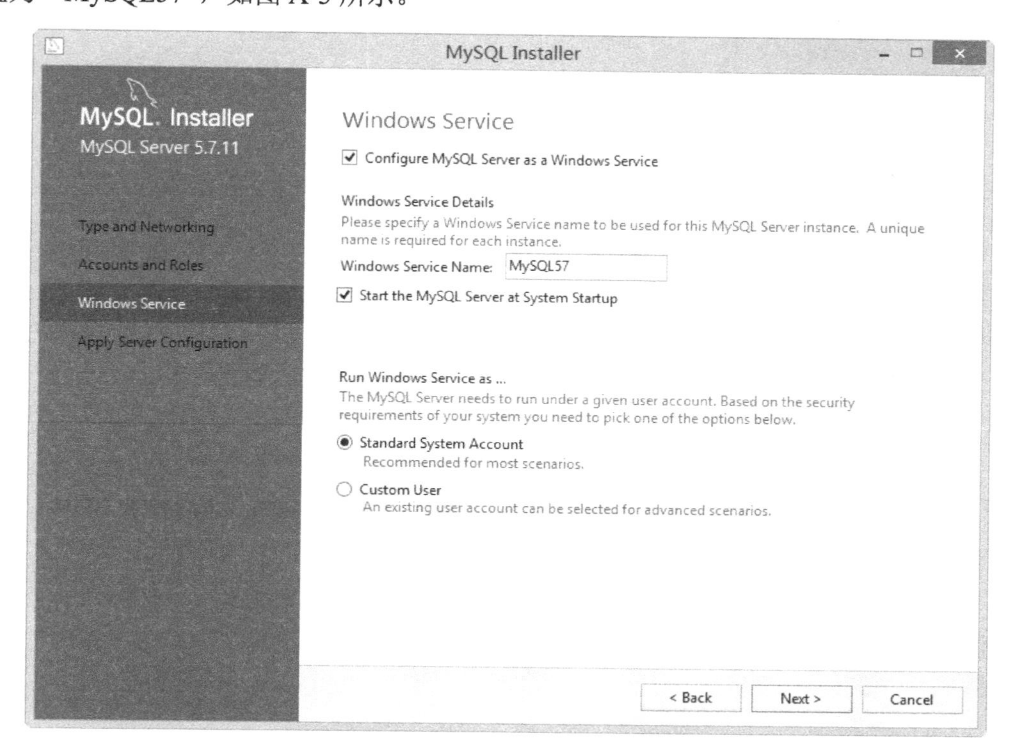

图 A-5 “Windows Service”界面

单击【Next】按钮，进入“Apply Server Configuration”界面，在该界面中单击【Execute】按钮，开始执行服务器各配置选项，MySQL Server 各配置选项执行完成后，单击【Finish】按钮返回“Product Configuration”界面，此时“MySQL Server 5.7.11”的“Status”显示为“Configuration Complete”，表示 MySQL Server 5.7.11 配置完成。单击【Next】按钮，进入“Connect To Server”界面，在“User”文本框中输入“root”，在“Password”文本框中输入正确的密码，这里为“123456”，单击【Check】按钮，如果配置正确，会出现“Connection successful”提示信息，如图 A-6 所示。

单击【Next】按钮，再一次进入“Apply Server Configuration”界面，在该界面中单击【Execute】按钮，开始执行服务器各配置选项，Samples and Examples 的各配置选项执行完成后，单击【Finish】按钮，返回“Product Configuration”界面，此时“Samples and Examples 5.7.11”的“Status”显示为“Configuration Complete”，表示 Samples and Examples 5.7.11 配置完成。单击【Next】按钮，进入“Installation Complete”界面，如图 A-7 所示，说明 MySQL 整个安装配置过程圆满完成了，单击【Finish】按钮，结束安装向导即可。

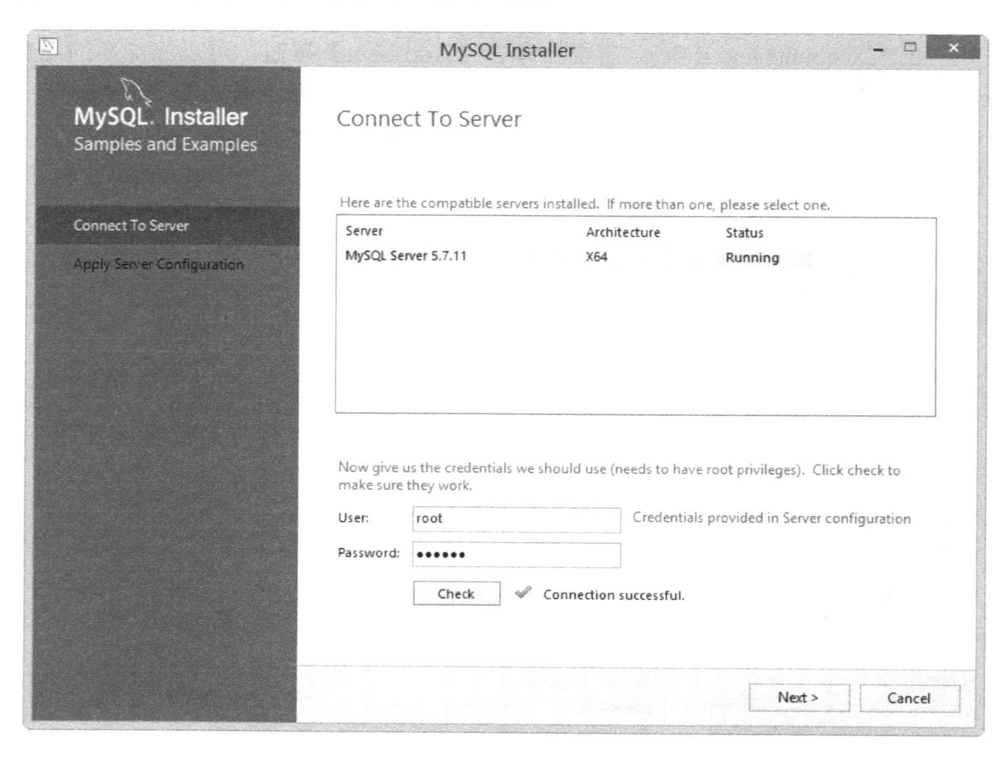

图 A-6 “Connect To Server”界面

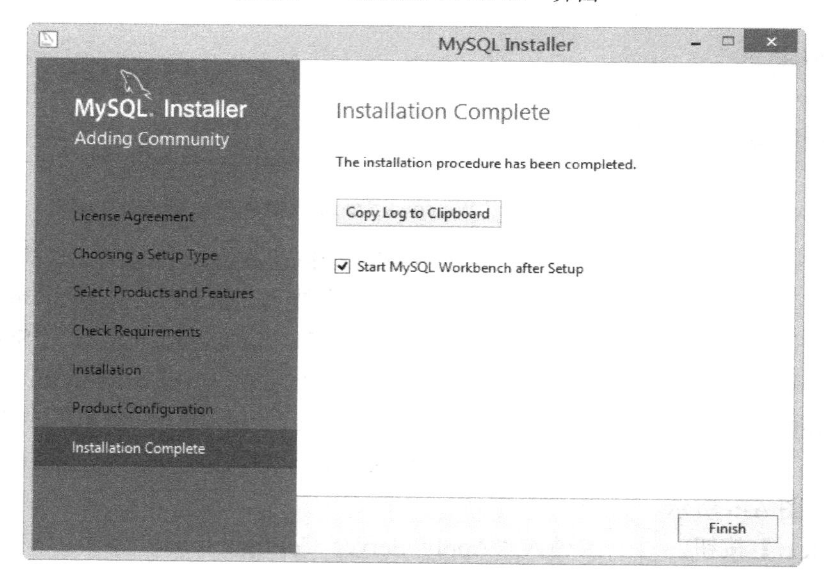

图 A-7 “Installation Complete”界面

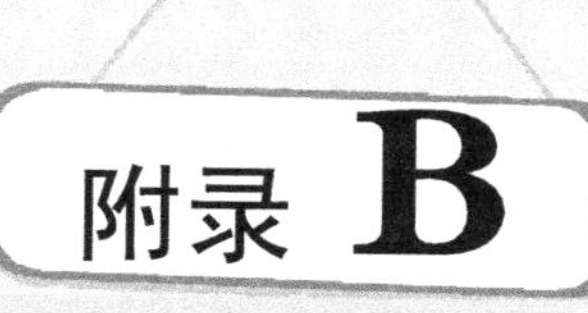

Navicat for MySQL 的下载与安装

1．Navicat for MySQL 的下载

Navicat for MySQL 11 中文版的下载地址为 http://www.formysql.com/xiazai_mysql.html，Navicat for MySQL 有 32 位和 64 位两个版本供用户免费下载，由于编者计算机的操作系统为 Windows 8，故编者选择下载 64 位的 Navicat for MySQL 11 中文版安装程序。从网上成功下载 Navicat for MySQL 11 中文版安装程序后，可执行文件 navicat_x64_trial.exe。

2．Navicat for MySQL 的安装

双击可执行文件 navicat_x64_trial.exe，启动 Navicat for MySQL 的安装向导，并进入如图 B-1 所示的界面，单击【下一步】按钮开始安装，接下来的操作比较简单，按安装向导的提示进行操作即可，在此不再赘述。

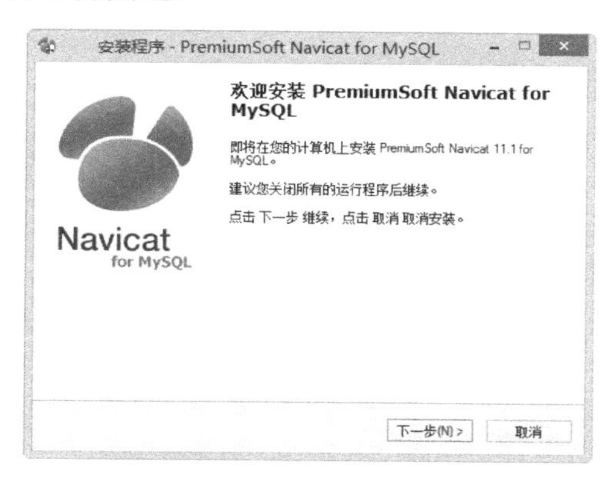

图 B-1　Navicat for MySQL 的安装向导

安装完成后，启动 Navicat for MySQL，其主界面如图 B-2 所示，可以看出 Navicat 图形化的中文界面，各种功能一目了然，操作方便。

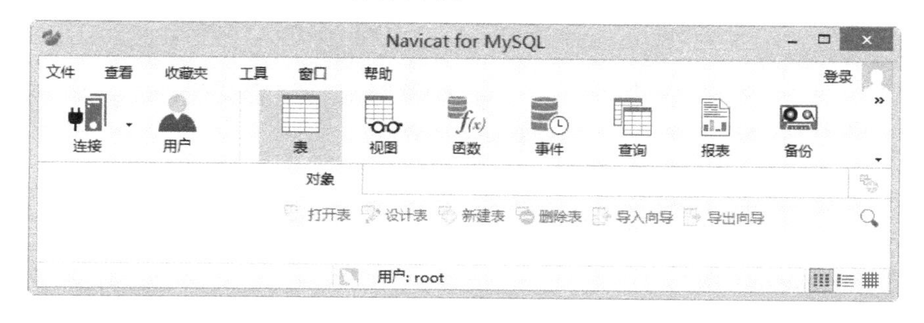

图 B-2　Navicat for MySQL 的主界面

参 考 文 献

[1] 秦凤梅，丁允超，杨倩．MySQL 网络数据库设计与开发．北京：电子工业出版社，2014.

[2] 郑阿奇．MySQL 实用教程．2 版．北京：电子工业出版社，2014.

[3] 刘增杰，李坤．MySQL 5.6 从零开始学．北京：清华大学出版社，2013.

[4] 秦婧，刘存勇．零点起飞学 MySQL．北京：清华大学出版社，2013.

[5] 谭恒松．C#程序设计与开发．2 版．北京：清华大学出版社，2014.